现代水声技术与应用丛书
杨德森 主编

国家出版基金项目
NATIONAL PUBLICATION FOUNDATION

# 水声侦察原理与技术

方世良 许 斌 安 良 王晓燕 著

科学出版社
龙門書局
北 京

# 内 容 简 介

水声侦察是电子侦察的重要方向之一,注重所获取信号的保真度和信号特征的准确性。本书系统介绍水声侦察的概念内涵、侦察对象及信号特点,以及水声侦察的基本原理和方法,主要包括非合作水声信号截获检测基本理论、非合作水声信号特征获取及辨识等相关理论和方法。从信号处理的角度,系统地阐述非合作水声信号联合检测和估计理论,重点探讨主动探测声呐信号、水声通信信号和舰船辐射噪声信号的特点,侦察这些信号所利用的特征及其产生机理,以及针对被侦察信号特征的精细化高保真获取方法和辨识方法。

本书系统性、针对性强,涵盖了水声侦察的主要问题,绝大多数内容是在作者长期理论研究和大量实际数据验证的基础上形成的。本书可作为高校水声工程专业师生的参考书,也可供从事水声侦察相关研究的科研人员和工程技术人员参考。

**图书在版编目(CIP)数据**

水声侦察原理与技术 / 方世良等著. —北京:龙门书局,2023.12
(现代水声技术与应用丛书/杨德森主编)
国家出版基金项目
ISBN 978-7-5088-6365-8

Ⅰ. ①水… Ⅱ. ①方… Ⅲ. ①水声通信－电子侦察 Ⅳ. ①TN929.3
②TN971

中国国家版本馆 CIP 数据核字(2023)第 245890 号

责任编辑:姜 红 狄源硕 张 震 / 责任校对:樊雅琼
责任印制:徐晓晨 / 封面设计:无极书装

科学出版社 出版
龙门书局
北京东黄城根北街 16 号
邮政编码:100717
http://www.sciencep.com

三河市春园印刷有限公司 印刷
科学出版社发行 各地新华书店经销

*

2023 年 12 月第 一 版 开本:720×1000 1/16
2023 年 12 月第一次印刷 印张:18 插页:2
字数:373 000

**定价:168.00 元**
(如有印装质量问题,我社负责调换)

# 丛 书 序

海洋面积约占地球表面积的三分之二，但人类已探索的海洋面积仅占海洋总面积的百分之五左右。由于缺乏水下获取信息的手段，海洋深处对我们来说几乎是黑暗、深邃和未知的。

新时代实施海洋强国战略、提高海洋资源开发能力、保护海洋生态环境、发展海洋科学技术、维护国家海洋权益，都离不开水声科学技术。同时，我国海岸线漫长，沿海大型城市和军事要地众多，这都对水声科学技术及其应用的快速发展提出了更高要求。

**海洋强国，必兴水声。**声波是迄今水下远程无线传递信息唯一有效的载体。水声技术利用声波实现水下探测、通信、定位等功能，相当于水下装备的眼睛、耳朵、嘴巴，是海洋资源勘探开发、海军舰船探测定位、水下兵器跟踪导引的必备技术，是关心海洋、认知海洋、经略海洋无可替代的手段，在各国海洋经济、军事发展中占有战略地位。

从 1953 年中国人民解放军军事工程学院（即"哈军工"）创建全国首个声呐专业开始，经过数十年的发展，我国已建成了由一大批高校、科研院所和企业构成的水声教学、科研和生产体系。然而，我国的水声基础研究、技术研发、水声装备等与海洋科技发达的国家相比还存在较大差距，需要国家持续投入更多的资源，需要更多的有志青年投入水声事业当中，实现水声技术从跟跑到并跑再到领跑，不断为海洋强国发展注入新动力。

**水声之兴，关键在人。**水声科学技术是融合了多学科的声机电信息一体化的高科技领域。目前，我国水声专业人才只有万余人，现有人员规模和培养规模远不能满足行业需求，水声专业人才严重短缺。

**人才培养，著书为纲。**书是人类进步的阶梯。推进水声领域高层次人才培养从而支撑学科的高质量发展是本丛书编撰的目的之一。本丛书由哈尔滨工程大学水声工程学院发起，与国内相关水声技术优势单位合作，汇聚教学科研方面的精英力量，共同撰写。丛书内容全面、叙述精准、深入浅出、图文并茂，基本涵盖了现代水声科学技术与应用的知识框架、技术体系、最新科研成果及未来发展方向，包括矢量声学、水声信号处理、目标识别、侦察、探测、通信、水下对抗、传感器及声系统、计量与测试技术、海洋水声环境、海洋噪声和混响、海洋生物声学、极地声学等。本丛书的出版可谓应运而生、恰逢其时，相信会对推动我国水声事业的发展发挥重要作用，为海洋强国战略的实施做出新的贡献。

在此，向 60 多年来为我国水声事业奋斗、耕耘的教育科研工作者表示深深的敬意！向参与本丛书编撰、出版的组织者和作者表示由衷的感谢！

中国工程院院士　杨德森

2018 年 11 月

# 自　序

　　水声侦察通过对所关注目标有意或无意辐射的水声信号进行截获和处理，提取辐射信号和辐射源的特征参数，对辐射信号和辐射源进行辨识，为现场判断或情报收集获取有用信息。水声侦察技术是侦察声呐的核心技术，随着各国对水下信息感知需求的不断提高、水声侦察研究范畴的不断拓展，水声侦察技术已成为水声领域的重要研究方向。水声侦察包括告警侦察和水声情报侦察。水声侦察问题是典型的非合作信号检测与参数估计问题，相较于水声探测，水声侦察更加注重获取信号的保真度、信号特征的准确性。

　　水声侦察早期主要用于作战平台的告警，即通过对非合作目标辐射的水声信号进行截获、处理，实时获取各项参数，快速判明辐射源的类型、位置、工作状态、意图、威胁程度等信息，为己方及时实施威胁告警、规避、干扰、对抗以及攻击等提供信息支持。随着各国海洋活动范围的拓展，人们对水下态势、水下信息获取以及广域监视等需求不断提高，军用、民用均有大量需求，例如水下入侵物检测、水下信标搜寻、水声情报搜集等。各种用于水下信息收集的装备和设备不断涌现，面临的信号形式、干扰情况也愈发复杂。由此，水声侦察的研究范畴也得到了大范围拓展，各种舰船辐射噪声、非合作水声通信信号、水下环境等也成为水声侦察的主要研究对象。水声侦察虽属于被动声呐信号处理的范畴，但其侦察对象范围广、特征或参数获取的准确性要求高等特殊性，使得水声侦察面临一些特有的难题。作者认为水声侦察面临的难题主要包括以下几个方面：①水声侦察需要适应更为复杂的信号形式、更宽的参数动态范围以及更低的信噪比（有时只能接收到旁瓣信号或海底反射信号）；②主动探测声呐技术不断发展，组合脉冲信号、低截获探测信号等复杂信号形式和灵活多变的信号机制大大增加了非合作侦察特征提取、参数估计、类型判别的难度；③水声通信声呐通过信号频带的拓宽降低局部功率，采用复杂调制方式以降低被截获概率，使基于窄带信号能量检测的侦察技术难以获得精确的特征或参数；④船舶减振降噪、主动声呐低频化等技术发展，使得水声侦察面临的背景噪声环境非常复杂，多目标干扰、侦察平台和设备低频段干扰使得对真伪目标信号的辨识要求不断提高；⑤水声侦察与水声对抗技术长期处于此消彼长的状态，水声对抗的大量使用导致水声侦察被水声对抗信号误导或者在针对诱骗发射干扰信号时侦察能力大幅下降直至停止侦察。

本书主要针对主动声呐脉冲信号、水声通信信号和舰船辐射噪声信号三种典型的水声侦察对象，侧重介绍非合作水声信号截获检测基本理论、非合作水声信号及其特征的精细化、高保真获取等相关理论和技术。第 1 章为水声侦察概述，主要介绍水声侦察的概念内涵、水声侦察对象及水声侦察的工作要求与面临的问题；第 2 章介绍主动探测声呐信号、水声通信信号和舰船辐射噪声信号的特点及侦察所利用的特征；第 3 章从信号处理理论的角度，主要介绍水声侦察的基本工作原理和非合作水声信号截获检测与参数估计理论；第 4～6 章重点讨论以上三种主要侦察对象的针对性特征分析、提取及辨识方法；第 7 章简要介绍水声侦察后期处理的基本概念和水声侦察信息质量评价方法。

系统性的水声侦察是相对较新的领域，本书的完成汇集了作者团队在水声侦察理论与关键技术、水声侦察系统集成与应用等方面的共同研究成果。在本书出版之际，感谢团队成员罗昕炜、姚帅、武其松、朱传奇、冯淼等同志，他们都在该领域从事了十年左右甚至近二十年的研究工作，为该领域贡献了自己的青春和智慧；感谢海军研究院等单位刘清宇、宋俊、孟荻、董波、陈磊等同志提供的指导和帮助；感谢作者团队的博士、硕士研究生，他们长期的研究工作为本书的撰写奠定了基础。

由于作者水平有限，尤其是对水声侦察问题的认识程度、研究深度有限，书中不足之处在所难免，敬请读者批评指正。

作 者

2023 年 4 月

# 目　　录

# 第1章　水声侦察概述

水声侦察作为水下信息战的重要手段，是获取与积累水声情报信息必不可少的途径。人们通过水声侦察对非合作的舰船辐射噪声、主动声呐脉冲等目标信号进行侦察，获取信号和目标特征参数，为判定目标的类型、工作状态、意图、威胁程度等提供信息依据，为水下信息数据库建设、水声技术与设备发展提供信息支持。

## 1.1　水声侦察概念内涵

水声侦察是指在远距离上直接通过对传播于空间的所关注目标有意或无意辐射的水声信号进行截获和处理，提取辐射信号和辐射源的特征参数，通过与数据库的匹配，对辐射信号和辐射源进行辨识，分析和判断辐射源的特性、能力、意图和威胁程度，为现场判断或情报收集获取有用信息。

水声侦察一般分为告警侦察和水声情报侦察两种类型。

告警侦察主要通过截获非合作目标辐射的水声信号，实时分析并获取信号参数，在水声情报侦察数据库的支持下，快速判明目标类型、位置、工作状态、意图、威胁程度等信息，为己方实施威胁告警，并及时采取规避、对抗及攻击等措施提供信息支持。

水声情报侦察对关注目标辐射的水声信号进行预先侦察，完整测定其各项特征参数，在后期进行综合分析与核对，确定辐射源的类型、技术特性与各项参数、用途、能力、意图、活动范围等，并将这些信息加入水声侦察数据库，为战时侦察处理、作战指挥人员制定作战策略等提供信息支援，为己方侦察技术的研究、水声设备的研制提供信息参考，为制订海上工作计划提供依据。

## 1.2　水声侦察对象

水声侦察平台对象多样，如水面舰船、水下目标、探潜飞机、鱼雷、水下无人航行器、岸基声呐系统、浮标、潜标等，各种水中平台对应的信号类型繁多，包括各种平台运动过程中不可避免的辐射噪声信号以及为完成各自任务主动发射的各种声呐信号。

## 1.2.1　主动声呐信号侦察对象

主动声呐信号包括探潜声呐信号、水声通信声呐信号、鱼雷寻的声呐信号、水下平台导航声呐信号、海洋环境测量声呐信号等，其来源多样、频率范围宽、形式复杂。

探潜声呐、鱼雷寻的声呐等都属于主动探测声呐，其基本原理是发射脉冲信号后，通过对目标反射回波的检测与参数估计实现目标探测以及距离、速度等目标特性测量。如图 1-1 所示，目前主动探测声呐主要采用单频或余弦波（cosine wave, CW）脉冲信号、线性调频（linear frequency modulation, LFM）脉冲信号、双曲调频（hyperbolic frequency modulation, HFM）脉冲信号、编码调相（code phase modulation, CPM）脉冲信号、伪随机噪声（pseudo random noise, PRN）脉冲信号，以及由它们组成的组合脉冲信号等发射信号形式[1]。不同信号形式具有不同的特性，主动探测声呐通常根据模糊度和分辨性能等需求选择合适的信号形式。

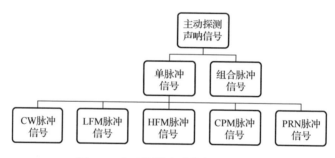

图 1-1　主动探测声呐的信号类型图

侧扫声呐等海洋环境测量仪器同样通过发射脉冲信号实现海底地形、海水流速等测量，采用的信号形式与主动探测声呐类似，只是在信号参数的选择上有一定的区别。

水声通信声呐则利用发射信号实现消息的传递。目前水声通信系统中多采用数字调制技术，如图 1-2 所示，常用的调制技术包括频移键控（frequency shift keying, FSK）调制和相移键控（phase shift keying, PSK）调制，如多级频移键控（multi-frequency shift keying, MFSK）调制[2,3]和 M 元相移键控（M-ary phase-shift keying, MPSK）调制。为了提高抗干扰抗多径能力以及隐蔽通信等性能，扩频（spread spectrum, SS）技术受到关注，SS 技术主要包括直接序列扩频（direct sequence spread spectrum, DSSS）[4-6]、跳频扩频（frequency-hopped spread spectrum, FHSS）[7]等，其中 DSSS 主要与 PSK 调制方式相结合，FHSS 主要与 FSK 调制方式相结合。

进一步，为了能够提高通信速率，水声通信引入了多载波调制技术，如正交频分复用（orthogonal frequency division multiplexing, OFDM）技术，该技术具有频谱利用率高、抗多径能力强等优点[8,9]。

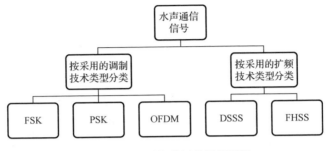

图 1-2　水声通信常用信号类型图

表 1-1 是近二十年研发的比较有名的商用水声通信设备，可以看出它们采用的调制方式与图 1-2 一致。

表 1-1　近二十年商用水声通信设备

| 研制单位 | 型号 | 工作距离/km | 工作频率/kHz | 调制方式 | 数据率/(bit/s) |
|---|---|---|---|---|---|
| LinkQuest | UWM2000 | 1.2～1.5 | 26.77～44.62 | SS | 17800 |
| | UWM4000 | 4 | 12.75～21.75 | | 8500 |
| | UWM10000 | 7～10 | 7.5～12.5 | | 5000 |
| WHOI | Micro Modem | 10 | 10～25 | FSK/PSK | 80～5400 |
| Teledyne Benthos | ATM-996 | 2～6 | 9～14 | MFSK | 140～2400 |
| | | | 16～21 | PSK | 2560～15360 |
| | | | 22～27 | | |
| Tritech | Micron Data Modem | 0.5 | 20～28 | SS | 40 |
| DSP Comm | Aquacomm | 3 | 16～30 | DSSS/OFDM | 100/480 |
| Develogic | HAM | 30 | 2.5～4.5 | n-mFSK | 145 |

注：WHOI 为伍兹霍尔海洋研究所（Woods Hole Oceanographic Institution）；DSP 为数字信号处理（digital signal processing）

## 1.2.2　辐射噪声侦察对象

水中目标的辐射噪声组成复杂，是舰艇中多种噪声源与其所处的水介质共同作用后产生的噪声。水中目标主要的辐射噪声源包括推进器、转动和往复式机械、各种泵等，它们产生噪声的机理各不相同。辐射噪声主要包括机械噪声、螺旋桨噪声和水动力噪声等，其中机械噪声、螺旋桨噪声和它们随目标空间行为状态的变化而产生的变化是水中目标辐射噪声的主要特征来源。

### 1. 机械噪声特征

机械噪声是指舰船上各种机械的振动源激励水中船体，并通过船体向水中辐射而形成的水下噪声，是舰船辐射噪声在低频段的主要成分。种类多样、分布式的激励振动源及复杂的船体响应特性使得机械辐射噪声难以被简单的模型描述，但其信号形式可以看作是宽带信号和一些窄带信号的叠加。从信号特性上，机械噪声信号一般可看作近似平稳的随机噪声，因此可利用信号功率谱来刻画机械噪声信号。图 1-3 为某船的机械噪声功率谱图，机械噪声在功率谱中表现为连续谱和线谱（图中箭头所指）的叠加。通过功率谱连续谱谱形、线谱等特征可以较好地表征机械噪声的特性。

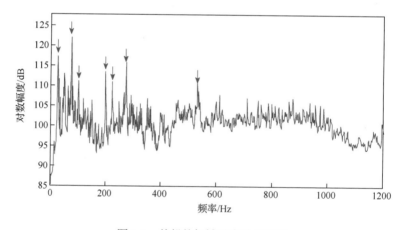

图 1-3　某船的机械噪声功率谱图

### 2. 螺旋桨噪声特征

螺旋桨噪声是由水中旋转的螺旋桨激励并辐射的噪声，包括螺旋桨空化噪声和桨叶振动所产生的噪声。螺旋桨噪声中包含了螺旋桨的转速和叶片数等信息，是调制噪声的主要来源。螺旋桨的周期调制是水声目标辐射噪声信号的重要特征。虽然水声目标并非按照螺旋桨的特征来分类，但是不同类型目标的螺旋桨参数和工况往往存在明显差异。因此，螺旋桨相关特征是进行目标区分的重要判据。

螺旋桨噪声是一种宽带辐射噪声，是舰船辐射噪声中连续谱的重要组成部分。非均匀流场中桨叶旋转对螺旋桨噪声进行了周期调制，使螺旋桨噪声信号的包络幅度产生周期起伏。图 1-4 为某船螺旋桨噪声的解调谱，通过对螺旋桨噪声信号的包络分析可以获取螺旋桨转速和螺旋桨叶片数等信息。

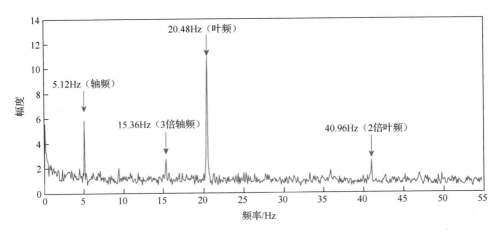

图 1-4　某船螺旋桨噪声的解调谱（四叶螺旋桨，转速：300r/min）

### 3. 目标的空间及行为特征

在水声场环境中，目标的运动状态和空间位置也是目标的重要特征。目标的深度位置、航速、各种工况及其变化状态都会反映在目标辐射噪声的变化中，以及海洋信道的差异和变化中。

由于浅海信道的多路径效应，不同的简正波模式叠加有时会在功率谱上产生类梳状的结构，运动目标的接收信号则会在低频分析与记录（low frequency analysis and recording, LOFAR）谱图中形成强弱分明的干涉条纹，包含了不同深度运动目标时空信息。根据简正波理论，辐射噪声线谱幅度与声源和接收器的深度、声源和接收器之间的距离有着密切的关系，其中声源和接收器深度的波动是导致辐射噪声线谱幅度起伏的重要因素之一。不同深度声源的模式激励函数取值随深度的变化存在较大的差异，带来信号波动程度的差异。

## 1.3　水声侦察的工作要求与面临的问题

### 1.3.1　水声侦察的工作要求

水声侦察需要在非合作条件下适应各类侦察对象，并能准确获取特征或参数信息等，具有不同于主被动声呐的工作要求，包括：①能覆盖宽频率范围、全方位、全时段；②能够适应多种信号类型及大范围参数；③特征或参数获取方法能够与信号和平台类型匹配适应；④能够实现旁瓣或海底反射等弱信号的侦察；⑤能够在强干扰背景下完成信号或特征提取；⑥能够完成多维信息的综合配对；⑦能够完成侦察信号的波形或特征纯化。

另外，由于水声侦察的作用距离相较电子侦察近，需要抵近侦察才能获得高质量的信号。非合作舰艇等作战平台数量有限，主动声呐开机机会也少，相较于电磁信号空间的密集信号特点，单个节点水声侦察截获非合作声呐信号的机会十分有限，为覆盖足够的海区以实现情报收集，需要更大空间范围、更长时间的常态化侦察工作。

## 1.3.2　水声侦察技术面临的问题

水声侦察新的需求、海上经济活动日益频繁带来的强背景干扰、水声信道的时空复杂多变以及水下航行体噪声控制、新型声呐、反侦察等技术的发展，使得水声侦察技术面临着其特有的诸多问题，需要不断发展以适应侦察对象的变化和新的使用要求。

水声侦察不断扩展的任务范围需要适应更为复杂的信号形式、更宽的参数动态范围以及更低的信噪比（有时只能接收到旁瓣信号或海底反射信号），为截获检测与参数估计技术带来了新的考验。

环境背景噪声、平台噪声以及其他舰船产生的干扰在低频更严重，对于无先验信息的水声侦察，容易导致低频侦察能力的降低和虚警。

信道传播、噪声干扰影响使得远距离水声信号发生严重畸变，会导致侦察参数估计及信号特征提取的失真。

主动探测声呐逐步采用组合脉冲等复杂信号形式以及灵活多变的信号形成机制，大大增加了非合作侦察特征提取、参数估计、类型判别的难度。

水声通信声呐通过信号频带的拓宽降低局部功率，采用直接序列扩频等伪随机信号降低被截获概率，使基于窄带信号能量检测的侦察技术难以获得精确的特征或参数。

水声对抗的大量使用导致水声侦察被水声对抗信号误导或者在针对诱骗发射干扰信号时侦察能力大幅下降直至停止侦察。

类似的问题都迫切需要加强对水声侦察信号处理方法的研究，掌握复杂信号形成机理、传播畸变规律，充分利用信号特性、信道特性等提高强干扰背景下低频信号/弱信号侦察、多种类复杂信号侦察适应及信号与平台识别等方面能力。通过自身平台航行状态与自噪声监测信息、海洋信道环境监测信息、工作海域合作与非合作目标的声呐类型分布信息、多声呐数据、雷达测量数据等更多信息的共享、综合分析和自适应处理来提高环境适应性，采用基于局部先验信息的处理技术以获得最佳侦察性能。

# 第 2 章　水声侦察信号特点分析

水声侦察主要对主动探测声呐脉冲、水声通信等主动发射信号，以及目标辐射噪声信号进行侦察处理，在第 1 章中对这两类水声侦察对象的信号与特征分类进行了说明。要实现各种类型信号或特征的侦察处理，离不开对各类信号的特点分析。本章从侦察处理角度，对主动探测声呐信号、水声通信信号、舰船辐射噪声信号及其特点进行分析，为后续侦察方法研究提供基础。

## 2.1　主动探测声呐信号及其特点

图 1-1 中给出了主动探测声呐的主要信号类型，其中 CW 脉冲、LFM 脉冲、HFM 脉冲，以及由它们组成的组合脉冲应用最为广泛[10]。本节重点对这几类信号进行分析，给出信号的数学定义，并从频域、时频域等方面分析其信号特点。其他编码脉冲信号从特点来说类似于水声通信的扩频信号，其信号特点将在 2.2 节分析。

### 2.1.1　常用主动探测声呐信号波形

1. CW 脉冲信号

CW 脉冲信号是主动探测声呐中最基本的信号类型，频率分辨率较高，常被用来测量目标的运动速度。CW 脉冲信号是没有经过脉内相位或频率调制的信号，其瞬时相位为 $\varphi(t) = 2\pi f_0 t + \varphi_0$。CW 脉冲信号的时间函数为

$$s(t) = A\,\mathrm{rect}\left(\frac{t - t_0}{\tau_0}\right)\exp\left[\mathrm{j}\left(2\pi f_0 t + \varphi_0\right)\right] \tag{2-1}$$

式中，$A$ 为信号幅度；$\mathrm{rect}(\cdot)$ 为矩形窗函数；$f_0$ 为中心频率或载波频率；$\varphi_0$ 为初相位；$\tau_0$ 为脉宽（探测脉冲为一个周期内信号持续时间，通信信号为一个通信帧信号持续时间，下同）；$t_0$ 为信号到达时间。CW 脉冲信号的瞬时频率为

$$f(t) = \frac{\mathrm{d}\varphi(t)}{\mathrm{d}t} = f_0, \quad t_0 \leqslant t \leqslant t_0 + \tau_0 \tag{2-2}$$

由式（2-2）可知，CW 脉冲信号的脉内频率为常数，CW 脉冲信号时域波形与瞬时频率曲线如图 2-1 所示。

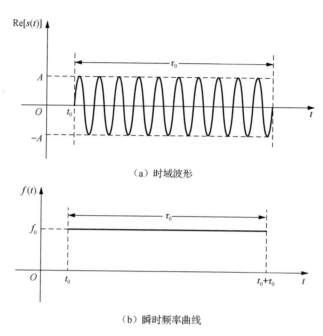

（a）时域波形

（b）瞬时频率曲线

图 2-1　CW 脉冲信号时域波形与瞬时频率曲线

CW 脉冲信号的傅里叶变换为

$$S(f) = \int_{t_0}^{t_0+\tau_0} A_0 \exp\left[ j\left(2\pi f_0 t + \varphi_0\right)\right] \exp\left(-j2\pi ft\right) \mathrm{d}t$$

$$= \frac{A_0 \sin\left[\pi\left(f-f_0\right)\tau_0\right]}{\pi\left(f-f_0\right)} \exp\left\{ j\left[\varphi_0 - \pi\left(f-f_0\right)\left(2t_0 + \tau_0\right)\right]\right\} \quad (2\text{-}3)$$

由式（2-3）可得，CW 脉冲信号的幅度谱为

$$\left|S(f)\right| = A\tau_0 \left| \frac{\sin\left[\pi\tau_0\left(f-f_0\right)\right]}{\pi\tau_0\left(f-f_0\right)} \right| \quad (2\text{-}4)$$

由式（2-4）可知，CW 脉冲信号的幅度谱具有 sinc 函数的形式，其中 $\mathrm{sinc}(x) = \sin(\pi x)/(\pi x)$。CW 脉冲信号的幅度谱示意如图 2-2 所示。由图 2-2 可以看出，当 $f = f_0$ 时，$\left|S(f)\right| = A\tau_0$，当 $f = f_0 \pm k/\tau_0, k = 1,2,\cdots$ 时，$\left|S(f)\right| = 0$。信号的第一零点带宽 $B$ 为 $2/\tau_0$。

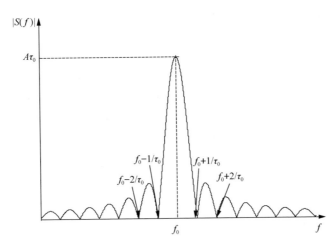

图 2-2　CW 脉冲信号的幅度谱示意图

## 2. LFM 脉冲信号

LFM 脉冲信号是脉内线性频率调制的信号，顾名思义，其瞬时频率在脉内是线性变化的，瞬时相位为 $\varphi(t)=2\pi\left(0.5\mu t^2+f_1 t\right)+\varphi_0$，LFM 脉冲信号的时间函数可以表示为

$$s(t)=A\,\mathrm{rect}\left(\frac{t-t_0}{\tau_0}\right)\exp\left\{\mathrm{j}\left[2\pi\left(0.5\mu t^2+f_1 t\right)+\varphi_0\right]\right\} \qquad (2\text{-}5)$$

式中，$A$ 为信号幅度；$\tau_0$ 为脉宽；$t_0$ 为信号到达时间；$\varphi_0$ 为初相位；$f_1$ 为起始频率；$\mu=B/\tau_0$ 为信号频率变化率，称为调制率，$B$ 为 LFM 信号带宽，等于起止频率差值。LFM 脉冲信号的瞬时频率为

$$f(t)=\frac{\mathrm{d}\varphi(t)}{\mathrm{d}t}=\mu(t-t_0)+f_1,\quad t_0\leqslant t\leqslant t_0+\tau_0 \qquad (2\text{-}6)$$

由式（2-6）可知，LFM 脉冲信号的脉内频率随着时间呈线性变化。当 $\mu>0$ 时，$s(t)$ 为上调频信号，脉内频率随着时间增加呈线性递增；当 $\mu<0$ 时，$s(t)$ 为下调频信号，脉内频率随着时间增加呈线性递减；当 $\mu=0$ 时，$s(t)$ 退化为 CW 脉冲信号，因此 CW 脉冲信号也可看作特殊的 LFM 脉冲信号。LFM 脉冲信号时域波形与瞬时频率曲线如图 2-3 所示。

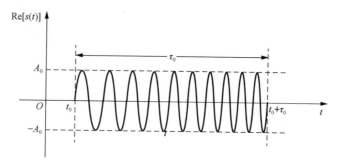

（a）时域波形

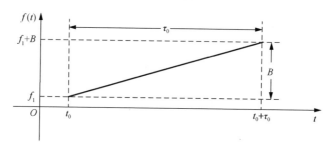

（b）瞬时频率曲线

图 2-3　LFM 脉冲信号时域波形与瞬时频率曲线

为了方便推导，设信号起始时刻 $t_0 = 0$ ，则 LFM 脉冲信号的傅里叶变换为

$$S(f) = A \exp(\mathrm{j}\varphi_0) \int_0^{\tau_0} \exp\left\{\mathrm{j}2\pi\left[0.5\mu t^2 - (f - f_1)t\right]\right\}\mathrm{d}t \qquad (2\text{-}7)$$

对式（2-7）积分的指数项进行配方得

$$S(f) = A \exp\left\{\mathrm{j}\left[\varphi_0 - \frac{\pi(f - f_1)^2}{\mu}\right]\right\} \int_0^{\tau_0} \exp\left[\mathrm{j}\pi\mu\left(t - \frac{f - f_1}{\mu}\right)^2\right]\mathrm{d}t \qquad (2\text{-}8)$$

假设 $\mu > 0$ ，令 $\mu\left(t - \dfrac{f - f_1}{\mu}\right)^2 = \dfrac{x^2}{2}$ ，则有

$$t = \frac{x}{\sqrt{2\mu}} + \frac{f - f_1}{\mu} \qquad (2\text{-}9)$$

将式（2-9）代入式（2-8）得

$$S(f) = \frac{A}{\sqrt{2\mu}} \exp\left\{ j\left[ \varphi_0 - \frac{\pi(f-f_1)^2}{\mu} \right] \right\} \int_{-v_1}^{v_2} \exp\left( j\pi \frac{x^2}{2} \right) dx$$

$$= \frac{A}{\sqrt{2\mu}} \exp\left\{ j\left[ \varphi_0 - \frac{\pi(f-f_1)^2}{\mu} \right] \right\} \int_{-v_1}^{v_2} \left[ \cos\left( \pi \frac{x^2}{2} \right) + j\sin\left( \pi \frac{x^2}{2} \right) \right] dx$$

$$= \frac{A}{\sqrt{2\mu}} \exp\left\{ j\left[ \varphi_0 - \frac{\pi(f-f_1)^2}{\mu} \right] \right\} \left\{ \left[ c(v_1) + c(v_2) \right] + j\left[ s(v_1) + s(v_2) \right] \right\} \quad (2\text{-}10)$$

式中，$v_1 = \sqrt{\dfrac{2}{\mu}}(f-f_1)$；$v_2 = \sqrt{\dfrac{2}{\mu}}(f_2-f)$，其中 $f_2 = f_1 + \mu\tau_0$ 为信号的终止频率；

$$c(v) = \int_0^v \cos\left( \pi \frac{x^2}{2} \right) dx \quad (2\text{-}11)$$

$$s(v) = \int_0^v \sin\left( \pi \frac{x^2}{2} \right) dx \quad (2\text{-}12)$$

式（2-11）和式（2-12）称为菲涅耳积分。当 $\mu < 0$ 时，推导过程与上述相同，结果为

$$S(f) = \frac{A}{\sqrt{-2\mu}} \exp\left\{ j\left[ \varphi_0 - \frac{\pi(f-f_1)^2}{\mu} \right] \right\} \left\{ \left[ c(v_1) + c(v_2) \right] + j\left[ s(v_1) + s(v_2) \right] \right\}$$

$$(2\text{-}13)$$

式中，$v_1 = \sqrt{\dfrac{2}{-\mu}}(f-f_1)$；$v_2 = \sqrt{\dfrac{2}{-\mu}}(f_2-f)$。因此可得 LFM 脉冲信号的幅度谱为

$$|S(f)| = \frac{A}{\sqrt{2|\mu|}} \sqrt{\left[ c(v_1) + c(v_2) \right]^2 + \left[ s(v_1) + s(v_2) \right]^2} \quad (2\text{-}14)$$

式中，$v_1 = \sqrt{\dfrac{2}{|\mu|}}(f-f_1)$；$v_2 = \sqrt{\dfrac{2}{|\mu|}}(f_2-f)$。

由式（2-14）可知，LFM 脉冲信号的频谱表达式十分复杂，只能利用菲涅耳积分获得数值解。LFM 脉冲信号的幅度谱如图 2-4 实线所示，可以看出，幅度谱 $|S(f)|$ 关于中心频率对称，且由中心频率向两边的波动逐步增大，当信号频率超出频带范围时，$|S(f)|$ 迅速衰减。

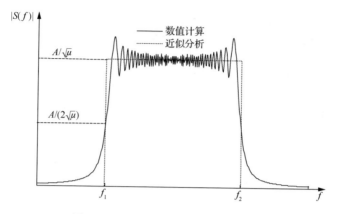

图 2-4　LFM 脉冲信号幅度谱示意图

为了简化分析，下面从频谱的物理意义出发，推导分析 LFM 脉冲信号的近似功率谱。由 LFM 脉冲信号的瞬时频率表达式（2-6）可得

$$\frac{\mathrm{d}t}{\mathrm{d}f} = \frac{1}{\mu} \tag{2-15}$$

式（2-15）表示 LFM 脉冲信号单位频率分量在脉冲宽度内所占的时间。因而各频率分量的能量为 $A^2/|\mu|$，从而推知 LFM 脉冲信号的近似幅度谱为

$$\left|S(f)\right| \approx A/\sqrt{|\mu|}, \quad f_1 \leqslant f \leqslant f_{\mathrm{h}} \tag{2-16}$$

式中，$f_1 = \min(f_1, f_2)$ 和 $f_{\mathrm{h}} = \max(f_1, f_2)$ 分别为 LFM 脉冲信号的下限频率和上限频率。

由式（2-16）可知，LFM 脉冲信号频谱幅值的平方与调制率成反比，即调制率越小，频谱幅值越大，反之则频谱幅值越小。通常将 $B\tau \gg 1$ 的信号称为复杂信号或可压缩信号，而将 $B\tau \approx 1$ 的信号称为简单信号或不可压缩信号，因此 CW 脉冲信号属于简单信号，而 LFM 脉冲信号属于复杂信号。

LFM 脉冲信号的近似幅度谱如图 2-4 虚线所示，可以看出，式（2-16）近似结果与数值计算结果大致相同，而且当 $B\tau \gg 1$ 时近似程度更高[11]。也可以看出，LFM 脉冲信号上下限频率所对应的幅度谱为近似幅度谱的1/2。

3. HFM 脉冲信号

HFM 脉冲信号是脉内非线性频率调制信号，顾名思义，其瞬时频率在脉内是非线性变化的，瞬时相位为 $\varphi(t) = -2\pi \ln(-k_0 t + 1/f_1)/k_0 + \varphi_0$。HFM 脉冲信号的时间函数可以表示为

$$s(t) = A\,\mathrm{rect}\left(\frac{t-t_0}{\tau_0}\right)\exp\left\{\mathrm{j}\left[-\frac{2\pi}{k_0}\ln(-k_0 t + 1/f_1) + \varphi_0\right]\right\} \tag{2-17}$$

式中，$A$ 为信号幅度；$\varphi_0$ 为初相位；$f_1$ 为起始频率；$\tau_0$ 为信号脉宽；$k_0$ 为一常数因子，定义为周期斜率，其值为 $k_0 = (f_2 - f_1)/(\tau_0 f_1 f_2)$，$|k_0| \ll 1$，其中 $f_2$ 为终止频率。由于 LFM 脉冲信号和 HFM 脉冲信号都属于脉内频率调制信号，因此本书将二者统称为调频（frequency modulation, FM）脉冲信号。

HFM 脉冲信号的瞬时频率 $f(t)$ 为

$$f(t) = \frac{1}{2\pi}\frac{\mathrm{d}\varphi(t)}{\mathrm{d}t} = \frac{1}{-k_0 t + 1/f_1}, \quad 0 < t < \tau \tag{2-18}$$

由式（2-18）可知，HFM 脉冲信号瞬时频率曲线为时间的双曲函数，在信号脉宽内，瞬时频率随着时间连续单调变化。当 $k_0 > 0$，即 $f_2 > f_1$ 时，HFM 脉冲信号是上扫频信号；当 $k_0 < 0$，即 $f_2 < f_1$ 时，HFM 脉冲信号是下扫频信号。

正弦信号的过零点间隔是正弦波周期的一半，因此可将 HFM 脉冲信号的过零点间隔的二倍（为表达方便，下文统称为过零点间隔）表示为

$$g(t) = \frac{1}{f(t)} = -k_0 t + \frac{1}{f_1}, \quad 0 < t < \tau_0 \tag{2-19}$$

由式（2-19）可以看出，HFM 脉冲信号的过零点间隔是时间 $t$ 的线性函数，因此 HFM 脉冲信号又被称为线性周期调频（linear periodic frequency modulation, LPFM）脉冲信号。HFM 脉冲信号的时域波形、瞬时频率曲线和过零点间隔曲线的示意图如图 2-5 所示。

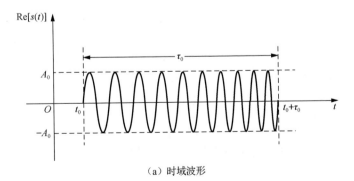

（a）时域波形

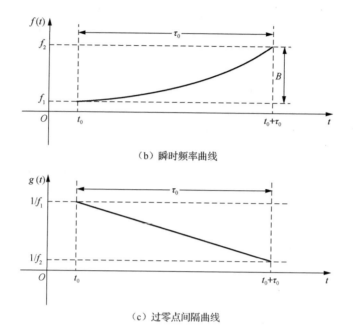

（b）瞬时频率曲线

（c）过零点间隔曲线

图 2-5　HFM 脉冲信号的时域波形、瞬时频率曲线与过零点间隔曲线示意图

HFM 脉冲信号的傅里叶变换为

$$S(f)=\int_0^{\tau_0} A\exp\left[\mathrm{j}\varphi(t)\right]\exp(-\mathrm{j}2\pi ft)\mathrm{d}t \tag{2-20}$$

由于 HFM 脉冲信号瞬时相位函数 $\varphi(t)$ 中包含对数表达式，直接推导 $S(f)$ 十分困难，而且只能得到其积分式以及频谱的数值解，难以得到其解析解。为了便于分析，类似于对 LFM 脉冲信号频谱的近似分析，从信号频谱的物理意义出发，推导分析 HFM 脉冲信号的频谱形状。由 HFM 脉冲信号瞬时频率的表达式（2-18）可得

$$\frac{\mathrm{d}t}{\mathrm{d}f}=\frac{1}{k_0 f^2} \tag{2-21}$$

式（2-21）表示 HFM 脉冲信号单位频率分量在脉冲宽度内所占的时间，因而各个频率分量的能量为 $A^2\big/\left(\left|k_0\right|f^2\right)$，进一步可得 HFM 脉冲信号的幅度谱为

$$\left|S(f)\right|\approx A\frac{1}{f\sqrt{\left|k_0\right|}},\quad f_1\leqslant f\leqslant f_\mathrm{h} \tag{2-22}$$

式中，$f_1=\min\left(f_1,f_2\right)$ 和 $f_\mathrm{h}=\max\left(f_1,f_2\right)$ 分别为 HFM 脉冲信号的下限频率、上限频率。

由式（2-22）可知，HFM 脉冲信号的幅度谱是频率的双曲线函数，且 HFM

脉冲信号的幅度谱与频率 $f$ 成反比，下限频率 $f_1$ 对应幅度谱的最大值，反之，上限频率 $f_h$ 对应幅度谱的最小值。HFM 脉冲信号幅度谱的数值解析值与式（2-22）的近似分析结果分别如图 2-6 的实线和虚线所示。可以看出，式（2-22）的近似分析结果较好地反映了 HFM 脉冲信号的幅度谱形状，这验证了上述近似分析的正确性。也可以看出，与 LFM 脉冲信号类似，HFM 脉冲信号上限频率、下限频率所对应的幅度分别为近似幅度谱的 1/2。

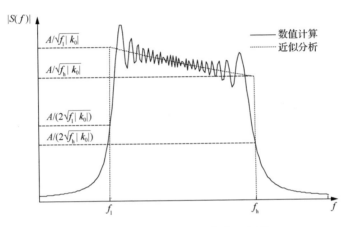

图 2-6　HFM 脉冲信号幅度谱示意图

### 4. 组合脉冲信号

由文献[1]对单频脉冲信号模糊函数的分析可知：CW 脉冲信号具有理想的速度分辨力，但距离分辨性能不理想；LFM 脉冲信号具有良好的速度-距离联合分辨力，但当二者都不确定时，速度分辨力和距离分辨力均无法保证；HFM 脉冲信号属于多普勒不变信号，但在测距离时会有一附加时延，影响测时精度。为兼顾距离分辨力与速度分辨力，组合脉冲信号被大量使用。组合脉冲信号在单个周期内由多个子脉冲组合而成。组合脉冲信号的时间函数可以描述为

$$s(t) = \sum_{m=1}^{M} s_m(t)$$

$$= A_1 \text{rect}\left(\frac{t-t_0}{\tau_1}\right) \exp\left[ j\varphi_1(t-t_0) \right]$$

$$+ \sum_{m=2}^{M} A_m \text{rect}\left( \frac{t-t_0-\sum_{i=1}^{m-1}\tau_i}{\tau_m} \right) \exp\left[ j\varphi_m\left( t-t_0-\sum_{i=1}^{m-1}\tau_i \right) \right] \quad （2\text{-}23）$$

式中，$t_0 < t < t_0 + \tau$，$\tau = \sum_{m=1}^{M} \tau_m$ 为组合脉冲信号的总脉宽；$s_m(t)$ 为第 $m$ 个子脉冲信号，每个子脉冲信号可以是不同参数的 CW、LFM 和 HFM 脉冲信号。组合脉冲信号的瞬时频率曲线由构成组合脉冲的各个子脉冲的瞬时频率曲线和组合方式决定。对于由 CW 和 FM 脉冲信号构成的组合脉冲信号，瞬时频率曲线由多个水平或倾斜的线段构成。

图 2-7（a）和（b）分别为一个由 LFM 和 CW 子脉冲信号组成的组合脉冲信号的时域波形与瞬时频率曲线示意图。可以看出，该信号的组合形式为 LFM-CW-LFM-CW-LFM，组合脉冲信号总的脉宽为 $\tau$，其中 $f_1$ 和 $f_h$ 分别为组合脉冲信号的下限频率和上限频率，组合脉冲信号的总带宽为 $B = f_h - f_1$。组合脉冲信号的频谱与各个子脉冲信号的频谱有关，可以看作是多个子脉冲频谱的和。

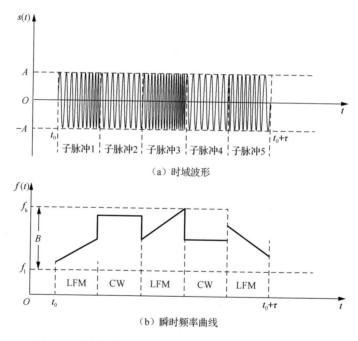

（a）时域波形

（b）瞬时频率曲线

图 2-7　组合脉冲信号的时域波形与瞬时频率曲线示意图

由以上分析可知，虽然组合脉冲信号可以采用任意组合方式，但构成组合脉冲信号的基本元素仍以 CW、LFM 和 HFM 脉冲信号为主，其截获处理依赖于对每个子脉冲的截获能力，在子脉冲检测与参数估计基础上通过组合判决机制即可获得组合脉冲信号的综合信息。

5. 多周期脉冲信号

无论是主动探测声呐，还是水声通信声呐，以及测量仪器，通常连续发射脉冲信号。前面给出了单周期内主动声呐常用的几种信号的数学模型与特征分析，下面分析多周期脉冲信号的数学模型。

假设单个周期内脉冲信号为 $s_s(t)$，则多周期脉冲信号的数学模型为

$$s_p(t) = \sum_{n=1}^{N} s_s \left[ t - t_0 - (n-1) T_p \right] \tag{2-24}$$

式中，$N$ 为主动声呐多周期脉冲串所包含的单脉冲个数；$T_p$ 为脉冲重复周期；$t_0$ 为脉冲串首个脉冲的到达时间；$s_s(t)$ 的表达式为

$$s_s(t) = \begin{cases} s(t), & 0 \leqslant t \leqslant \tau \\ 0, & \text{其他} \end{cases} \tag{2-25}$$

其中，$\tau$ 为脉宽，$s(t)$ 为单个脉冲信号的脉内信号。对于不同的信号，$s(t)$ 表达式的具体形式不同，如式（2-1）所描述的 CW 脉冲信号、式（2-5）所描述的 LFM 脉冲信号、式（2-17）所描述的 HFM 脉冲信号和式（2-23）所描述的组合脉冲信号，以上各式可以用统一的数学模型来描述：

$$s(t) = \sum_{m=1}^{M} s_m(t), \quad 0 \leqslant t \leqslant \tau, \tau = \sum_{m=1}^{M} \tau_m \tag{2-26}$$

式中，$M$ 是单个脉冲信号包含的子脉冲个数；$\tau$ 为单脉冲信号的总脉宽；$\tau_m$ 为第 $m$ 个子脉冲 $s_m(t)$ 的脉宽；$s_m(t)$ 统一的数学模型为

$$s_m(t) = \begin{cases} a_1(t) \exp\left[ j\varphi_1(t) \right], & m = 1 \\ a_m\left( t - \sum_{i=1}^{m-1} \tau_i \right) \exp\left[ j\varphi_m\left( t - \sum_{i=1}^{m-1} \tau_i \right) \right], & m \geqslant 2 \end{cases} \tag{2-27}$$

其中，$0 \leqslant t \leqslant \tau_m$，$a_m(\cdot)$ 为第 $m$ 个子脉冲信号的包络函数，$\varphi_m(\cdot)$ 为第 $m$ 个子脉冲信号的瞬时相位函数。$a_m(\cdot)$ 和 $\varphi_m(\cdot)$ 这两项取不同的形式，使得信号表现为不同的类型。对于侦察声呐，需要对每个子脉冲都能实现截获检测。模型中选用解析形式是为了分析的方便，虽然实际应用中都是实信号，但实信号的频谱正负部分是共轭对称的，正频率部分与复信号的频谱只是 2 倍系数的差别，因此解析信号完全能反映或包含实信号的特点。

信号的包络函数 $a_m(t)$ 可以看作是一个窗函数，例如矩形窗、三角窗、高斯窗等函数，但主动声呐脉冲信号最常用的还是矩形窗形式，即

$$a_m(t) = A_m \text{ rect}\left(\frac{t}{\tau_m}\right) \tag{2-28}$$

式中，$A_m$ 为第 $m$ 个子脉冲的信号幅度；$\text{rect}(t/\tau_m)$ 为矩形窗函数，其表达式为

$$\text{rect}\left(\frac{t}{\tau_m}\right) = \begin{cases} 1, & 0 \leqslant t \leqslant \tau_m \\ 0, & \text{其他} \end{cases} \tag{2-29}$$

本书中如无特殊说明，理论分析与仿真研究均采用矩形包络函数。

多周期脉冲信号的示意图如图 2-8 所示。由图 2-8 可知，多周期脉冲信号以周期 $T_p$ 均匀地重复，且脉宽 $\tau < T_p$，脉宽 $\tau$ 与周期 $T_p$ 的比值称为脉冲信号的占空比，因此脉冲信号占空比小于 1。

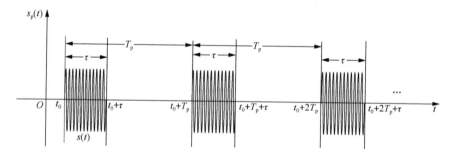

图 2-8　多周期脉冲信号示意图

## 2.1.2　主动探测声呐信号的主要特征参数

### 1. 通用特征参数

图 2-9 为主动探测声呐信号侦察通用特征参数。由 2.1.1 节可知，主动探测声呐信号通常具有重复性，因此脉宽（根据脉冲起止时间计算得到）和重复周期均为通用特征参数，区别在于各自的取值范围不同。

此外，来波方向、信号强度、信号类型等均为通用特征参数。

### 2. 常规 CW、LFM、HFM 脉冲信号特征参数

CW、LFM、HFM 是主动探测声呐中常用的三类信号，这三类信号都具有相位或瞬时频率连续变化的特点，因此其特征参数主要与频率信息有关，具体特征参数如图 2-10 所示。

图 2-9　主动探测声呐信号侦察通用特征参数

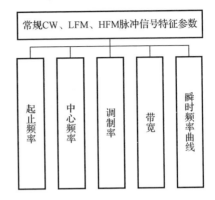

图 2-10　常规 CW、LFM、HFM 脉冲信号特征参数

3. 组合脉冲信号特征参数

目前组合脉冲信号已成为国内外主动探测声呐的常用信号。理论上组合脉冲可以由任意类型信号组合，不过就目前已知，通常由 2～10 个 CW、LFM/HFM 脉冲信号组成。相较于单脉冲信号，组合脉冲信号的特征参数更为复杂，需要对每个子脉冲的时间域与频率域特征参数进行描述。因此组合脉冲信号的特征参数需要包含组合脉冲特有的子脉冲个数，每个子脉冲的信号类型、起止时间，以及各类频率等各项特征参数信息。组合脉冲信号特征参数如图 2-11 所示。

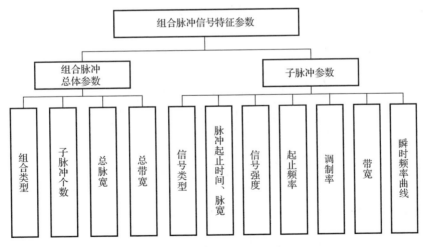

图 2-11　组合脉冲信号特征参数

## 2.2  水声通信信号及其特点

### 2.2.1  典型水声通信信号

1. 频移键控信号

从调制方式来看，频移键控（FSK）和跳频（frequency hopping, FH）都可以看作利用码序列来控制多个频率的变化，也可以称为频率编码信号，这里进行统一描述。

FSK 信号或 FH 信号的时域波形可表示为

$$s(t) = \sum_{k=0}^{K-1} d_k(t) \exp\left[ j(2\pi f_k t + \varphi_k) \right], \quad 0 \leqslant t \leqslant \tau_0 \tag{2-30}$$

式中，$\tau_0$ 为整个脉冲或一帧信号持续时间宽度，每个码元宽度为 $T_d$（即一个码元的持续时间），则有 $\tau_0 = KT_d$；$K$ 为码长或码元个数；$d_k(t)$ 为每个码元波形的包络函数；$f_k$、$\varphi_k$ 分别为第 $k$ 个码元信号（对于 FH 信号也可称为第 $k$ 跳）的载波频率和初相位，并且 $f_k$ 属于 $M$ 个频率构成的频率集中的一个，即 $f_k \in \{f_1, f_2, \cdots, f_M\}$。当 $M$ 大于 2 时，FSK 也称为多级频移键控（MFSK），简称多频制，是 2FSK 方式的推广，其时域波形如图 2-12 所示。

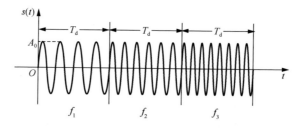

图 2-12  MFSK 信号时域波形图

FSK 信号大多采用矩形包络形式，则式（2-30）可表示为

$$s(t) = A_0 \sum_{k=0}^{K-1} \text{rect}\left( \frac{t - kT_d}{T_d} \right) \exp\left[ j(2\pi f_k t + \varphi_k) \right], \quad 0 \leqslant t \leqslant \tau_0 \tag{2-31}$$

FSK 信号或 FH 信号在信号持续时间或脉冲内频率按照码元宽度发生跳变，码元宽度内为一固定频率的 CW 脉冲信号。假设频率集为 $f_k \in \{f_1, f_2, \cdots, f_M\}$，那么

$$f(t) = \sum_{k=0}^{K-1} \operatorname{rect}\left(\frac{t - kT_{\mathrm{d}} - t_0}{T_{\mathrm{d}}}\right) f_k, \quad t_0 \leqslant t \leqslant \tau_0, \tau_0 = KT_{\mathrm{d}}, f_k \in \{f_i\} \tag{2-32}$$

以 2FSK 信号为例，假设 $K=3$，则瞬时频率曲线如图 2-13 所示。

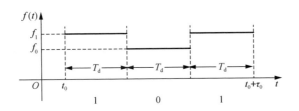

图 2-13　2FSK 信号瞬时频率曲线

由式（2-31）可知，频率编码信号可以看作若干 CW 脉冲信号的和，只是信号存在时间有差别。根据傅里叶变换的"线性"性质，和信号的频谱等于信号频谱的和，因此频率编码信号的频谱等于各个码元信号频谱的和，频谱呈现 $M$ 个如图 2-14 所示的频谱形状的图形，只是频率为 $f_i, i = 1, 2, \cdots, M$，并且由于信号的重复，会导致频谱的离散化，但包络形状与抽样函数相符。若码元分布均匀，即各频率分量出现次数相同，则各频率分量频谱的幅度相同，否则各频率对应的频谱曲线幅度大小与出现次数成正比。图 2-14 是一个由 4 个子频率构成频率集且各子频率出现概率相同的频率编码信号频谱包络示意图。

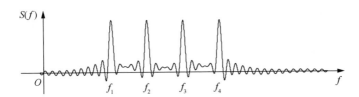

图 2-14　频率编码信号频谱包络示意图

## 2. 相移键控信号

MPSK 信号的时域表示与 MFSK 信号类似，只不过中心频率固定，而相位根据编码发生跳变，也可以称为相位编码信号，其时域表达为

$$s(t) = \sum_{k=0}^{K-1} d_k(t) \exp\left[\mathrm{j}(2\pi f_0 t + \varphi_k + \varphi_0)\right], \quad 0 \leqslant t \leqslant \tau_0 \tag{2-33}$$

对于 MPSK 信号，$\varphi_k \in \{\varphi_i = 2\pi i / M\}(i = 1, 2, \cdots, M)$ 为第 $k$ 个码元信号对应的相位，$\varphi_0$ 为初相位，一般为零。同样，矩形包络也是最常采用的形式：

$$s(t) = A_0 \sum_{k=0}^{K-1} \text{rect}\left(\frac{t-kT_\text{d}}{T_\text{d}}\right) \exp\left[\text{j}\left(2\pi f_0 t + \varphi_k + \varphi_0\right)\right], \quad 0 \leq t \leq \tau_0 \quad (2\text{-}34)$$

当 $M=2$ 时对应为二相编码或二进制相移键控（binary phase-shift keying，BPSK）信号，相位 $\varphi_k$ 只有两个选项 $\{0,\pi\}$，此时 $\exp(\text{j}\varphi_k) \in \{-1,+1\}$，因此 BPSK 信号也可以通过幅度的正负来控制相位的跳变，即

$$s(t) = A_0 \sum_{k=0}^{K-1} d_k \text{rect}\left(\frac{t-kT_\text{d}}{T_\text{d}}\right) \exp(\text{j}2\pi f_0 t + \varphi_0), \quad 0 \leq t \leq \tau_0, d_k \in \{-1,+1\} \quad (2\text{-}35)$$

式中，$d_k \in \{-1,+1\}$ 为信息码序列；$T_\text{d}$ 为信息码码元宽度；$d(t) = \sum_{k=0}^{K-1} d_k \text{rect}\left(\frac{t-kT_\text{d}}{T_\text{d}}\right)$，可以看作是采用双极性码序列 $d_k$ 的数字基带信号。图 2-15 是 BPSK 信号时域波形图，可以看出，通过幅度的正负跳变可以导致相位的 180° 跳变。

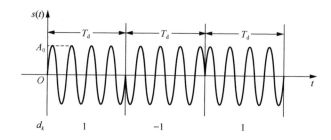

图 2-15　BPSK 信号时域波形图

对于 BPSK 信号的功率谱，可以根据基带信号功率谱的搬移来获得。

设信息码的概率分别为 $P$ 和 $1-P$，则 $d(t)$ 的功率谱包含稳态部分和交变部分[12]，即

$$P_d(f) = \frac{1}{T_\text{d}} P(1-P)\left|G_1(f) - G_2(f)\right|^2$$
$$+ \sum_{m=-\infty}^{\infty} \left|\frac{1}{T_\text{d}}\left[PG_1\left(\frac{m}{T_\text{d}}\right) + (1-P)G_2\left(\frac{m}{T_\text{d}}\right)\right]\right|^2 \delta\left(f - \frac{m}{T_\text{d}}\right) \quad (2\text{-}36)$$

式中，$G_1(f)$ 和 $G_2(f)$ 分别表示二元调制的两个基带信号波形的频谱。BPSK 调制属于双极性波形，有 $G_1(f) = -G_2(f) = G(f)$，$G(f)$ 表示宽度为 $T_\text{d}$ 的矩形脉冲的频谱：

$$G(f) = T_\text{d} \frac{\sin(\pi f T_\text{d})}{\pi f T_\text{d}}, \quad f \neq 0 \quad (2\text{-}37)$$

于是 $P_d(f)$ 为

$$P_d(f) = 4T_d P(1-P)\operatorname{sinc}^2(fT_d) + (2P-1)^2 \delta(f) \tag{2-38}$$

可以看出信码信号功率谱为 sinc 函数的平方，而当频率等于零时为一冲击函数。实际应用时，信源编码一般经过均衡处理，即 $P \approx 0.5$，此时

$$P_d(f) \approx T_d \operatorname{sinc}^2(fT_d), \quad f \neq 0 \tag{2-39}$$

对信码信号频率搬移 $f_0$ 可得 BPSK 信号的功率谱为

$$P_d(f) \approx \frac{T_d}{4}\left[\left|\frac{\sin \pi(f-f_0)T_d}{\pi(f-f_0)T_d}\right|^2 + \left|\frac{\sin[\pi(f+f_0)T_d]}{\pi(f+f_0)T_d}\right|^2\right], \quad f \neq f_0 \tag{2-40}$$

由式（2-40）可以看出，BPSK 信号功率谱以 $f_0$ 为中心，零点带宽为 $2/T_d$，包络为 sinc 函数平方。

对于瞬时频率，由式（2-33）可知，相位编码信号瞬时相位在码元持续时间内随时间成正比，但在码元变化处可能会有一个相位的跳变。瞬时频率函数 $f(t)$ 是瞬时相位函数 $\varphi(t)$ 的导数，则有

$$f(t) = \varphi'(t) = \frac{\mathrm{d}(2\pi f_0 t + \varphi_k)}{2\pi \mathrm{d}t} \tag{2-41}$$

在码元持续时间内以及没有发生相位跳变时，$\varphi(t)$ 求导的结果为 $f_0$，但在第 $k$ 个码元开始的 $t_k$ 时刻，如果 $\varphi_k \neq \varphi_{k-1}$（$\varphi_k$ 与 $\varphi_{k-1}$ 分别表示第 $k$ 个码元和前一个码元的初相位），相位函数 $\varphi(t)$ 在 $t_k$ 点是不连续的，$\varphi'(t_k)$ 不存在。这里我们引入冲击函数 $\delta(t)$，则可认为存在相位跳变的时刻导数为 $(\varphi_k - \varphi_{k-1})\delta(t-t_k)/2\pi$，$k = 1,2,3,\cdots,K$。可以看出，在无相位跳变时间内（码元持续时间及 $\varphi_k = \varphi_{k-1}$ 时），$f(t)$ 为一常数 $f_0$，当第 $k$ 个码元开始时刻存在相位跳变时 $(\varphi_k \neq \varphi_{k-1})$，会有一个瞬时频率冲击。

实际系统中，发射系统、信道传输以及接收机特性使得信号不可能具有全部高频分量，因此相位跳变也无法在瞬时实现，因此相位跳变时间段内会有一个频率突变，但不会是冲击函数，频率变化大小与相位跳变的大小有关，因此我们可以认为实际接收相位编码信号的瞬时频率为

$$f(t) = \begin{cases} f_0, & \text{无相位跳变} \\ f_i, & \text{相位跳变时刻}, i = 1,2,\cdots,M \end{cases} \tag{2-42}$$

可见，不同于 CW、LFM 以及组合信号瞬时频率的线性或分段线性特点，MPSK 信号的瞬时频率不再连续，时频分析方法对该信号适用性下降。

### 3. 直接序列扩频信号

DSSS 信号是利用直接序列进行调制的方法产生的。首先通过高速率的伪随机序列与信息码序列进行模 2 加或伪随机码波形和信息码波形相乘来产生复合码序列或复合码波形。再通过对载波的某些参量进行控制，实现信号调制，使基带信号被搬移到适合传输的频带。DSSS 一般采用 BPSK 和四相移相键控（quaternary phase shift keying, QPSK）调制方式，而在水声领域，BPSK 调制方式应用最广泛，因此本书也重点针对 DSSS/BPSK 信号的截获处理开展研究，本书中的"直扩信号"或"DSSS 信号"均指采用 BPSK 调制方式。为了节省发射功率和提高发射机工作效率，通常采用抑制载波的二相平衡调制方式，并且直接序列中使用的伪随机扩频码本身就具有平衡特性。载波抑制也使得窄带信号截获技术无法捕获载频分量，具有低截获特性。

以 BPSK 调制的 DSSS 信号为例，上面所述的 DSSS 信号产生和发射过程如图 2-16（a）所示，图 2-16（b）给出了接收系统的基本框图。各部分处理过程的图解由图 2-17 给出，图中 a 是信息码序列，每一个码元"0""1"都携带信息，码元宽度（symbol width）为 $T_d$。扩频过程就是将每个信息码通过 b 代表的扩频序列进行调制，如模 2 加，得到 c 代表的基带码序列，也就是用一串序列来代替一位信息码序列，每个基带码持续时间为 $T_c$。为了和信息码码元相区分，通常将扩频后的码元称为码片（chip），$T_c$ 为码片宽度（chip width）。由基带码序列可以得到数字基带信号。二相载波调制后，基带信号的波形跳变转换为 d 发射信号载波相位的跳变。经过信道传播后接收信号 e 的相位与发射信号 d 相同，本振扩频码调制信号 f 的相位跳变完全与 b 扩频码序列对应。信号 e 与 d 进行混频处理后可得到解扩后信息码序列信号 g，其相位与信息码序列 a 对应，再经过二相解调处理后得到信息码序列。可以看出，相对于普通的 BPSK 调制方式，DSSS/BPSK 方式在发射端增加了扩频步骤，而接收端增加了解扩步骤。

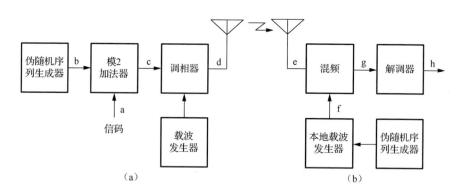

图 2-16　直接序列扩频通信发射与接收系统框图

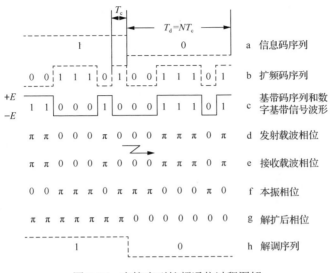

图 2-17　直接序列扩频通信过程图解

E 表示电平

在 1.2.1 节中提到,主动探测声呐脉冲中有一类编码调相脉冲和伪随机脉冲,这类脉冲类似于通信中的直接序列信号,差别是对于水声探测信号,不需要信息码,信号产生时可以直接由伪码进行调相,或通过令信息码为 1 来实现,回波信号接收后可以通过匹配处理获得扩频增益,实现目标的探测。

根据直扩信号的形成机制对式(2-35)进行修改,可以得到 DSSS/BPSK 信号的数学描述:

$$s(t) = A_0 \sum_{i=0}^{K_1} d_i \, \mathrm{rect}\left(\frac{t - iT_\mathrm{d}}{T_\mathrm{d}}\right) \sum_{j=0}^{K_2} p_j \, \mathrm{rect}\left(\frac{t - jT_\mathrm{c}}{T_\mathrm{c}}\right) \cos\left(2\pi f_0 t + \varphi_0\right), \quad 0 \leqslant t \leqslant \tau_0 \quad (2\text{-}43)$$

式中, $d_i \in \{-1, +1\}$ 为信息码序列(假设等概率取值); $T_\mathrm{d}$ 是信息码码元宽度,即一个码元的持续时间; $p_j \in \{-1, +1\}$ 为伪随机扩频码; $T_\mathrm{c}$ 是单个码片的时间宽度;伪码周期 $T_\mathrm{p} = NT_\mathrm{c}$ , $N$ 是伪码周期长度,采用一对一扩频时, $T_\mathrm{p} = T_\mathrm{d}$ 。

从调制技术来讲,直扩信号仍然采用相移键控调制,因此具有与相移键控信号相似的功率谱,但伪随机码序列的引入也会带来影响。下面先对伪随机序列特性进行分析,再来分析 DSSS/BSPK 信号的功率谱。

在扩频技术研究初期,曾考虑过发送和接收端同步使用一个真正的随机噪声序列作为扩频码序列,但现代扩频通信系统采用的是存储基准方式,这种方式下发射端和接收端需要独立生成扩频编码信号,扩频码只能采用确定性序列(也称伪噪声序列)。之所以称为伪随机序列,是因为其表现出白噪声采样序列的统计特性,对于不知其生成方法的非合作接收者呈现随机性。

在工程上常用二元域 $\{0,1\}$ 内的 0、1 元素序列来产生伪随机码，它具有如下特点。

（1）平衡特性。在每一个周期内 0 元素和 1 元素出现的次数近似相等，最多只差一次。

（2）游程分布特性。序列中取值相同的相邻元素合称为一个游程，游程中元素个数称为游程长度。在每一个周期内，长度为 $r$ 的游程出现次数比长度为 $r+1$ 的游程出现次数多一倍。

（3）相关特性。一个周期的伪随机序列与其任意次循环移位后的序列逐位比较，相同的位数与不同的位数至多相差 1。

伪随机码的类型有很多，例如 m 序列、M 序列、戈尔德（Gold）序列、巴克序列、截短序列、二次剩余序列等。其中 m 序列是最常用的一种伪随机序列，下面介绍一下 m 序列的定义和基本特性。

m 序列是最长线性反馈移存器序列的简称，是由带线性反馈的移存器产生的周期最长的一种序列。m 序列具有随机二进制的许多性质。

（1）均衡性。在每一个周期 $N = 2^r - 1$ 内，元素 0 出现 $2^{r-1} - 1$ 次，元素 1 出现 $2^{r-1}$ 次，元素 1 比元素 0 多出现一次。

（2）游程特性。在每一个周期 $N = 2^r - 1$ 内，共有 $2^{r-1}$ 个元素游程，其中元素 0 的游程和元素 1 的游程数目各占一半。长度为 $k(1 \leqslant k \leqslant r-2)$ 的元素游程占游程总数的 $2^{-k}$；长度为 $r-1$ 的元素游程只有一个，为元素 0 的游程；长度为 $r$ 的元素游程只有一个，为元素 1 的游程。

（3）移位相加特性。m 序列 $\{a_i\}$ 与其位移序列 $\{a_{i+\tau}\}$ 的模 2 和序列仍是该 m 序列的另一位移序列 $\{a_{i+\tau'}\}$，即 $\{a_i\} \oplus \{a_{i+\tau}\} = \{a_{i+\tau'}\}$。

（4）自相关特性。m 序列的自相关函数为

$$R(j) = \begin{cases} 1, & j = 0 \\ -\dfrac{1}{N}, & j = 1, 2, \cdots, N-1 \end{cases} \tag{2-44}$$

m 序列具有周期性，其自相关函数也具有周期性，周期即为 m 序列周期 $N$，即

$$R(j) = R(j - kN), \quad k = 1, 2, \cdots \tag{2-45}$$

由上可知，m 序列自相关函数只有两种取值，这类自相关函数一般称为双值自相关序列。

同样可以求取 m 序列波形的自相关函数[13]：

$$R(\tau) = \begin{cases} 1 - \dfrac{(N+1)\left|\tau - kT_p\right|}{T_p}, & 0 \leqslant \left|\tau - kT_p\right| \leqslant T_c \\[4mm] -\dfrac{1}{N}, & \left|\tau - kT_p\right| > T_c \end{cases}, \quad k = 0,1,2,\cdots \qquad (2\text{-}46)$$

式中，$T_c$ 为码片宽度；$T_p = NT_c$ 为伪码的时间周期。

（5）功率谱密度特性。通过对自相关函数的傅里叶变换即可得到 m 序列的功率谱密度函数：

$$\begin{aligned} P_p(f) &= \frac{N+1}{N^2} \sum_{\substack{k=-\infty \\ k\neq 0}}^{k=\infty} \frac{\sin^2\left(\dfrac{k\pi}{N}\right)}{\left(\dfrac{k\pi}{N}\right)^2} \delta\left(f - \frac{k}{NT_c}\right) + \frac{1}{N^2}\delta(f) \\ &= \frac{N+1}{N^2} \sum_{\substack{k=-\infty \\ k\neq 0}}^{k=\infty} \frac{\sin^2\left(\pi f T_c\right)}{\left(\pi f T_c\right)^2} \delta\left(f - \frac{k}{NT_c}\right) + \frac{1}{N^2}\delta(f) \\ &= \frac{N+1}{N^2} \operatorname{sinc}^2\left(f T_c\right) \sum_{\substack{k=-\infty \\ k\neq 0}}^{k=\infty} \delta\left(f - \frac{k}{NT_c}\right) + \frac{1}{N^2}\delta(f) \end{aligned} \qquad (2\text{-}47)$$

（6）伪噪声特性。白噪声序列中"0""1"出现概率相等，具有游程特性，自相关函数为一冲击函数。m 序列的特性与白噪声类似，特别地，当 $N$ 取无穷大时，与白噪声序列等价。

图 2-18 给出一个阶数 $r=3$（周期 $N=7$）的 m 序列的特性示意图。

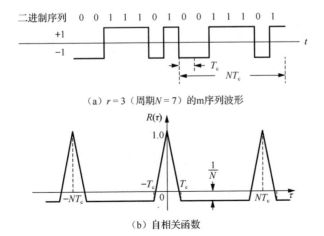

（a）$r=3$（周期 $N=7$）的 m 序列波形

（b）自相关函数

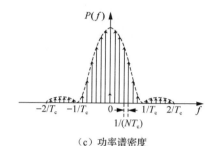

（c）功率谱密度

图 2-18　阶数 $r = 3$（周期 $N = 7$）的 m 序列特性示意图

从式（2-47）和图 2-18 中可以看出：m 序列功率谱是由一系列谱线构成，具有 sinc 函数平方的包络形状；零点位于码片宽度倒数的整数倍（即伪码速率整数倍）处；各谱线的间隔为 $1/(NT_c)$，即 m 序列功率谱的基频为 $1/(NT_c)$；相对交流分量，m 序列的直流分量与 $N^2$ 成反比，而交流分量功率谱值与 $N$ 成反比，二者系数相差 $N$ 倍。

下面讨论 DSSS/BSPK 信号的功率谱。对于无信码（通常用于水声探测或水声通信中的同步信号）的 DSSS/BPSK 信号，其功率谱即为伪随机序列功率谱的频谱搬移：

$$P_s(f) = \frac{N+1}{2N^2}\mathrm{sinc}^2\left[(f-f_0)T_c\right]\sum_{\substack{k=-\infty\\k\neq 0}}^{k=\infty}\delta\left(f-f_0-\frac{k}{T_p}\right)+\frac{1}{N^2}\delta(f-f_0)$$

$$+\frac{N+1}{2N^2}\mathrm{sinc}^2\left[(f+f_0)T_c\right]\sum_{\substack{k=-\infty\\k\neq 0}}^{k=\infty}\delta\left(f+f_0-\frac{k}{T_p}\right)+\frac{1}{N^2}\delta(f+f_0) \qquad (2\text{-}48)$$

式中，$T_p = NT_c$ 为伪码周期；$T_c$ 为码片宽度。

对于存在信息码的 DSSS/BPSK 信号，由式（2-43）可知，其相当于无信码信号与信息码信号的乘积，频域上即为卷积。将式（2-48）和式（2-39）卷积则可获得含信息码 DSSS/BPSK 信号的功率谱（根据实信号功率谱的对称性，为简便，只给出正频率部分）：

$$P_{s'}(f) = P_s(f) * P_d(f)$$

$$= \frac{(N+1)T_d}{2N^2}\mathrm{sinc}^2\left[(f-f_0)T_c\right]\sum_{\substack{k=-\infty\\k\neq 0}}^{k=\infty}\mathrm{sinc}^2\left[\left(f-f_0-\frac{k}{T_p}\right)T_d\right]$$

$$+\frac{1}{N^2}T_d\mathrm{sinc}^2\left[(f-f_0)T_d\right] \qquad (2\text{-}49)$$

　　可以看出，DSSS/BPSK 信号的功率谱由一系列中心频率在 $f_0 + k/T_p$、主瓣宽度为 $2/T_d$ 的 sinc 信号平方后的和组成，而这些 sinc 平方函数的包络为另一主瓣宽度为 $2/T_c$ 的 sinc 函数的平方。也就是说增加信息码后，功率谱的包络没有改变，但原来的谱线由信码功率谱代替。DSSS/BPSK 信号同样具有载波抑制特点，载频处的分量只有其他 sinc 平方波形最大值的 $2/(N+1)$，造成功率谱中心的凹陷。图 2-19 给出了理想情况下伪随机信号和实际有限长含信息码 DSSS/BPSK 信号的功率谱。理想情况下伪随机序列功率谱在载波频率处谱线明显低于周围谱线，与理论分析一致，而有限长数据的功率谱在伪码中心处也同样存在凹陷。

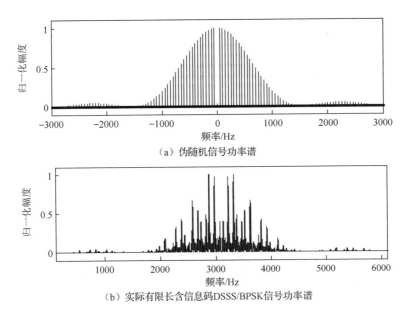

（a）伪随机信号功率谱

（b）实际有限长含信息码DSSS/BPSK信号功率谱

图 2-19　伪随机信号和实际有限长含信息码 DSSS/BPSK 信号功率谱

### 4. 正交频分复用信号

　　OFDM 信号的调制方式灵活多样，其子载波的调制方式可包括 BPSK、QPSK、16 正交振幅调制（16 quadrature amplitude modulation, 16QAM）等。不加循环前（后）缀的基带 OFDM 信号可以表示为

$$
\begin{aligned}
c(t) &= \sum_{n=-\infty}^{\infty} c_n q(t - nT - t_0) \\
&= \sum_{n=-\infty}^{\infty} c_n q(t - nT - t_0) \sum_{k=-N}^{N} c_{k,n} \mathrm{e}^{-\mathrm{j}2\pi k\Delta f(t - nT - t_0)}
\end{aligned}
\tag{2-50}
$$

则经过载波调制之后信号可以表示为

$$x(t)=\mathrm{Re}\left[\sum_{n=-\infty}^{\infty}c_n q(t-nT-t_0)\sum_{k=-N/2}^{N/2}c_{k,n}\mathrm{e}^{\mathrm{j}2\pi k\Delta f(t-nT-t_0)}\mathrm{e}^{\mathrm{j}(2\pi f_0 t+\phi_0)}\right]$$
$$=\mathrm{Re}\left[r(t)\mathrm{e}^{\mathrm{j}(2\pi f_0 t+\phi_0)}\right]\tag{2-51}$$

式中，$\mathrm{Re}[\cdot]$ 表示取实部运算；

$$r(t)=\sum_{n=-\infty}^{\infty}\sum_{k=-N/2}^{N/2}c_{k,n}\mathrm{e}^{\mathrm{j}2\pi k\Delta f(t-nT-t_0)}q(t-nT-t_0)\tag{2-52}$$

其中，$N$ 为子载波个数，子载波间隔 $\Delta f=1/T$，$T$ 为 OFDM 信号符号长度，子载波上使用的信号调制方式均为 QPSK，$c_{k,n}$ 表示第 $k$ 个子载波上的第 $n$ 个调制符号。则式（2-52）可进一步改写为

$$r(t)=\sum_{k=-N/2}^{N/2}g_k(t)\mathrm{e}^{\mathrm{j}2\pi k\Delta ft}\tag{2-53}$$

式中，$g_k(t)$ 为 OFDM 信号中子载波上的信号波形，又由于 $\Delta f=1/T$，所以有 $\mathrm{e}^{\mathrm{j}2\pi k\Delta f(-nT)}=1$，从而可得

$$g_k(t)=\sum_{n=-\infty}^{\infty}c_{k,n}\mathrm{e}^{\mathrm{j}2\pi k\Delta f(-nT-t_0)}q(t-nT-t_0)=\sum_{n=-\infty}^{\infty}c_{k,n}\mathrm{e}^{-\mathrm{j}2\pi k\Delta ft_0}q(t-nT-t_0)\tag{2-54}$$

### 2.2.2　水声通信信号的特征参数

除了 2.1.2 节中给出的来波方向、脉冲起止时间、重复周期等通用特征参数外，典型水声通信信号中，频移键控或频率编码信号主要的特征参数如图 2-20 所示，相移键控或相位编码信号主要的特征参数如图 2-21 所示，正交频分复用信号主要的特征参数如图 2-22 所示。

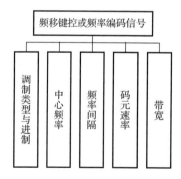

图 2-20　频移键控或频率编码信号
主要的特征参数

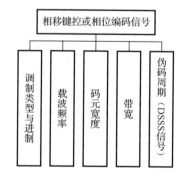

图 2-21　相移键控或相位编码信号
主要的特征参数

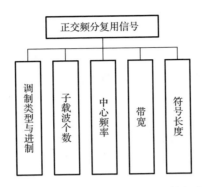

图 2-22　正交频分复用信号主要的特征参数

## 2.3　舰船辐射噪声信号产生机理与特点

水中目标在航行或作业过程中，推进器和各种机械都在工作，它们的振动通过船体向水中辐射声波，形成辐射噪声。水中目标的辐射噪声是众多噪声源的综合效应，各种源产生噪声的机理各不相同。

与主动声呐脉冲信号和水声通信信号不同，辐射噪声信号不能用一个预先确定的时间函数来描述，只能通过长时间的观测来得到它的随机变化规律。辐射噪声的频谱结构是了解其性质的主要线索[14]。

### 2.3.1　舰船辐射噪声信号产生机理

1. 机械噪声

机械噪声是指舰船上各种机械的振动通过船体向水中辐射而形成的噪声，是舰船辐射噪声在低频段的主要成分。不平衡的旋转部件，重复的不连续性，往复部件，泵、管道、阀门中流体的空化和湍流，在轴承和轴颈上的机械摩擦等因素是引起机械噪声的主要力源[15]。机械结构的振动通过弹性结构传到载体与水交界的板壳结构（如船壳），板壳表面振动产生辐射形成机械噪声。

前三种力源是水下辐射噪声谱中线谱成分的主要来源，动力机械振动辐射声的基频等于运转机械的转速和叶片数或者活塞冲程数的乘积，振动的基频及谐波这些单频分量构成了机械噪声的主要成分。后两种力源一般产生辐射噪声中的连续谱分量，当振动激起板壳结构共振时，连续谱上还会叠加有线谱。因此，机械噪声可以看作是强线谱和弱连续谱的叠加[16]。

## 2. 螺旋桨噪声

螺旋桨桨叶在流体中旋转产生噪声是由多因素造成的，不同频段表现出不同特点。螺旋桨噪声分为空化和无空化两种不同状态的噪声。

螺旋桨转速超过某个航行深度下的临界航速时，叶面介质中气泡发生空化，微小的气泡在流体起伏压力作用下表面颤动而辐射噪声，气泡被压缩"溃灭"的瞬间产生类"激波"辐射脉冲暂态声。桨面附近小气泡产生和破碎的过程在时间和空间上都是随机的，因此其功率谱表现为宽带连续谱的形式，并且功率谱密度在较高频率上按-6dB/oct 的规律下降。同时，因为螺旋桨周期运转和伴流场周期分布，空化噪声谱上还叠加有频率呈倍数关系的强线谱，线谱的基频取决于螺旋桨的轴转速和叶片数的乘积。这种轴频与叶片数的调制现象也是获取解调制特征的基础。螺旋桨一旦产生空化，空化噪声就是舰船首要的水下噪声源。

螺旋桨在艉部和鳍舵伴流场中运转前进时，桨叶面受到流体动力非定常压力，桨面将作用于介质相等的反向力，这样会形成螺旋桨的击水声。尽管桨面负荷分布不均匀，但是由于螺旋桨运转的周期性，所以其辐射声仍然具有线谱的性质，且线谱表现出成组的特征，基频为轴转速和叶片数的乘积。此外，螺旋桨在流体中旋转的过程中还会产生涡旋噪声、流体力-桨叶结构体耦合共振声，以及螺旋桨与鳍舵、动力轴系、艉部壳体等结构之间耦合共振声等其他噪声[15]。

## 3. 水动力噪声

水动力噪声是由不规则起伏的海流流过运动船只表面而形成的，是水流动力作用于舰船的结果[15]。

水流冲击会激励舰船部分壳体振动，也可能激励某些结构产生共振，如螺旋桨叶片的共振，甚至还可能引起壳体上某些凹穴腔体的共鸣产生辐射噪声。由湍流附面层产生的噪声也是一种水动力噪声。流噪声的产生是黏滞流体的特性，黏滞流体即使在无凹穴或光顺的物体上也会产生噪声。航行舰船的艏、艉的拍浪声，船上主要循环水系统的进水口和排水口处发出的噪声也属于水动力噪声。

水动力噪声是一种无规则的噪声，理论研究表明，其噪声强度主要与航速有关。不同情况下，各种目标的辐射噪声的构成不一样。一般情况下，水声目标的水动力噪声往往被机械噪声和螺旋桨噪声所掩盖。但在特殊情况下，如当结构部件或空腔被激励成强烈线谱噪声的谐振源时，水动力噪声有可能成为主要噪声源。此外，目标航速较低时，机械噪声通常是辐射噪声的主要声源；而目标航速较高时，螺旋桨空化噪声是辐射噪声高频段的主要声源，而机械噪声则是低频段的主要声源。

### 2.3.2　舰船辐射噪声信号频谱和空间分布

#### 1.　各类辐射噪声频谱分布

机械噪声和螺旋桨噪声在多数情况下是主要的辐射噪声。在舰船航速较低的情况下，如图 2-23 所示[16]，空化噪声刚开始出现，谱的低频端主要为机械噪声和螺旋桨中螺旋桨叶片速率对应的谱线，随着频率增高，这些谱线不规则地降低。有时也可能在连续谱背景上叠加一组高频谱线，它们是由螺旋桨叶片被激共振产生的。当舰船航速较高时，如图 2-24 所示[16]，空化现象逐渐明显，螺旋桨噪声也逐渐增强，谱线的峰向低频端移动，其中某些谱线的声级因此变大，而以恒定速度转动的机械产生的谱线变化不明显。即在高航速下，螺旋桨空化噪声的连续谱更为重要，掩盖了很多线谱。此外，在航速一定时，由于静压力的作用，螺旋桨噪声随深度增加而减小，在一定深度时，随航速增加而增加。

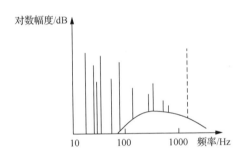

图 2-23　低航速舰船辐射噪声谱示意图

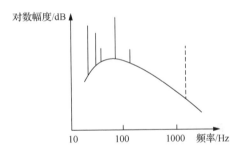

图 2-24　高航速舰船辐射噪声谱示意图

螺旋桨在尾流中工作时，空化噪声谱会出现较强的振幅调制。由于总有一叶片比其他叶片更早地空化，所以一开始总是每转一次出现一次猝发空化噪声。当其他叶片相继空化后，猝发越来越频繁，最后猝发噪声按叶片速率出现，即叶片数乘以旋转频率。如果增加速度，空化指数进一步降低，就会达到空化噪声连续出现的状态，最后得到的频谱被叶频强烈调制。因为总有一叶片空化得比其他叶片厉害些，因而还有一种叠加的轴频率调制[14]。

总的来说，对给定的航速和深度，存在一个临界频率，低于此频率时，谱的主要成分是船的机械和螺旋桨线谱，高于此频率时，谱的主要成分则是螺旋桨空化的连续噪声谱。对于通常的舰船，临界频率在 100～1000Hz，其取决于船的种类、航速和深度。

2. 舰船辐射噪声的空间分布

目标辐射噪声具有明显的指向性，同一水平面内，绕船一周所测得的辐射噪声分布曲线并不均匀，艏和艉方向要小一些，前者是因为船体对螺旋桨噪声的屏蔽，后者则是因为尾流的屏蔽。

目标辐射噪声沿船长方向的分布也是不一致的。实验结果表明：船速不大时，船中部有极大值，此时主机等产生的机械噪声是辐射噪声的主要成分；随着航速的增加，尾部出现第二个极大值，这时，螺旋桨噪声成了主要成分；航速再增加，艏部出现极大值，这是航速达到一定值时，艏部击浪和绕流水动力噪声增大的结果。

### 2.3.3　舰船辐射噪声信号侦察特征

1. 舰船辐射噪声连续谱特征

机械噪声和螺旋桨噪声是舰船辐射噪声连续谱的主要来源。对不同类型的舰船辐射噪声频谱图研究表明，它们的连续谱有基本相似的形状，连续谱反映噪声信号中随机噪声部分的能量分布，大量的测量和分析表明，舰船噪声的连续谱有一峰值，其谱峰频率的上限因舰船类型而异，但都在 100～400Hz。当频率低于谱峰频率的上限时，频谱随频率的增高较平直（或略有提高），它占有辐射噪声的绝大部分能量；当超过这一频率上限时，频谱呈衰减趋势（例如每倍频程衰减 6dB）。这样的频谱图如图 2-25 所示。

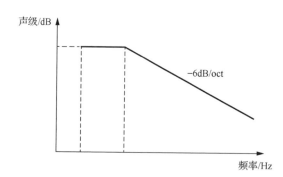

图 2-25　简化的舰船辐射噪声连续谱曲线

根据这个规律，只要用两个参数就能完整地描述辐射噪声连续谱曲线。一个参数是谱峰频率上限以下平直部分的声压谱级，另一个参数是斜线部分某一频率（通常选 1kHz）的声压谱级。有了这两个参数，就可以唯一地确定连续谱曲线。

事实上，连续谱谱峰频率以上部分的衰减斜率与舰船螺旋桨的空化状态密切相关。根据实测及公开发表的螺旋桨噪声数据，带空泡运行的螺旋桨的连续谱谱峰频率约为 100Hz，无空泡运行的螺旋桨的连续谱谱峰频率约为 300Hz。无论螺旋桨是否发生空泡，在对数坐标系中，谱峰频率以上的连续谱曲线基本为直线，只是谱级的高低和直线的斜率不同。当螺旋桨无空泡运行时，衰减的斜率约为-10dB/oct；当螺旋桨有空泡运行时，衰减的斜率约为-6dB/oct[17]。

2. 舰船辐射噪声线谱特征

目标辐射噪声功率谱中的线谱反映噪声中的周期性噪声部分（单个简谐信号和多个简谐信号组合）的能量分布，它们多分布在低频（800Hz 以下），而且不同舰船噪声线谱的频率和幅值并不相同，这些线谱成为识别舰船类型的主要特征。由于水下目标声隐身技术的发展，其噪声的线谱也得到有效控制，线谱的频率范围更低（几十赫兹以下），线谱的数量变少、幅值变小。线谱的频率、幅值和稳定时间是线谱的三个主要特征。图 2-26 为某水面船的辐射噪声功率谱图，可见其噪声中有明显的线谱（箭头所指频率处）。

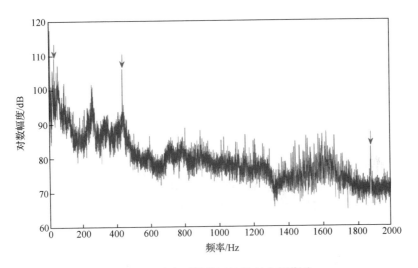

图 2-26　某水面船的辐射噪声功率谱图

环境噪声和随机干扰的影响以及舰船辐射噪声信号产生的复杂性、偶然性，使得由同一目标辐射噪声估计的功率谱往往有较大的不确定性，对多帧数据的功率谱估计进行平均虽然可以改善其稳定性，但许多大的起伏特别是强线谱干扰仍然难以消除。另外，舰船辐射噪声自身的时变性和多普勒频移等因素的影响，也使得功率谱有缓慢的时变特性。LOFAR 分析是对接收信号局部频段的细化谱做长时间的记录，对某些频段特别是线谱分量随时间变化的规律进行显示和分析，利用人的直接判断或图形处理方法提取识别特征，以消除随机干扰的影响。

辐射噪声线谱的频率通常与目标的尺度有密切的关系。例如，壳体振动引起的辐射噪声与目标尺寸、材料、形状相关，表现为功率谱上的低频线谱成分，可采用基于薄壳振动及模态分解理论的壳体振动模型进行分析。现有研究表明，壳体振动产生的线谱频率与壳体的径向尺度有一定的对应关系。图 2-27 为壳体振动产生的线谱仿真结果与实测结果对比[18]，计算所使用的壳体径向尺度与实测目标的径向尺度近似，可见线谱频率表现出良好的一致性。

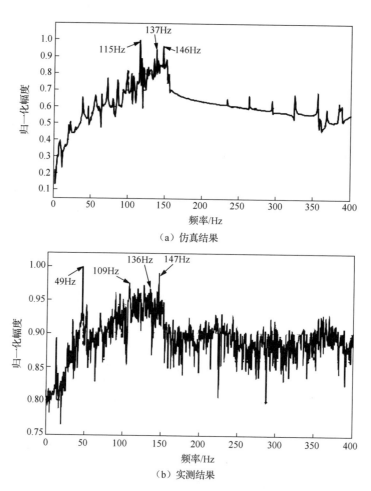

（a）仿真结果

（b）实测结果

图 2-27　壳体振动产生的线谱仿真结果与实测结果对比

**3. 舰船辐射噪声调制谱特征**

目标辐射噪声中蕴含着丰富的调制信息，只不过这里的载波信号是宽带噪声信号，而不是通常意义上的单频载波。由于螺旋桨轴转速和叶片速率相对于噪声频率来说比较低，而被动声呐孔径有限，因此这些较低的调制信号成分很难从信号的功率谱中直接获得。对辐射噪声信号进行解调制处理可以提取出这些低频调制分量，这就是通常所说的噪声解调（demodulation on noise, DEMON）分析。

DEMON 分析是获取舰船螺旋桨特征的主要手段，通过一组带通滤波器覆盖螺旋桨噪声所在的频段，将带通信号做检波处理并计算其低频功率谱，得到信号的解调谱。对解调谱进行谐波检测可以提取螺旋桨相关信息，包括螺旋桨的轴频、叶片数和桨支数等。解调谱中线谱频率 $f_m$ 与螺旋桨的转速 $S$（轴频）和叶片数 $n$ 的关系可以表示为

$$f_m = mnS \tag{2-55}$$

式中，$m$ 是叶片速率线谱的谐波次数；$n$ 是螺旋桨的叶片数；$S$ 是螺旋桨的转速。图 2-28 为某船辐射噪声的解调谱。

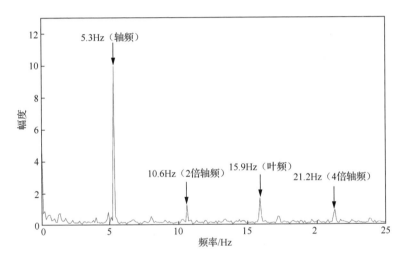

图 2-28  某船辐射噪声的解调谱（三叶螺旋桨，转速：300r/min）

由于舰船辐射噪声的载波是宽带噪声，调制信号对载波的调制深度在各个频段上并不是均匀分布的，有的频段轴频的调制强一些，而有的频段叶频的调制强一些。可以采用分频段解调的方法，即将信号的频段划分为相对较窄的子频带，对每个子频带内的信号分别进行 DEMON 分析，综合利用各个子频带内的 DEMON 谱以获得螺旋桨轴转速和叶片数的信息。图 2-29 为对某水面船辐射噪声进行分频带解调得到的调制谱结果，可见不同频带的调制特征区别明显。

解调谱中还可以进一步挖掘线谱调制深度、调制载频分布等特征信息，这些特征量反映出舰船目标螺旋桨的某些状态。图 2-30 为不同空化条件下的螺旋桨噪声功率谱及解调谱情况。

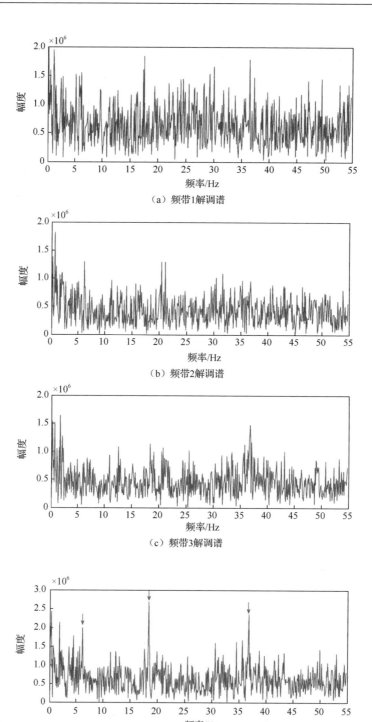

（a）频带1解调谱

（b）频带2解调谱

（c）频带3解调谱

（d）频带4解调谱

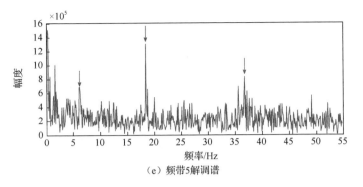

（e）频带5解调谱

图 2-29　某水面船目标的分频带解调谱

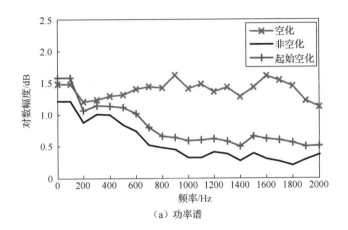

（a）功率谱

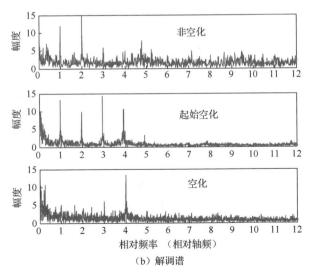

（b）解调谱

图 2-30　不同空化条件下的螺旋桨噪声功率谱及解调谱

**4. 舰船辐射噪声空间及行为特征**

在水声环境中，目标的运动状态和空间位置也是目标分类识别的重要特征。目标的深度、航速、各种工况及其变化状态都会反映在目标辐射噪声的变化中。

目标的方位距离信息包含在声呐阵列的时空采样数据中，通过阵列处理可解算出目标空间位置参数。浅海信道的多路径效应或者不同的简正波模式叠加有时会在功率谱上产生类梳状的结构，使得运动目标的辐射噪声信号 LOFAR 谱产生强弱分明的干涉条纹，包含了不同深度运动目标的时空信息，如图 2-31 所示。

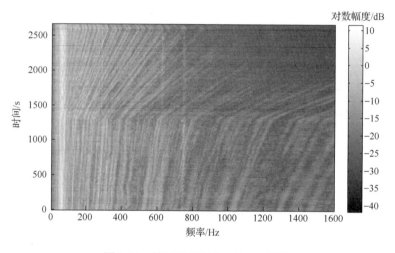

图 2-31　某远程目标的 LOFAR 谱图

声源和接收器的垂直运动引起的传播模式变化是辐射噪声线谱幅度起伏的重要因素之一，线谱幅度起伏与声源深度起伏有着密切的关系。图 2-32 为不同深度声源线谱幅度变化示意图。

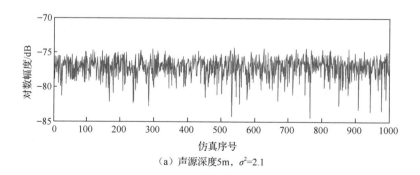

（a）声源深度5m，$\sigma^2$=2.1

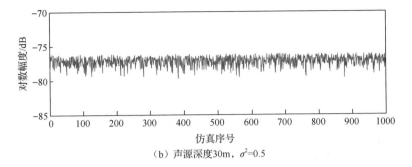

（b）声源深度30m，$\sigma^2=0.5$

图 2-32　不同深度声源线谱幅度变化示意图

# 第 3 章　水声侦察理论基础

## 3.1　水声侦察基本工作原理

水声侦察的任务需求决定了水声侦察有着独特的工作流程。与水声探测相比，水声侦察更注重检测处理的自主性、参数估计的准确性，以及目标特征的纯净性。

首先，对水声告警侦察而言，一般需要实现完全自主处理，且由于告警的特殊需求，水声侦察还需要对虚警率进行严格控制。其次，无论是水声告警侦察还是水声情报侦察，获取的目标信号与参数必须尽量准确，以免对使用产生误导。最后，水声侦察同样要面对海洋中的多目标干扰问题，侦察获取的目标特征与目标的关联性是水声侦察质量高低的关键因素之一。

### 3.1.1　主动声呐信号侦察基本工作原理

主动声呐信号侦察的主要对象包括探潜声呐信号、水声通信声呐信号、鱼雷寻的信号、水下平台导航声呐信号、海洋环境测量声呐信号等。这些信号虽然形式多样、频带各异，但对这些信号的侦察处理流程基本一致，如图 3-1 所示。

现代的水声侦察设备大多采用水听器阵列接收主动声呐信号，通过对水听器阵列的波束形成处理可提高接收目标信号的信噪比。由于主动声呐信号通常具有短时特性，对非合作的主动声呐信号进行跟踪是比较困难的，因此主动声呐信号侦察通常需要对多个预成波束信号都进行检测处理。通过各个波束的主动声呐脉冲信号自主检测处理，完成对信号来波方向和信号频段的判别；在此基础上，利用信号特征实现信号类型辨识和参数估计；如果侦察设备有多源信息输入，还需要进行多阵、多传感器信息的综合处理，完成信号特征与目标关联性的判别和信号质量评价；最后，对侦察处理得到的信息进行输出。

### 3.1.2　辐射噪声信号侦察基本工作原理

由于舰船辐射噪声具有时域上的连续性和频域上的宽带特性，与主动声呐信号侦察处理不同，辐射噪声信号更容易受到多目标干扰的影响。辐射噪声信号侦察处理基本流程如图 3-2 所示。

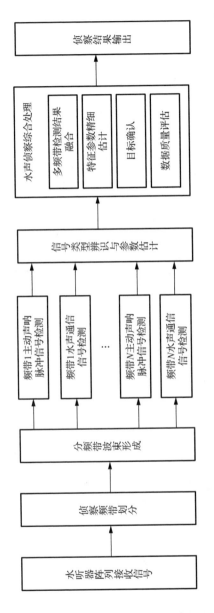

图 3-1　主动声呐信号侦察处理基本流程

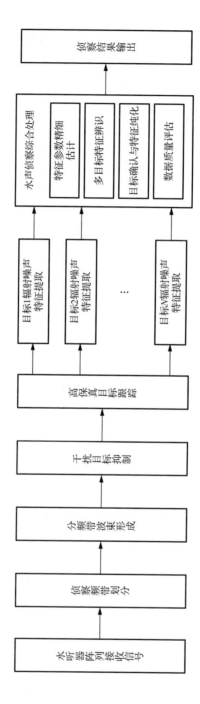

图 3-2 辐射噪声信号侦察处理基本流程

与主动声呐信号侦察处理相比，对水声阵列接收的辐射噪声信号进行波束形成处理后，可利用各波束的空间能量分布实现对目标的空域跟踪；在此基础上，对目标的跟踪波束信号进行特征自主提取；在侦察设备有多源信息输入的条件下，可利用多阵、多传感器信息的综合处理，完成信号特征与目标关联性的判别和信号质量评价；最后，对侦察处理得到的信息进行输出。

## 3.2　非合作水声信号截获检测与参数估计理论

水声信号侦察的对象是非合作的主动声呐设备发射的脉冲信号、水声通信信号，以及舰船辐射噪声信号，这些信号的先验知识是缺失或不全的，例如信号的频率、持续时间、来波方向、到达时间通常都是未知的。此外，水声信号侦察的背景噪声特性也可能不是预先已知的，虽然噪声一般情况下可视为高斯噪声，但其方差却是未知的或者时变的。当待检测的目标信号或者背景噪声的概率密度函数中含有未知参数时，检测问题就转化为复合假设检验。复合假设检验有两种主要的方法：贝叶斯方法和广义似然比检验[19]。贝叶斯方法是把未知参数看作随机变量的一个实现，并给它指定一个先验的概率密度函数。广义似然比检验通过对未知参数进行估计以用于似然比检验。在实际中，广义似然比检验由于实现起来容易且严格的假定较少，因此其应用也更为广泛。而贝叶斯方法则要求多重积分，闭合形式的解通常是不可能的。

从声呐信号处理方式来看，主动声呐系统发射的主动脉冲信号是已知的。在这种情况下，基于已知波形的匹配滤波技术是高斯背景下的最优滤波器，可以获得最大的信号增益。与主动声呐匹配滤波处理技术不同，水声侦察检测的主动声呐脉冲信号无先验知识或者先验知识不完全，因此常见于主动声呐所采用的匹配滤波方式是难以直接使用的，或者在初期不可用[15]。对于被动探测声呐，通常以被动接收目标舰艇发射的辐射噪声为探测对象。由于辐射噪声属于典型的随机信号，很难获得其波形相关的先验信息，针对这类信号的目标探测通常是采用对信号先验信息不敏感的能量检测法。能量检测法是在高斯平稳噪声条件下，利用信号存在时接收数据的能量或功率与信号不存在时的能量或功率不同的假设进行判断，即能量或功率大于门限时判定信号存在，否则判定无目标信号。这种方法对待检测信号的先验信息要求较低，属于典型的非相干检测[20-23]。该类方法虽然适应性强，然而该方法没有利用目标的信号特性，能够获得的信号处理增益有限，因此其检测性能受限。

尽管待侦察的主动探测声呐脉冲信号或水声通信信号的类型和参数等信息都是未知的，但并不是任何形式或参数取值的信号都可以作为主动声呐信号，实际常用的主动声呐信号类型与参数受声呐功能、换能器性能等条件限制，只能在有限范围内实现[11]。水中目标辐射噪声信号的特征与目标的尺度、动力装置、运动状态密切相关，不同目标辐射噪声功率谱谱形有一定的规律。因此，可利用待侦察信号发射形式、类型、特征及其参数选取范围等部分先验信息，建立联合检测和参数估计的检测方法，将传统的检测和估计分步处理方式转化为联合检测估计处理方式。

### 3.2.1　复合假设检验

在常规的各种统计检测中，表征假设的参数均为已知值，比如在假设 $\mathcal{H}_i$ 下，接收信号是正态分布的，其期望值 $m_i$ 和均方差 $\sigma_i$ 都是确定的值。而在复合假设检验中，表征假设的参数则可能是一个具有一定分布的随机变量，也可能是一个未知的（或属于一定范围的）确定量。如在通信中因为信道的作用，使接收信号的幅度和相位变为随机变量，再叠加噪声，相当于在噪声中检测随机参量信号。

与估计问题不同，检测时不需要知道参数的具体值，只要求知道信号存在与否。如只要判决在 0～100km 范围内是否有目标，而不需要求出在什么位置上有目标。同样，将 0～100km 平均分成 10 个区间，要求判决在某个区间中是否存在目标，这就是多元复合假设检验。其中判断目标落在哪个区间是多元假设检验问题，而在每个区间内是否有目标又是复合假设检验。

对于复合假设检验，一般的问题就是当概率密度函数依赖于一组未知参数时，在 $\mathcal{H}_1$ 和 $\mathcal{H}_0$ 之间做出判决。这些参数在每一种假设下可能相同，也可能不相同。在 $\mathcal{H}_0$ 条件下，假定矢量参数 $\boldsymbol{\theta}_0$ 是未知的；在 $\mathcal{H}_1$ 条件下，假定矢量参数 $\boldsymbol{\theta}_1$ 是未知的。

1. 贝叶斯方法

贝叶斯方法给 $\boldsymbol{\theta}_0$ 和 $\boldsymbol{\theta}_1$ 指定概率密度函数，为此把未知参数看作矢量随机变量的一个现实。如果先验概率密度函数（probability density function, PDF）分别用 $p(\boldsymbol{\theta}_0)$ 和 $p(\boldsymbol{\theta}_1)$ 表示，则数据的概率密度函数为

$$p(\boldsymbol{x};\mathcal{H}_0) = \int p(\boldsymbol{x}\,|\,\boldsymbol{\theta}_0;\mathcal{H}_0)\,p(\boldsymbol{\theta}_0)\mathrm{d}\boldsymbol{\theta}_0 \tag{3-1}$$

$$p(\boldsymbol{x};\mathcal{H}_1) = \int p(\boldsymbol{x}\,|\,\boldsymbol{\theta}_1;\mathcal{H}_1)\,p(\boldsymbol{\theta}_1)\mathrm{d}\boldsymbol{\theta}_1 \tag{3-2}$$

式中，$p(\boldsymbol{x}\,|\,\boldsymbol{\theta}_1;\mathcal{H}_1)$ 是假定 $\mathcal{H}_1$ 为真、在 $\boldsymbol{\theta}_1$ 的条件下 $\boldsymbol{x}$ 的条件概率密度函数。非条件概率密度函数 $p(\boldsymbol{x};\mathcal{H}_0)$ 和 $p(\boldsymbol{x};\mathcal{H}_1)$ 是完全指定的，不再依赖于未知参数。利用贝叶斯方法，如果：

$$\frac{p(\boldsymbol{x};\mathcal{H}_1)}{p(\boldsymbol{x};\mathcal{H}_0)} = \frac{\int p(\boldsymbol{x}\,|\,\boldsymbol{\theta}_1;\mathcal{H}_1)\,p(\boldsymbol{\theta}_1)\mathrm{d}\boldsymbol{\theta}_1}{\int p(\boldsymbol{x}\,|\,\boldsymbol{\theta}_0;\mathcal{H}_0)\,p(\boldsymbol{\theta}_0)\mathrm{d}\boldsymbol{\theta}_0} > \gamma \tag{3-3}$$

则给出的判决结果为 $\mathcal{H}_1$ 。上述判决式中要求的积分是多重积分，维数等于未知参数维数。先验概率密度函数的选择是很难证明的，如果确实有某些先验知识，那么应该利用起来，如果没有，就应该使用无信息的先验概率密度函数。

2. 广义似然比检验

广义似然比检验用最大似然估计（maximum likelihood estimation, MLE）取代了未知参数。尽管广义似然比检验不是最佳，但实际上它的性能很好。一般来说，如果：

$$L_G(\boldsymbol{x}) = \frac{p(\boldsymbol{x}|\hat{\boldsymbol{\theta}}_1;\mathcal{H}_1)}{p(\boldsymbol{x}|\hat{\boldsymbol{\theta}}_0;\mathcal{H}_0)} > \gamma \tag{3-4}$$

则判决结果为 $\mathcal{H}_1$ 。其中，$\hat{\boldsymbol{\theta}}_1$ 是假定 $\mathcal{H}_1$ 为真时 $\boldsymbol{\theta}_1$ 的 MLE（使 $p(\boldsymbol{x};\boldsymbol{\theta}_1,\mathcal{H}_1)$ 最大），$\hat{\boldsymbol{\theta}}_0$ 是假定 $\mathcal{H}_0$ 为真时 $\boldsymbol{\theta}_0$ 的 MLE（使 $p(\boldsymbol{x};\boldsymbol{\theta}_0,\mathcal{H}_0)$ 最大）。由于这种方法在求 $L_G(\boldsymbol{x})$ 的第一步时就是求 MLE，所以也提供了有关未知参数的信息。

广义似然比检验可以用另一种形式表示，这种表示有时会更方便。由于 $\hat{\boldsymbol{\theta}}_i$ 是在 $\mathcal{H}_i$ 条件下的 MLE，它使 $p(\boldsymbol{x};\boldsymbol{\theta}_i,\mathcal{H}_i)$ 最大，或者

$$p(\boldsymbol{x};\hat{\boldsymbol{\theta}}_i,\mathcal{H}_i) = \max_{\boldsymbol{\theta}_i} p(\boldsymbol{x};\boldsymbol{\theta}_i,\mathcal{H}_i) \tag{3-5}$$

因此，式（3-4）可以写成

$$L_G(\boldsymbol{x}) = \frac{\max_{\boldsymbol{\theta}_1} p(\boldsymbol{x};\boldsymbol{\theta}_1,\mathcal{H}_1)}{\max_{\boldsymbol{\theta}_0} p(\boldsymbol{x};\boldsymbol{\theta}_0,\mathcal{H}_0)} \tag{3-6}$$

对于 $\mathcal{H}_0$ 条件下概率密度函数完全已知的特殊情况，有

$$L_G(\boldsymbol{x}) = \frac{\max_{\boldsymbol{\theta}_1} p(\boldsymbol{x};\boldsymbol{\theta}_1,\mathcal{H}_1)}{p(\boldsymbol{x};\mathcal{H}_0)} = \max_{\boldsymbol{\theta}_1} \frac{p(\boldsymbol{x};\boldsymbol{\theta}_1,\mathcal{H}_1)}{p(\boldsymbol{x};\mathcal{H}_0)} \tag{3-7}$$

式（3-7）也可等价为在 $\boldsymbol{\theta}_1$ 上使似然比最大，即

$$L_G(\boldsymbol{x}) = \max_{\boldsymbol{\theta}_1} L(\boldsymbol{x};\boldsymbol{\theta}_1) \tag{3-8}$$

## 3.2.2 非合作水声信号联合检测和参数估计

经典的信号截获检测和参数估计通常是分步进行的，检测时并不利用估计器

的结果，而参数估计时假定信号已经存在，参数估计处理过程和信号截获检测处理是独立的。但实际声呐的工作条件往往不满足上述经典理论。

非合作水声信号截获和处理技术以侦察截获主动声呐设备发射的脉冲信号为目标，因此需要尽可能远地截获目标信号，这导致侦察系统面对的目标信号可能较弱。在这种条件下，对目标进行检测和定位时，必须在不能确知目标是否存在的条件下进行方位估计。这种低信噪比条件下检测器的判决结果往往不正确。因此传统的检测和估计分离的做法是否合理就成了一个问题，特别是在低信噪比的工作条件下[24,25]。鉴于上述原因，利用侦察截获的主动声呐脉冲信号发射形式、类型、特征及其参数选取等有一定规律和范围这一特点，将目标检测问题转化为联合检测估计问题为非合作水声信号截获和处理技术提供了另一种选择。以二元复合假设检验为例，信号存在与否可用一个取值为 0 或者 1 的随机变量替代，信号检测可转化为对该随机变量的估计。由于参数估计通常是针对一个连续的随机变量，而信号存在与否的随机变量是离散的，但在信号处理上，这种差别并不显著，检测和估计可以转化为统一的估计问题。联合检测估计有一种较为通俗的表述形式，称为 $\mathbb{E}^2$ 法，而把传统的将检测和估计分离的处理方法记为 $\mathbb{D}+\mathbb{E}$。

考虑二元复合假设检验问题，零假设 $\mathcal{H}_0$ 和备择假设 $\mathcal{H}_1$ 为

$$\begin{aligned}&\mathcal{H}_0 : x(n) = w(n)\\&\mathcal{H}_1 : x(n) = s(n,\boldsymbol{\theta}) + w(n)\end{aligned}, \quad n = 0,\cdots,N-1 \quad (3\text{-}9)$$

式中，备择假设 $\mathcal{H}_1$ 代表信号叠加噪声时的假设；零假设 $\mathcal{H}_0$ 代表只有噪声时的假设；$w(n)$ 是分布已知的噪声，通常假设该噪声信号是服从均值为 0、方差为 $\sigma^2$ 的高斯分布的随机过程；$N$ 是采样点数；$s(n,\boldsymbol{\theta})$ 是信号时间序列且由一组未知参数确定，该未知参数为 $\boldsymbol{\theta} = [\theta_1,\cdots,\theta_M]^\mathrm{T}$。信号检测就是根据观测数据 $\boldsymbol{x} = [x(0),\cdots,x(N-1)]^\mathrm{T}$ 推断 $\mathcal{H}_0$ 或 $\mathcal{H}_1$ 成立，参数估计则是根据一定的最佳准则获得关于未知参数 $\boldsymbol{\theta}$ 的估计 $\hat{\boldsymbol{\theta}}(x)$。在非合作水声信号截获和处理中，这类未知参数包括信号的形式、类型以及信号特征等参数。

引入二元随机变量 $c$ 替代假设 $\mathcal{H}_0$ 和 $\mathcal{H}_1$，则式（3-9）可统一写为

$$x(n) = c \cdot s(n,\boldsymbol{\theta}) + w(n), \quad n = 0,\cdots,N-1 \quad (3\text{-}10)$$

式中，随机变量的概率密度函数满足

$$f(c) = p(\mathcal{H}_1)\delta(c-1) + p(\mathcal{H}_0)\delta(c) \quad (3\text{-}11)$$

通过上述方式，检测和参数估计被看作一个整体的信号估计问题。此时检测问题可以看作是连续参数和离散参数的联合估计，即同时估计离散参数 $c$ 和参数矢量 $\boldsymbol{\theta}$，记为 $\tilde{\boldsymbol{\theta}} = [c,\boldsymbol{\theta}]^\mathrm{T}$。通过参数估计技术，可以获得这类参数的经验概率分

布先验信息，假定参数的概率分布为 $\theta \sim \pi(\theta), \theta \in \Theta$，则 $\tilde{\theta}$ 的概率密度分布可写为

$$f(\tilde{\theta}) = f(c)\pi(\theta), \quad c \in \{0,1\}, \theta \in \Theta \tag{3-12}$$

基于最大后验概率（maximum a posteriori probability, MAP）准则，求解使后验概率 $p(c,\theta \mid x)$ 最大的 $c$ 和 $\theta$：

$$\{c,\theta\} = \arg\max_{c,\theta} p(c,\theta \mid x) \tag{3-13}$$

式中，后验概率密度可表示为

$$p(c,\theta \mid x) = \frac{p(x \mid c,\theta)f(c)\pi(\theta)}{p(x)} \tag{3-14}$$

其中，$c$ 是离散随机变量；而 $\theta$ 通常在连续域上取值。

基于式（3-13），可以获得最终的检测器为

$$\frac{p\left(x \mid \hat{\theta}_1; \mathcal{H}_1\right)\pi\left(\hat{\theta}_1\right)}{p\left(x \mid \mathcal{H}_0\right)\pi\left(\hat{\theta}_0\right)} \underset{\mathcal{H}_0}{\overset{\mathcal{H}_1}{\gtrless}} \frac{p\left(\mathcal{H}_0\right)}{p\left(\mathcal{H}_1\right)} = \lambda \tag{3-15}$$

式中，$\theta_0$ 和 $\theta_1$ 的估计值 $\hat{\theta}_0$ 和 $\hat{\theta}_1$ 分别为

$$\hat{\theta}_0 = \arg\max_{\theta}\{\pi(\theta)\} \tag{3-16}$$

$$\hat{\theta}_1 = \arg\max_{\theta}\{p(x \mid \theta, \mathcal{H}_1)\pi(\theta)\} \tag{3-17}$$

这里需要强调的是，由于两类先验概率 $p(\mathcal{H}_0)$ 和 $p(\mathcal{H}_1)$ 不能总是事先获知，因此判决门限 $\lambda$ 无须一定等于 $p(\mathcal{H}_1)/p(\mathcal{H}_0)$，可以根据要求调节门限以满足规定的虚警概率，最佳参数估计为

$$\hat{\theta} = \arg\max_{\theta \in \Theta}\{p(x \mid \theta, \mathcal{H}_1)\pi(\theta)\} = \hat{\theta}_1 \tag{3-18}$$

由式（3-15），检测器的检测统计量可以写成

$$\Lambda_{\mathbb{E}^2}(x) = \frac{\max_{\theta \in \Theta} \Lambda(x \mid \theta)\pi(\theta)}{\max_{\theta \in \Theta} \pi(\theta)} \tag{3-19}$$

式中，$\Lambda(x \mid \theta)$ 为条件似然比，可表示为

$$\Lambda(x \mid \theta) = \frac{p(x \mid \theta; \mathcal{H}_1)}{p(x \mid \mathcal{H}_0)} \tag{3-20}$$

对于给定的先验分布 $\pi(\theta)$，$C = \max_{\theta \in \Theta} \pi(\theta)$ 是一个常数。

对于常规的 $\mathbb{D}+\mathbb{E}$ 检测器,基于 MAP 的检测统计量为

$$\Lambda_{\mathbb{D}+\mathbb{E}} = \int_{\Theta} \Lambda(\boldsymbol{x}|\boldsymbol{\theta}) p(\boldsymbol{\theta}) \mathrm{d}\boldsymbol{\theta} \tag{3-21}$$

比较式(3-19)和式(3-21),可以发现两种检测器差别在于对 $\Lambda(\boldsymbol{x}|\boldsymbol{\theta})\pi(\boldsymbol{\theta})$ 不同的处理方式,$\mathbb{D}+\mathbb{E}$ 检测器是取其参数空间 $\boldsymbol{\Theta}$ 上的均值作为检测统计量,而 $\mathbb{E}^2$ 检测器却是取其在参数空间 $\boldsymbol{\Theta}$ 上的最大值作为检测统计量。

### 3.2.3　基于局部先验信息的精细参数估计

假定 $\theta$ 参数是随机变量,须估计的是其特定的一个实现,这就是贝叶斯方法。该方法的命名是根据它的实现建立在贝叶斯定理的基础之上。如果有 $\theta$ 的一些先验知识,那么就可以将先验知识应用到估计量中以改善估计精度,这样做要求假定 $\theta$ 是具有给定概率密度函数的随机变量。而在经典的估计方法中,很难运用先验知识。

估计理论的基本原则是先验知识的应用将得到更为精确的估计量。例如,如果参数被限定在一个已知的范围内,那么任何好的估计量都只产生此范围内的估计。例如,已经知道 $A$ 必须处于一个已知的区间,假定 $A$ 的真值是从这个区间上选择出来的。然后,把选择一个真值的过程看作一个随机事件,这个随机事件的概率密度函数可以指定。根据给定的概率密度函数选择 $A$ 的行为是贝叶斯方法和经典方法的不同之处。以往的问题是估计 $A$ 的值或者随机变量的实现,而现在可以把 $A$ 是如何选择的知识结合进来。

例如可以采用平方误差代价函数和均匀代价函数作为估计性能的评价指标,可以获得最小均方估计量 $\hat{\theta}_{\mathrm{ms}}$ 和最大后验概率估计量 $\hat{\theta}_{\mathrm{map}}$。

1. 最小均方误差估计量

构造条件风险函数为

$$\bar{C}(\hat{\theta}|x) = \int_{-\infty}^{\infty} C(\theta - \hat{\theta}) p(\theta|x) \mathrm{d}\theta \tag{3-22}$$

式(3-22)可转换为

$$\bar{C}(\hat{\theta}|x) = \int_{-\infty}^{\infty} \left[ \int_{-\infty}^{\infty} C(\theta - \hat{\theta}) p(\theta|x) \mathrm{d}\theta \right] p(x) \mathrm{d}x \tag{3-23}$$

方括号中值非负,则使条件风险函数 $\bar{C}(\hat{\theta}|x)$ 最小等价于使式(3-24)最小:

$$\bar{C}(\hat{\theta}|x) = \int_{-\infty}^{\infty} C(\theta - \hat{\theta}) p(\theta|x) \mathrm{d}\theta \tag{3-24}$$

将平方误差代价函数 $C(\theta - \hat{\theta}) = (\tilde{\theta})^2 = (\theta - \hat{\theta})^2$ 代入式（3-24），有

$$\overline{C}_{ms}(\hat{\theta}|x) = \int_{-\infty}^{\infty} (\theta - \hat{\theta})^2 p(\theta|x) \mathrm{d}\theta \qquad (3\text{-}25)$$

将 $\overline{C}_{ms}(\hat{\theta}|x)$ 对 $\theta$ 求导，并令导数为零，即可得到 $\hat{\theta}_{ms}$：

$$\hat{\theta}_{ms} = \int_{-\infty}^{\infty} \theta p(\theta|x) \mathrm{d}\theta = E(\theta|x) \qquad (3\text{-}26)$$

#### 2. 最大后验概率估计量

定义平均代价函数为

$$C_{unf}(\theta - \hat{\theta}) = \begin{cases} 1, & |\theta - \hat{\theta}| \geqslant \dfrac{\Delta}{2} \\ 0, & |\theta - \hat{\theta}| < \dfrac{\Delta}{2} \end{cases} \qquad (3\text{-}27)$$

式中，$\Delta$ 为给定的误差门限。将式（3-27）代入式（3-24）可得

$$\overline{C}_{unf}(\hat{\theta}|x) = 1 - \int_{\hat{\theta}-\Delta/2}^{\hat{\theta}+\Delta/2} p(\theta|x) \mathrm{d}\theta \qquad (3\text{-}28)$$

使条件风险函数 $\overline{C}_{unf}(\hat{\theta}|x)$ 最小，等价于使后验概率 $p(\theta|x)$ 最大，此时对应的估计即为最大后验概率估计量 $\hat{\theta}_{map}$，其估计方程为

$$\left.\frac{\partial p(\theta|x)}{\partial \theta}\right|_{\theta=\hat{\theta}_{map}} = 0 \quad \text{或} \quad \left.\frac{\partial \ln p(\theta|x)}{\partial \theta}\right|_{\theta=\hat{\theta}_{map}} = 0 \qquad (3\text{-}29)$$

## 3.3　水声信道传播对水声侦察的影响分析

水声信道是复杂的时变、空变信道，具有多途、能量衰减和频散效应。水声信道对声呐系统的影响主要有两个方面[26]：一是海洋中声传播的方式和能量平均损失；二是对信号进行的变换，确定性变换导致接收波形畸变，随机性变换导致信息损失。

### 3.3.1　水声信道传播特性分析

现有研究表明，海底对声波的反射和由于声速随深度变化而产生的声波的折射是影响水声传播特性的主要机制[27]。

#### 1. 海底反射的影响

海底界面的声学特性对声传播有重要的影响，这一点在浅海信道中表现得尤为明显。在研究海底反射特性时，通常假设海底是平坦的液态介质。这一假

设虽然和实际情况有一定差别，但所得到的理论结果和实验结果仍有合理的一致性。

以某一掠射角（与水平面的夹角）入射到两层液体界面上的平面波的反射系数最早由瑞利推导出来。若入射声波与界面的掠射角为 $\theta_1$，则反射声线与界面的掠射角亦为 $\theta_1$。设两层液体的密度分别为 $\rho_1$ 和 $\rho_2$，声速分别为 $c_1$ 和 $c_2$，入射波和反射波的声强分别记为 $I_i$ 和 $I_r$，则有

$$\frac{c_1}{\cos\theta_1}=\frac{c_2}{\cos\theta_2} \tag{3-30}$$

$$\frac{I_r}{I_i}=\left(\frac{m\sin\theta_1-n\sin\theta_2}{m\sin\theta_1+n\sin\theta_2}\right)^2 \tag{3-31}$$

式中，$m=\dfrac{\rho_2}{\rho_1}$；$n=\dfrac{c_1}{c_2}$。

式（3-31）即为海底反射系数，其常用对数的 10 倍即为反射损失。因此，反射损失作为入射声波掠射角的函数与 $m$ 和 $n$ 有关。

此外，海底介质实际上还有很大的声吸收。吸收效应使得入射声波小于全反射临界角时反射损失也不为零。

## 2. 声速剖面的影响

海洋中的声速不是均匀的，而是随温度和盐度的不同而变化，而这二者又随空间（特别是深度）和时间变化。声速还随着压强的增大而增大。

### 1）深海情况

图 3-3 为典型的深海声速剖面。表面层有明显的昼夜变化，日照、气温和风浪对其影响较大。表面层通常是厚度 30～100m 的等温层，形成所谓的表面声道，层厚较大时有良好的声传播条件。表面层之下的跃变层中，声速随深度增加而急剧减小，在 800～1200m 深度上存在着声速极小点，它所在的深度称为声道轴。声道轴下方是水温在 2℃ 左右的等温层，即正声速梯度水层。跃变层和深海等温层形成深海声道。

由于海水静压力，表面等温层形成了正声速梯度层。从声源由小掠射角发出的声波能进入表面声道，由于折射效应，能量基本保留在声道内，仅由于不平整海面散射和表面层下边界能量沿波阵面横向扩展而泄漏一部分能量。表面声道存在一个"截止频率"，低于该截止频率时，声能从波导中泄漏的程度将随频率降低而迅速增加，扩展损失因而大为增加。表面层越厚，截止频率越低，30m 的等温层截止频率约为 1kHz。

表面层的下方，直达声到不了的区域称为"影区"，影区内的声强度很小。若海深足够大，海底处的声速大于或等于海面处的声速，在这种情况下，海面附近会形成会聚区。实验证明，会聚区的传播损失比球面衰减规律至少低 10dB。

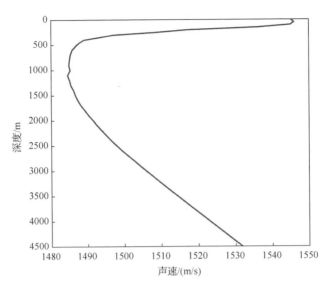

图 3-3　典型深海声速剖面

**2）浅海情况**

浅海中，从声源发出的声波经历许多次海底及海面反射传播到远处，不平整的界面散射声能，导致前向传播的声波能量损失，尤其是声能在传播过程中逐渐漏入海底或为海底介质所吸收，因此，只有小掠射角的声线才会对远距离声场起重要作用。典型的浅海声速剖面如图 3-4 所示。

浅海声传播特性分析多采用简正波模型，即声场可以表示为一系列简正波之和[28]：

$$p(r,\omega)=\sum_{m=1}^{N}\sqrt{\frac{2\pi}{k_{rm}r}}\varPsi_m(z_s)\varPsi_m(z_r)\mathrm{e}^{-jk_{rm}r}=\sum_{m=1}^{N}B_m\mathrm{e}^{-jk_{rm}r} \tag{3-32}$$

$$B_m=\sqrt{\frac{2\pi}{k_{rm}r}}\varPsi_m(z_s)\varPsi_m(z_r) \tag{3-33}$$

式中，$\varPsi$ 为本征函数；$k_{rm}$ 为本征值；$z_s$ 为声源深度；$z_r$ 为接收器深度。则声强可以表示为

$$I(\omega,r)=|p|^2=\sum_m|B_m|^2+\sum_{m\neq n}B_mB_n\mathrm{e}^{j(k_{rn}-k_{rm})r} \tag{3-34}$$

式（3-34）中第二个等号右侧第 1 项是距离 $r$ 和频率 $\omega$ 的缓变函数[29]，由于各简正波模式之间发生干涉，第 2 项将产生波动，在距离-频率平面上表现出明暗相间的干涉条纹。

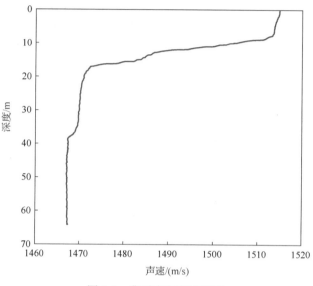

图 3-4　典型浅海声速剖面

### 3. 水声信道冲激响应函数模型

#### 1）基于射线模型的信道冲激响应函数建模

根据射线声学理论，声信号自声源发出，沿各不同途径的声线到达接收点，总的接收信号是通过接收点的所有声线所传送的信号的干涉叠加，沿第 $i$ 条路径传播到达的信号幅度记为 $A_i$，由声线计算可得到 $A_i$ 的值，且可以计算沿第 $i$ 条路径到达的信号的时延 $\tau_i$。忽略介质吸收的频率特性，假定沿任何途径的声传播都没有色散现象，沿每个单独传播路径的声信号在传播过程中波形不变，可将水声信道的冲激响应函数 $h(t)$ 表示为

$$h(t)=\sum_{i=0}^{N-1}A_i(t)\delta[t-\tau_i(t)] \tag{3-35}$$

式（3-35）是指信道的冲激响应函数，即声源发出 $\delta$ 脉冲时接收点接收到的波形，一共有 $N$ 个声线途径对声场有重要贡献。

#### 2）基于简正波模型的信道冲激响应函数建模

根据波动理论，波动方程的时域解可以利用逆傅里叶变换，由波动方程的频域解得到：

$$p(r,t)=\frac{1}{2\pi}\int_{-\infty}^{\infty}p(r,\omega)\mathrm{e}^{\mathrm{j}\omega t}\mathrm{d}t=\frac{1}{2\pi}\int_{-\infty}^{\infty}S(\omega)H(r,\omega)\mathrm{e}^{\mathrm{j}\omega t}\mathrm{d}t \tag{3-36}$$

式中，$p(r,t)$ 是与声源距离为 $r$、深度为 $z$ 处 $t$ 时刻的声压接收值；$p(r,\omega)$ 是其对应的频谱；$S(\omega)$ 是声源信号的频谱；$H(r,\omega)$ 是从声源到接收器之间水声信道的频率响应。在指定的频率范围内，先以一定的频率间隔逐点计算水声信道在各频率处的频率响应，再合成为水声信道在该频率范围内的宽带频率响应，这就是傅里叶合成算法的基本思想[30]。

## 3.3.2　水声信道传播对水声信号的影响

根据 3.3.1 节的分析，水声信道很像一个梳状滤波器，其冲激响应函数的幅频特性表现出明显的频率选择性衰落。冲激响应函数的相频特性也不是线性的，意味着信号波形在传播过程中会发生畸变。在衰减比较严重的频带内，接收到的信号幅度小，而且信号波形的畸变也比较严重。

根据第 2 章中的分析，主动声呐信号在时域一般具有脉冲特性，频率具有瞬时窄带特性。经过水声信道传播后，信道的多径叠加效应将使得信号的时域和频域特征发生明显的畸变。

一方面，当多个传播路径之间的传播时延较大时，主动声呐脉冲信号的脉宽将明显展宽，甚至出现由于多径之间的分离导致的伪脉冲现象，这种情况在深海传播时尤其严重。图 3-5 为经深海传播后的 LFM 脉冲信号时频图，可见直达声与反射声发生了明显的分离，虽然直达路径和反射路径能量有明显的差异，但在信号信噪比较高的情况下，反射路径脉冲信号有可能导致侦察处理的误判。

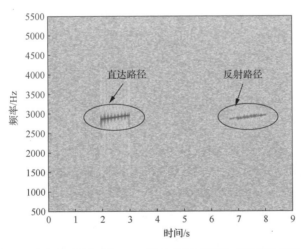

图 3-5　经深海传播后的 LFM 脉冲信号时频图（彩图附书后）

另一方面，由于信道频率选择性衰落特性，宽带主动声呐信号的时频图发生变化，例如调频信号在时频平面上会发生中断，给主动声呐脉冲信号参数估计带来困难。图 3-6 为经浅海传播后的 LFM 脉冲信号时频图，发射信号频带为 100～500Hz，可见经过浅海信道传播后，300Hz 以上的信号发生了严重的衰落，有可能导致侦察处理获取的脉冲频带和脉宽发生错误。

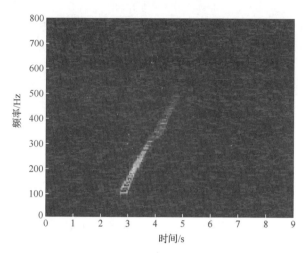

图 3-6　经浅海传播后的 LFM 脉冲信号时频图（彩图附书后）

此外，据第 2 章的分析，舰船辐射噪声可近似认为是无限长的宽带信号。信道传播对辐射噪声的影响主要是使得宽带辐射噪声信号受到干涉现象的影响，导致信号发生严重的起伏。当信道的时变特性较强时，进行辐射噪声功率谱估计时的积分时间也受到限制，导致对信号线谱和调制谱提取困难。图 3-7 为宽带辐射噪声信号的频率-距离干涉图，可见经过信道传播后，辐射噪声的频谱表现出明显的干涉条纹，辐射噪声的宽带谱形发生严重畸变，线谱强度也随着干涉条纹的强度变化而发生起伏。

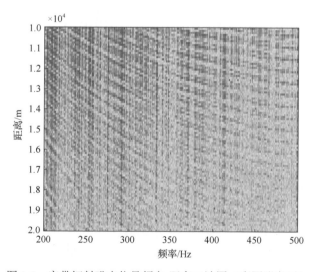

图 3-7　宽带辐射噪声信号频率-距离干涉图（彩图附书后）

# 第 4 章    主动探测声呐信号侦察技术

主动探测声呐信号侦察主要在非合作条件下对单频、调频，以及单频与调频组成的组合脉冲信号进行截获检测，判断信号类型，估计信号频率、脉宽、周期等特征参数。由于信号参数未知，主动声呐采用的匹配滤波检测方法不能简单地应用于非合作主动水声脉冲信号的检测。由 2.1 节主动探测声呐脉冲信号特点分析可知，单频和调频脉冲信号具有瞬时频率连续的特点，在时频特征上呈现窄带能量聚集性，并且能够体现脉冲信号时间与频率维度特征参数，为主动探测声呐脉冲信号的侦察提供技术途径：先对信号进行时频分析，基于时频分析结果进行特征检测、类型辨识与参数估计。

在此过程中，还需要考虑脉冲信号经过信道传播导致的信号畸变、背景噪声非白[31]以及存在复杂干扰等给脉冲侦察带来的难题。

## 4.1    主动探测声呐信号时频分析方法

时频分析对于局部时频特征连续变化的单频、调频以及组合脉冲信号具有良好的辨识能力。常用于主动声呐脉冲信号截获检测的时频分析方法主要有短时傅里叶变换（short-time Fourier transform, STFT）、维格纳-威利分布（Wigner-Ville distribution, WVD）和分数阶傅里叶变换（fractional Fourier transform, FrFT）等。STFT 属于线性变换，可利用快速傅里叶变换（fast Fourier transform, FFT）快速计算，实现简单、运算量小，但无法同时提高时间分辨率和频率分辨率。WVD 和 FrFT 对 LFM 脉冲信号具有较佳的能量聚焦性能，十分适用于 LFM 脉冲信号的截获检测。但 WVD 由于其变换过程的非线性，在处理多目标或组合脉冲等多分量信号时，交叉项会给非合作条件下的特征提取、检测以及信号辨识等侦察处理带来困扰。为改善交叉项问题，可以通过设计核函数来抑制交叉项。但信号参数发生变化时，若不调整核函数参数，则难以达成与信号的最优匹配——即在最大限度上保留信号自项的同时，最大限度地抑制交叉项。针对此问题本章给出一种基于信号模糊域特征参数提取的自适应时频分析方法，通过提取信号自项在模糊域的径向角度以及径向长度等参数，来自适应调整核函数参数。

### 4.1.1　水声脉冲信号的线性时频分析

STFT 是用来分析非平稳信号的经典方法，通过在时间轴上连续移动时间窗口，得到一个时频分布（time-frequency distribution, TFD）。STFT 可以表示为[32]

$$\text{STFT}(f,t) = \int s(\tau) g^{*}(\tau - t) \text{e}^{-\text{j}2\pi f \tau} \text{d}\tau \qquad (4\text{-}1)$$

式中，$s(\tau)$ 为时域信号；$g(\tau - t)$ 为滑动时间窗，上标*表示共轭。

STFT 计算较为简单，运算量小，适合应用在对实时性要求较高的场合。从图 4-1 可以看出，STFT 时频分布不会产生交叉项，但是其时间分辨率和频率分辨率（简称时-频分辨率）直接受时间窗的大小的影响。

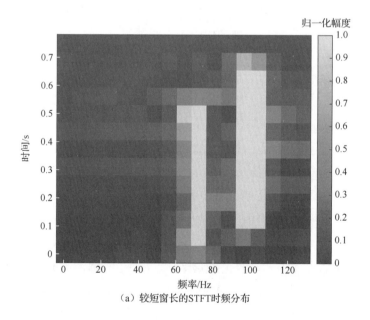

（a）较短窗长的STFT时频分布

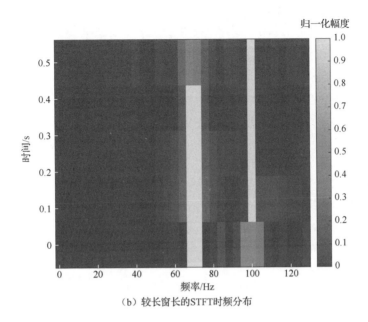

（b）较长窗长的STFT时频分布

图 4-1　STFT 时频分布

## 4.1.2　非合作水声脉冲信号的二次型时频表示

为了解决线性时频分布时间分辨率和频率分辨率无法兼得的问题，可以采用二次型时频分布。Cohen[33]将二次型表示的时频分布归纳为一个统一的表示形式，其表示为

$$P_s(t,\omega) = \frac{1}{2\pi}\iiint \varphi(\theta,\tau)s\left(\mu+\frac{\tau}{2}\right)s^*\left(\mu-\frac{\tau}{2}\right)e^{-j\omega\tau+j\theta(t-\mu)}d\mu d\theta d\tau \qquad (4-2)$$

式中，$\varphi(\theta,\tau)$ 为核函数。二次型时频分布是核函数与信号的模糊函数的二维平滑卷积，不同的核函数会产生不同的时频分布，这样二次型时频分布的构造也就转化为核函数设计的问题。下面介绍几种不同核函数的二次型时频分布。

### 1.　维格纳-威利分布

WVD 是一种最基本的二次型分布表示形式，可以被视作信号的瞬时自相关函数 $K_z(t,\tau)$ 的傅里叶变换，WVD 的定义为[34]

$$W_z(t,f) = \mathcal{F}_{\tau \to f}\{K_z(t,\tau)\} = \int_{-\infty}^{+\infty} K_z(t,\tau)e^{-j2\pi f\tau}d\tau \qquad (4-3)$$

瞬时自相关函数 $K_z(t,\tau)$ 的定义如下：

$$K_z(t,\tau) = z\left(t+\frac{\tau}{2}\right)z^*\left(t-\frac{\tau}{2}\right) \tag{4-4}$$

式中，$z(t)$ 是时域信号 $s(t)$ 的解析形式，其定义为

$$z(t) = s(t) + j\mathcal{H}[s(t)] \tag{4-5}$$

其中，虚部代表 $s(t)$ 的希尔伯特变换。举个例子，定义一个调幅-调频（amplitude modulation-frequency modulation，AM-FM）信号 $s(t)=a(t)*\cos[\phi(t)]$，那么信号 $s(t)$ 的解析形式为 $z(t)=a(t)\mathrm{e}^{j\phi(t)}$。

WVD 核函数可视为 1，另外，WVD 不包含窗函数，这避免了短时傅里叶变换时间分辨率和频率分辨率无法同时提升的矛盾，并且其时间-带宽积达到了海森伯不确定性原理给出的下界[35]。然而，对于多分量信号，WVD 会产生严重的交叉项干扰。交叉项是二次型或者双线性分布的固有结果，下面就 WVD 的交叉项进行简单分析。

假设一个水声脉冲信号由两个子分量构成，即

$$s(t) = s_1(t) + s_2(t) \tag{4-6}$$

由式（4-3）可得

$$W(t,f) = W_{s_1}(t,f) + W_{s_2}(t,f) + 2\mathrm{Re}[W_{s_1 s_2}(t,f)] \tag{4-7}$$

式中，$W_{s_1}(t,f)$ 和 $W_{s_2}(t,f)$ 代表自项；$W_{s_1 s_2}(t,f)$ 代表由 $s_1(t)$ 和 $s_2(t)$ 相互作用产生的交叉项干扰，其定义为

$$W_{s_1 s_2}(t,f) = \int_{-\infty}^{+\infty} s_1^*\left(t-\frac{\tau}{2}\right)s_2\left(t+\frac{\tau}{2}\right)\mathrm{e}^{-j2\pi f\tau}\mathrm{d}\tau \tag{4-8}$$

一般来说，如果信号包含 $N$ 个分量，那么使用 WVD 来进行时频分析后会得到 $N(N-1)/2$ 个交叉项干扰。从式（4-8）可知，交叉项的能量大小反映了两个相关项之间相关性的大小。交叉项的存在往往会产生虚假的信息，导致基于时频分布的信息提取过程变得更加困难。例如，图 4-2 为由 70Hz 和 100Hz 两个单频子脉冲组成的组合信号的 WVD 时频分析结果，可以看出，WVD 的交叉项是振荡的，其振荡的频率与信号分量的时间及中心频率差有关[36]。

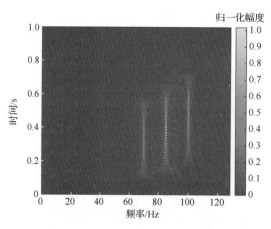

图 4-2 多分量信号 WVD 时频分布

## 2. 核函数设计准则及方法

为了抑制 WVD 带来的交叉项干扰，可以设计二维滤波函数（核函数）来滤除交叉项，核函数的设计希望尽可能抑制交叉项而保留自项。实际上，大多数二次型时频分布设计都可以看作是设计核函数对 WVD 进行滤波或平滑，其定义为

$$\rho_z(t,f) = W_z(t,f) \underset{t\,f}{**} \gamma(t,f) \tag{4-9}$$

式中，$\rho_z(t,f)$ 代表二次型的时频分布；$\gamma(t,f)$ 代表时频二维滤波函数（时频域核函数）；$\underset{t\,f}{**}$ 代表时频域二维卷积。

在实际应用中，卷积的计算复杂度很大，一个行之有效的解决办法是将时频域滤波函数转换到多普勒-时延域（模糊域），$\underset{t\,f}{**}$ 所代表的时频域二维卷积可以转换为模糊域的乘法运算。$\rho_z(t,f)$ 可以被重新定义为

$$\rho_z(t,f) = \int_{-\infty}^{+\infty}\int_{-\infty}^{+\infty} g(v,\tau) A_z(v,\tau) \mathrm{e}^{-\mathrm{j}2\pi(\tau f - vt)} \mathrm{d}v\mathrm{d}\tau \tag{4-10}$$

式中，$A_z(v,\tau)$ 代表信号的模糊函数，其定义为

$$A_z(v,\tau) = \mathcal{F}_{t\to v}\left[K_z(t,\tau)\right] = \int_{-\infty}^{+\infty} K_z(t,\tau)\mathrm{e}^{-\mathrm{j}2\pi t v}\mathrm{d}t \tag{4-11}$$

$g(v,\tau)$ 是模糊域核函数，其定义为

$$g(v,\tau) = \int_{-\infty}^{+\infty}\int_{-\infty}^{+\infty} \gamma(t,f)\mathrm{e}^{-\mathrm{j}2\pi(vt-\tau f)}\mathrm{d}t\mathrm{d}f \tag{4-12}$$

式（4-10）说明核函数在滤除交叉项的同时会不可避免地过滤掉部分自项，因此，模糊域核函数的设计其实是在减弱交叉项和保留自项之间寻求权衡。

为了优化核函数的设计，一个有效的方法就是将模糊域核函数设计为多普勒和时延可分离的核函数，即将模糊域核函数设计为多普勒域核函数和时延域核函数相乘[37]，其定义为

$$g(v,\tau) = G_1(v)g_2(\tau) \tag{4-13}$$

通过这种方式，多普勒域核函数 $G_1(v)$ 以及时延域核函数 $g_2(\tau)$ 独立作用于信号模糊函数的多普勒域以及时延域，这样可以对 $G_1(v)$ 和 $g_2(\tau)$ 进行分别设计，降低了核函数设计的难度。

## 3. 扩展修正 B 分布

利用上述可分离核函数的思想，可以设计一种核函数——扩展修正 B 分布（extended modified B distribution, EMBD）[38]，其定义为

$$g(v,\tau) = \frac{\left|\Gamma(\beta+\mathrm{j}\pi v)\right|^2}{\Gamma^2(\beta)} \frac{\left|\Gamma(\alpha+\mathrm{j}\pi\tau)\right|^2}{\Gamma^2(\alpha)} \tag{4-14}$$

式中，$\Gamma$ 为伽马函数；多普勒核函数 $G_1(v)$ 以及时延域核函数 $g_2(\tau)$ 可以分别表示为

$$G_1(v) = \frac{\left|\Gamma(\beta+\mathrm{j}\pi v)\right|^2}{\Gamma^2(\beta)}, \quad g_2(\tau) = \frac{\left|\Gamma(\alpha+\mathrm{j}\pi\tau)\right|^2}{\Gamma^2(\alpha)} \tag{4-15}$$

其中，$-0.5 \leqslant v \leqslant 0.5$，$-0.5 \leqslant \tau \leqslant 0.5$，$0 \leqslant \beta \leqslant 1$，$0 \leqslant \alpha \leqslant 1$。参数 $\alpha$ 和 $\beta$ 分别控制多普勒窗和时延窗的长度。这种核函数可以独立调整多普勒窗和时延窗的长度。如图 4-3 所示，参数 $\alpha$ 越大，核函数在时延上的尺寸越大；参数 $\beta$ 越大，核函数在多普勒域上的尺寸越大。核函数尺寸的大小决定了其保留自项和减弱交叉项的能力，因此 EMBD 时频分布的时频分辨率以及抑制交叉项的能力受参数 $\alpha$ 和 $\beta$ 的制约。

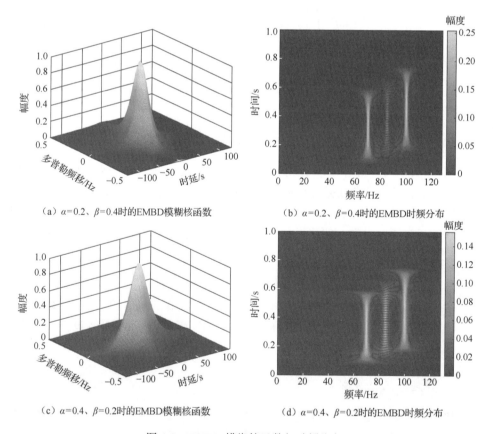

（a）$\alpha$=0.2、$\beta$=0.4时的EMBD模糊核函数  （b）$\alpha$=0.2、$\beta$=0.4时的EMBD时频分布

（c）$\alpha$=0.4、$\beta$=0.2时的EMBD模糊核函数  （d）$\alpha$=0.4、$\beta$=0.2时的EMBD时频分布

图 4-3  EMBD 模糊核函数与时频分布

4. 紧支撑核函数时频分布

　　EMBD 时频分布的核函数可以独立调整多普勒窗和时延窗的长度，但作为一个准高斯形式的核函数，它无法独立调整多普勒窗和时延窗的形状和长度。为解决这一问题，可以采用紧支撑核（compact support kernel, CSK）函数。紧支撑核函数是从高斯核演化而来的，其表达式为[39]

$$g(v,\tau)=\begin{cases}\mathrm{e}^{2c}\mathrm{e}^{\frac{cD^2}{v^2-D^2}}\mathrm{e}^{\frac{cD^2}{\tau^2-D^2}}, & |v|<D,|\tau|<D\\0, & \text{其他}\end{cases} \tag{4-16}$$

其多普勒核函数 $G_1(v)$ 以及时延域核函数 $g_2(\tau)$ 可以分别表示为

$$G_1(v)=\begin{cases}\mathrm{e}^c\mathrm{e}^{\frac{cD^2}{v^2-D^2}}, & |v|<D\\0, & \text{其他}\end{cases} \quad g_2(\tau)=\begin{cases}\mathrm{e}^c\mathrm{e}^{\frac{cD^2}{\tau^2-D^2}}, & |\tau|<D\\0, & \text{其他}\end{cases} \tag{4-17}$$

　　多普勒窗和时延窗的形状和长度分别由参数 $c$ 和 $D$ 决定。通过独立调整参数 $c$ 和 $D$ 实现多普勒窗和时延窗形状和长度的独立调整。由图 4-4 可以看出：当参数 $D$ 相同时，参数 $c$ 越大，CSK 函数越尖锐；当参数 $c$ 相同时，参数 $D$ 越大，CSK 时频分布的尺寸越大。而 CSK 函数越小或越尖锐，则由其得到的时频分布在减弱交叉项的同时，也可能会过滤掉越多的自项；反之，则会更多地保留自项，增强交叉项。时频分布的时频分辨率以及抑制交叉项的能力受参数 $c$ 和 $D$ 的制约。

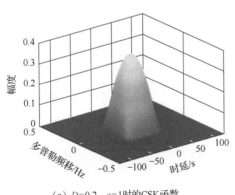

（a）$D$=0.2、$c$=1时的CSK函数

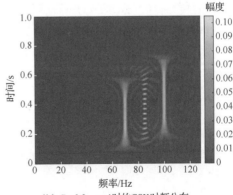

（b）$D$=0.2、$c$=1时的CSK时频分布

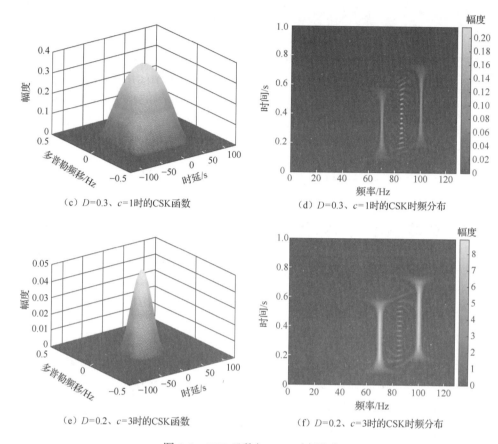

（c）$D=0.3$、$c=1$时的CSK函数　　　　（d）$D=0.3$、$c=1$时的CSK时频分布

（e）$D=0.2$、$c=3$时的CSK函数　　　　（f）$D=0.2$、$c=3$时的CSK时频分布

图 4-4　CSK 函数与 CSK 时频分布

**5. 扩展紧凑型核函数时频分布**

由式（4-16）以及图 4-4 可知，尽管参数 $c$ 和 $D$ 可以实现独立调整多普勒窗和时延窗的形状和长度，但是多普勒窗的形状、长度和时延窗的形状、长度总是相同的。当信号的瞬时频率曲线几乎与时间轴或者频率轴平行时，在模糊域中，信号的自项则几乎与时延轴或多普勒轴平行。CSK 函数在模糊域的二维投影为正方形。若 CSK 函数较小，利用它得到的时频分布会过滤掉过多的自项；反之，利用它得到的时频分布会产生较多的交叉项。

为了解决这一问题，可以通过对 CSK 函数进行简单修改，得到一种改进后的扩展紧凑型核（extended compact kernel, ECK）函数[40]，其定义为

$$g(v,\tau)=\begin{cases}\mathrm{e}^{2c}\mathrm{e}^{\frac{cD^2}{v^2-D^2}}\mathrm{e}^{\frac{cE^2}{\tau^2-E^2}}, & |v|<D,|\tau|<E\\0, & \text{其他}\end{cases}\tag{4-18}$$

其多普勒核函数 $G_1(\nu)$ 以及时延域核函数 $g_2(\tau)$ 可以分别表示为

$$G_1(\nu)=\begin{cases}\mathrm{e}^c\mathrm{e}^{\frac{cD^2}{\nu^2-D^2}}, & |\nu|<D \\ 0, & \text{其他}\end{cases}, \quad g_2(\tau)=\begin{cases}\mathrm{e}^c\mathrm{e}^{\frac{cE^2}{\tau^2-E^2}}, & |\tau|<E \\ 0, & \text{其他}\end{cases} \quad (4\text{-}19)$$

从式（4-18）可以看出，多普勒窗和时延窗的长度分别由参数 $D$ 和参数 $E$ 来控制，参数 $c$ 控制多普勒窗和时延窗的形状。将 ECK 函数计算得到的时频分布称为扩展紧凑型核函数的时频分布（ECK 时频分布）。

图 4-5 表示的是不同参数的 ECK 函数的三维表示及其时频分布。可以看出：当参数 $D$ 和参数 $E$ 相同时，参数 $c$ 越大，ECK 函数越尖锐；当参数 $c$ 相同时，参数 $D$ 和参数 $E$ 越大，ECK 的尺寸越大。因为参数 $D$ 和参数 $E$ 分别控制多普勒窗和时延窗的长度，所以相比较于 CSK 时频分布，ECK 时频分布对核函数的调整更加灵活。同样的，ECK 时频分辨率以及抑制交叉项的能力受参数 $c$、$D$ 和 $E$ 的制约。

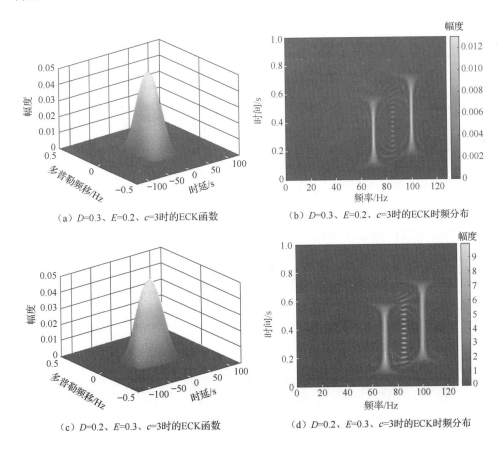

（a）$D$=0.3、$E$=0.2、$c$=3时的ECK函数　　　（b）$D$=0.3、$E$=0.2、$c$=3时的ECK时频分布

（c）$D$=0.2、$E$=0.3、$c$=3时的ECK函数　　　（d）$D$=0.2、$E$=0.3、$c$=3时的ECK时频分布

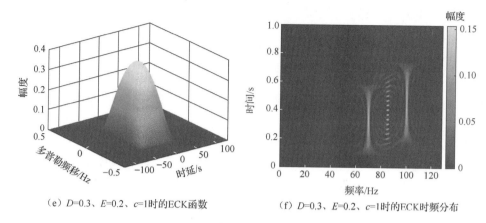

（e）$D$=0.3，$E$=0.2，$c$=1时的ECK函数　　　　（f）$D$=0.3，$E$=0.2，$c$=1时的ECK时频分布

图 4-5　ECK 函数与 ECK 时频分布

### 4.1.3　基于信号模糊域特征参数提取的自适应时频分析方法

WVD 时频分布的核函数可以看成 $g(v,\tau)=1$，而 EMBD、CSK、ECK 等具有不同的核函数，不同核函数与信号模糊函数的二维平滑卷积会产生不同的时频分布。所以可将时频分布构造方法转化为核函数设计问题。为了适应非合作侦察处理时信号参数未知、可变等使用需求，可采用一种基于信号模糊域特征参数提取的自适应时频分析方法，即估计出信号自项在模糊域的径向长度和径向角度，用于估计 ECK 函数的参数值。在此之前，先对水声脉冲信号的模糊函数进行简单分析。

#### 1.　水声脉冲信号的模糊函数

信号的模糊函数描述了信号在时频域的联合特性。信号 $s(t)$ 的模糊函数定义为

$$A(v,\tau)=\int_{-\infty}^{+\infty}s(t)s^{*}(t+\tau)e^{-j2\pi tv}dt \tag{4-20}$$

式中，$\tau$ 为信号时延；$v$ 为信号的频移。

信号的模糊函数具有以下性质[11]。

（1）$\left|A(v,\tau)\right|$ 在原点处取得最大值 $\left|A(0,0)\right|$，即

$$\left|A(v,\tau)\right|\leqslant\left|A(0,0)\right|=E \tag{4-21}$$

式中，$E$ 为信号的能量。

（2）$\left|A(v,\tau)\right|$ 关于原点对称，即

$$\left|A(-v,-\tau)\right|=\left|A(v,\tau)\right| \tag{4-22}$$

（3）$\left|A(v,\tau)\right|$ 具有体积不变性，即

$$\int_{-\infty}^{+\infty}\int_{-\infty}^{+\infty}\left|A(v,\tau)\right|^2\,\mathrm{d}v\mathrm{d}\tau=\left|A(0,0)\right|^2=E^2 \tag{4-23}$$

从式（4-23）可以看出，$\left|A(v,\tau)\right|^2$ 的曲面积分的值只与信号能量有关。这意味着 $\left|A(v,\tau)\right|$ 的峰值包含的能量越小，其余曲面基底包含的能量就越大，那么信号的旁瓣干扰越大；如果 $\left|A(v,\tau)\right|$ 的峰值包含的能量越大，其余曲面基底包含的能量就越小，那么信号的旁瓣干扰越小。

1）单频脉冲信号模糊函数

根据式（2-1）和式（4-20）可知，单频（CW）脉冲信号的模糊函数为

$$\left|A(v,\tau)\right|=\left|\frac{\sin\left[\pi v\left(T-|\tau|\right)\right]}{\pi v\left(T-|\tau|\right)}\cdot\left(T-|\tau|\right)\right|,\quad |\tau|\leqslant T \tag{4-24}$$

CW 脉冲信号的模糊函数的三维图以及各个截面如图 4-6 所示。

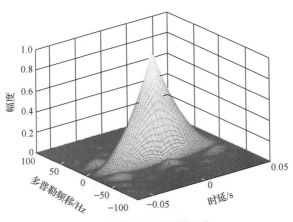

（a）三维模糊图（彩图附书后）

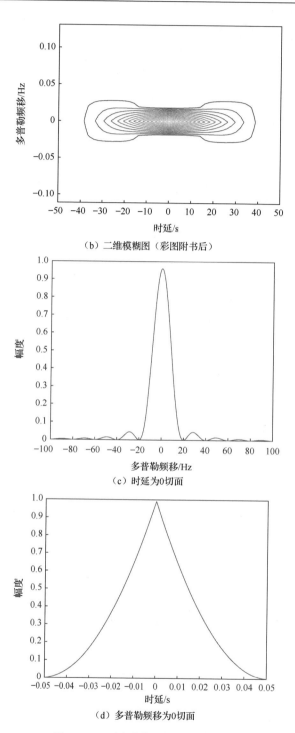

（b）二维模糊图（彩图附书后）

（c）时延为0切面

（d）多普勒频移为0切面

图 4-6  CW 脉冲信号模糊函数特性

2）线性调频脉冲信号模糊函数

根据式（2-5）和式（4-20）可知，线性调频（LFM）脉冲信号的模糊函数为

$$|A(v,\tau)| = \left|\frac{\sin\left[\pi(\mu\tau+v)(T-|\tau|)\right]}{\pi(\mu\tau+v)(T-|\tau|)} \cdot (T-|\tau|)\right|, \quad |\tau| \leqslant T \qquad (4\text{-}25)$$

LFM 脉冲信号模糊函数的三维图以及各个截面如图 4-7 所示。

从图 4-6 和图 4-7 可以看出，CW 脉冲信号的距离和速度测量精度不可兼得，而 LFM 脉冲信号可以通过调整脉宽 $T$ 和带宽 $B$ 取得较好的距离和速度测量精度。

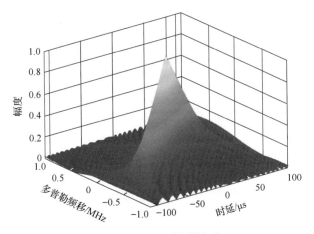

（a）三维模糊图（彩图附书后）

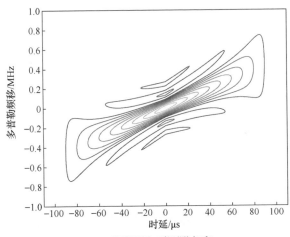

（b）二维模糊图（彩图附书后）

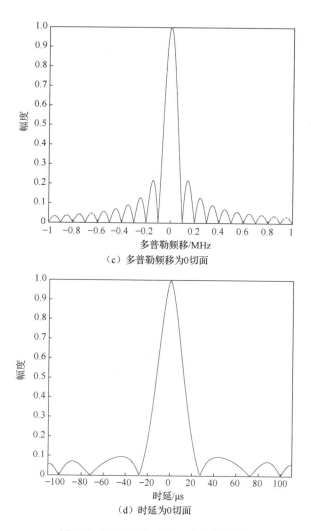

（c）多普勒频移为0切面

（d）时延为0切面

图 4-7　LFM 脉冲信号模糊函数特性

3）组合脉冲信号模糊函数

组合脉冲信号可以采用任意组合方式，但构成组合脉冲信号的基本元素仍是单频脉冲信号和调频脉冲信号。同样的，组合脉冲信号的模糊函数和各个子脉冲信号的模糊函数有关，其可以看作多个子脉冲模糊函数的和。

下面对组合脉冲信号在时频域的交叉项进行分析。为了简化分析，假设组合脉冲信号的时长为无穷大。

根据式（2-23），组合水声脉冲信号可定义为

$$s(t) = \sum_{k=1}^{M} s_k(t) + n(t)$$

$$= \sum_{k=1}^{M} a_k(t) e^{j2\pi\left(\frac{b_{0k}}{2}t^2 + b_{1k}t + b_{2k}\right)} + n(t), \quad 0 \leqslant t_k \leqslant t \leqslant t_k + T_k \leqslant T \quad (4\text{-}26)$$

式中，$b_{0k}$、$b_{1k}$ 和 $b_{2k}$ 分别为组合水声脉冲信号的第 $k$ 个分量的调制率、初始频率以及初相位。当 $b_{0k}$ 为 0 时，表明该分量为单频脉冲信号。由式（4-20）可知，脉冲信号模糊函数的定义为

$$A_s(\nu, \tau) = \int_{-\infty}^{+\infty} \sum_{l=1}^{M} \sum_{u=1}^{M} s_l\left(t + \frac{\tau}{2}\right) s_u^*\left(t - \frac{\tau}{2}\right) e^{-j2\pi t\nu} dt \quad (4\text{-}27)$$

式（4-27）可以被分为两部分，一部分为 $l = u$ 时，代表脉冲信号在模糊域的自项；另一部分为 $l \neq u$ 时，代表脉冲信号在模糊域的交叉项。因此，脉冲信号的模糊函数可重写为[41]

$$A_z(\nu, \tau) = A_z^{\text{auto}}(\nu, \tau) + A_z^{\text{cross}}(\nu, \tau) \quad (4\text{-}28)$$

式中，$A_z^{\text{auto}}(\nu, \tau)$ 和 $A_z^{\text{cross}}(\nu, \tau)$ 分别为

$$A_z^{\text{auto}}(\nu, \tau) = \sum_{l=u}^{M} \mathcal{F}_{t \to \nu}\left[z_l\left(t + \frac{\tau}{2}\right) z_l^*\left(t - \frac{\tau}{2}\right)\right] \quad (4\text{-}29)$$

$$A_z^{\text{cross}}(\nu, \tau) = \sum_{l \neq u}^{M} \mathcal{F}_{t \to \nu}\left[z_l\left(t + \frac{\tau}{2}\right) z_u^*\left(t - \frac{\tau}{2}\right)\right] \quad (4\text{-}30)$$

进而，由式（4-26）和式（4-29）可以得到[42]：

$$A_z^{\text{auto}}(\nu, \tau) = \sum_{k=1}^{M} e^{j2\pi b_{1k}\tau} \delta(\nu - \tau b_{0k}) \quad (4\text{-}31)$$

图 4-8 为组合脉冲信号的模糊函数，该组合脉冲包含两个调制率不同的线性调频子脉冲。

由图 4-8 可知：

（1）在模糊域，组合脉冲信号的自项位于直线 $\nu - \tau b_{0k} = 0$ 上。

（2）在模糊域，自项的峰值位于原点处（时延和多普勒频移均为 0），并且距离原点越远，自项的幅值越小。

（3）在模糊域，组合脉冲信号的交叉项不经过原点，并且交叉项与原点的距离依赖于组合脉冲信号不同的子分量之间在时频域的距离[37]。

（4）在模糊域，海洋背景噪声近似于均匀分布在整个时频域。

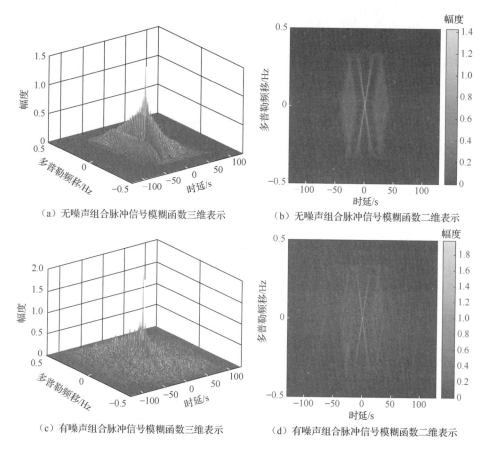

　　（a）无噪声组合脉冲信号模糊函数三维表示　　　（b）无噪声组合脉冲信号模糊函数二维表示

　　（c）有噪声组合脉冲信号模糊函数三维表示　　　（d）有噪声组合脉冲信号模糊函数二维表示

图 4-8　组合脉冲信号的模糊函数

## 2. 自适应 ECK 函数的参数的估计

目前 ECK 时频分布估计方法的参数 $D$、$E$ 多为预先设定，即多普勒窗和时延窗的长度没有根据信号参数自适应调整。对比图 4-9（b）、（d）可以看出，$D$、$E$ 参数值的大小会影响时频分辨率以及交叉项的抑制效果，只有当核函数与待处理的信号之间相互匹配时，才能尽可能去除交叉项并保留自项。针对该问题，本节采用一种基于信号模糊域特征参数提取的自适应 ECK 核设计方法，该方法依据待处理水声脉冲信号的模糊域的自项径向角度和长度特征来设计核函数的多普勒窗和时延窗的长度。

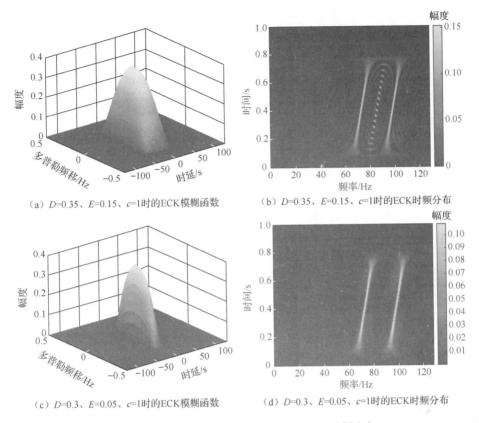

（a）D=0.35、E=0.15、c=1时的ECK模糊函数　　（b）D=0.35、E=0.15、c=1时的ECK时频分布

（c）D=0.3、E=0.05、c=1时的ECK模糊函数　　（d）D=0.3、E=0.05、c=1时的ECK时频分布

图 4-9　不同参数的 ECK 模糊函数与 ECK 时频分布

1）信号模糊域自项的径向角度估计

信号在模糊域自项的径向角度对应于信号的调制率，可以基于拉东（Radon）变换来估计。拉东变换实质上是一个积分变换，其将平面空间中的一条直线映射为拉东空间中的一个点。该方法具有抗噪性能好的特点，被广泛应用于图像分析和信号重构等领域。

假设某一二维空间函数为 $f(x,y)$，那么这一二维空间函数拉东变换的定义为[43]

$$\mathcal{R}_{d,\theta}\{f(x,y)\} = \int_{-\infty}^{+\infty}\int_{-\infty}^{+\infty} f(x,y)\delta(x\sin\theta + y\cos\theta - d)\mathrm{d}x\mathrm{d}y \qquad (4\text{-}32)$$

式中，$\theta$ 代表径向角度，范围为 $[-\pi/2,\pi/2]$；$d$ 代表直线与原点的径向距离，范围为 $(-\infty,\infty)$；$\mathcal{R}_{d,\theta}\{f(x,y)\}$ 代表某一径向角度为 $\theta$、与原点的径向距离为 $d$ 的直线的积分的值。

图 4-10 为由 2 个调频脉冲组成的组合脉冲信号的模糊域表示及拉东变换表

示，由图 4-10（a）可以看出，在模糊域中，多分量线性调频信号的自项总是经过原点的有限长直线，而交叉项则与原点有一定的距离。将模糊函数 $f_s(x,y)$ 的拉东变换定义为 $\mathcal{R}_{d,\theta}\{f(x,y)\}$，图 4-10（b）表示对信号的模糊函数进行拉东变换后得到的三维图，从图中可以看出，$\mathcal{R}_{d,\theta}\{f(x,y)\}$ 的两个峰值出现在径向距离 $d$ 为 0 的位置。为了估计信号在模糊域的径向角度，对 $\mathcal{R}_{d,\theta}\{f(x,y)\}$ 取 $d=0$ 时的切片，并将其定义为 $R_0(\phi)$。

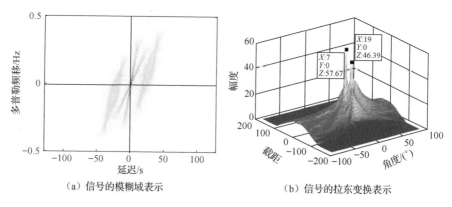

（a）信号的模糊域表示　　　　　　　（b）信号的拉东变换表示

图 4-10　信号的模糊域表示以及拉东变换表示

信号在模糊域自项的径向角度可以通过估计信号的峰值所在的位置来确定，且不同信号分量具有不同的幅值。如果简单设置固定幅值门限，可能会丢失某些弱信号的峰值或者将某些虚假的峰值误判为信号的峰值。为了准确地提取信号峰值，要先估计出 $R_0(\phi)$ 的趋势项分量。

$R_0(\phi)$ 可以看成是去趋势项分量 $R(\phi)$ 和趋势项分量 $R_t(\phi)$ 的和，定义 $R_0(\phi)$ 的离散点数为 $N$，$R_0(\phi)$ 可以表示为

$$R_0(\phi) = R(\phi) + R_t(\phi) \tag{4-33}$$

式中，趋势项分量 $R_t(\phi)$ 可以用线性观测模型表示[44]，即

$$R_t(\phi) = H\theta + v \tag{4-34}$$

其中，$\boldsymbol{H}$ 为观测矩阵，$\theta$ 为回归参数，$\boldsymbol{v}$ 为观测误差。为了得到一个估计参数 $\hat{\theta}$，使得 $\hat{R}_t(\phi) = \boldsymbol{H}\hat{\theta}$，本节采用经典的正则化最小二乘估计的方法[44]，即

$$\hat{\theta}_\lambda = \underset{\theta}{\arg\min}\left\{\left\|\boldsymbol{H}\theta - R_0(\phi)\right\|^2 + \lambda^2\left\|\boldsymbol{D}_d(\boldsymbol{H}\theta)\right\|^2\right\} \tag{4-35}$$

式中，$\lambda$ 是正则化参数；$\boldsymbol{D}_d$ 近似表示第 $d$ 阶导数算子的离散形式。式（4-35）的解可以写成

$$\hat{\theta}_\lambda = \left( \boldsymbol{H}^{\mathrm{T}}\boldsymbol{H} + \lambda^2 \boldsymbol{H}^{\mathrm{T}}\boldsymbol{D}_d^{\mathrm{T}}\boldsymbol{D}_d\boldsymbol{H} \right)^{-1} \boldsymbol{H}^{\mathrm{T}}R_0(\phi) \tag{4-36}$$

$$R_t(\phi) = \boldsymbol{H}\hat{\theta}_\lambda \tag{4-37}$$

为了简化运算过程，选择单位矩阵 $\boldsymbol{I}$ 作为观测矩阵。对于导数算子，则选择二阶导数算子 $\boldsymbol{D}_2$。$\boldsymbol{D}_2$ 是一个 $(N-2)\times(N-1)$ 的二维矩阵，其离散形式如下：

$$\boldsymbol{D}_2 = \begin{bmatrix} 1 & -2 & 1 & & \\ & 1 & -2 & 1 & \\ & & \ddots & \ddots & \ddots \\ & & & 1 & -2 & 1 \end{bmatrix} \tag{4-38}$$

所以去趋势项分量 $R(\phi)$ 可以表示为

$$R(\phi) = R_0(\phi) - \boldsymbol{H}\hat{\theta} = \left( I - \left( I + \lambda^2 \boldsymbol{D}_2^{\mathrm{T}}\boldsymbol{D}_2 \right)^{-1} \right) R_0(\phi) \tag{4-39}$$

图 4-11 为 $R_0(\phi)$ 趋势项估计示意图。通过上述方法可以估计出 $R_0(\phi)$ 的趋势项 $R_t(\phi)$。

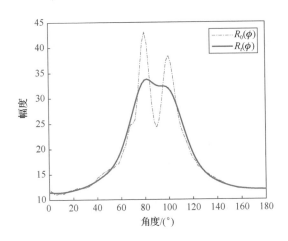

图 4-11　趋势项估计

在得到了 $R_0(\phi)$ 的趋势项分量 $R_t(\phi)$ 的基础上，去趋势项分量 $R(\phi)$ 可以通过式（4-40）来求出：

$$R(\phi) = R_0(\phi) - R_t(\phi) \tag{4-40}$$

利用差分的方法得到 $R(\phi)$ 的所有峰值。$R(\phi)$ 的所有峰值所在位置被定义为

$\phi_i, i = 1, 2, \cdots, M$ ，其中 $M$ 代表峰值点的数量。在设置门限的时候，有一种较为有效的方法是将门限设置为数据的均值以及标准差的线性组合。本方法将所有峰值点的幅值的标准差作为门限来使用，门限的定义如下[45]：

$$R_{\mathrm{th}} = \mathrm{SD}(\phi_M) = \sqrt{\frac{1}{M} \sum_{i=1}^{M} (\phi_i - \mu)^2} \tag{4-41}$$

式中，$\mu$ 代表所有峰值点的幅值均值。将幅度超过门限 $R_{\mathrm{th}}$ 的峰值点所代表的角度 $\phi_k$ 作为估计出的信号在模糊域的径向角度，定义为

$$\phi_k = \{\phi : R(\phi) \geqslant R_{\mathrm{th}}\} \tag{4-42}$$

式中，$k$ 代表估计出的信号自项在模糊域的不同的径向角度的数量，即多分量组合脉冲信号包含的具有不同的调制率的子分量个数。图 4-12 表示估计自项的径向角度的个数以及大小的过程。

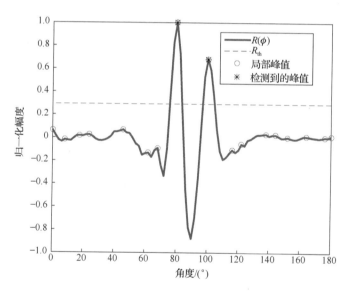

图 4-12　自项的径向角度估计

2）核函数参数的设置

为了根据径向角度估计多分量信号自项在模糊域的径向长度，采用卷积模板 $C$ ，它被定义为

$$C = \begin{bmatrix} 1 & 1 & 1 \\ 1 & 2 & 1 \\ 1 & 1 & 1 \end{bmatrix} \tag{4-43}$$

　　沿着已经估计出的角度 $\phi_k$ 去移动这个卷积模板，可以通过式（4-44）计算出径向长度。

$$r_k = \left\{ \max r : |E(r,\phi)| * \boldsymbol{C} \geqslant \varepsilon |E(0,0)| * \boldsymbol{C}, \phi \in \phi_k \right\} \tag{4-44}$$

式中，$|E(r,\phi)|$ 和 $|E(0,0)|$ 分别代表信号在模糊域自项沿径向角度 $\phi$ 移动时的模值和自项以原点为中心的模值，二者尺寸域模板均与 $\boldsymbol{C}$ 一致；$\varepsilon$ 是一个调节参数，其范围为 $\varepsilon \in (0,1)$，当 $\varepsilon$ 的值设置得较小时，估计出的径向长度就会偏小，反之，当 $\varepsilon$ 的值设置得较大时，估计出的径向长度就会偏大。

　　ECK 函数的参数 $D$ 和 $E$ 基于多分量信号模糊域自项的径向角度 $\phi_k$ 和径向长度 $r_k$ 估计值来设置，计算方法如下：

$$D = \max \left\{ r_k \times \sin \phi_k \right\} / 2, \quad k = 1, 2, \cdots, K \tag{4-45}$$

$$E = \max \left\{ r_k \times \cos \phi_k \right\} / 2, \quad k = 1, 2, \cdots, K \tag{4-46}$$

图 4-13 给出了核函数参数设置中参数 $D$ 和 $E$ 与信号模糊函数的关系。

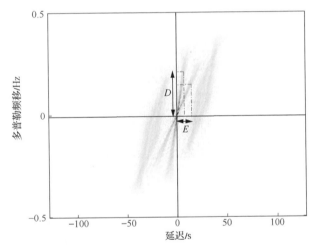

图 4-13　核函数参数设置中参数 $D$ 和 $E$ 与信号模糊函数的关系

　　由前述可知，ECK 函数的多普勒窗和时延窗的形状由参数 $c$ 控制。参数 $c$ 的值越大，核函数越尖锐，参数 $c$ 的值越小，核函数越平缓。在进行了大量的仿真实验后，可以看出参数 $c$ 和参数 $\varepsilon$ 对时频分布的影响较小，因此对参数 $c$ 和参数 $\varepsilon$ 不进行自适应设置，而是将其分别设为经验值 1 和 0.6。

　　在依据非合作水声脉冲信号的模糊域特征估计出参数 $D$ 和参数 $E$ 后，即可得到具体的 ECK 函数。将此核函数与信号的模糊函数进行二维平滑卷积就可以获得信号的时频分布。与其他自适应的时频分析方法相比，本自适应时频分析方法不需要进行多次迭代，计算复杂度小，适合工程应用。

### 4.1.4　基于时频分布客观评价的仿真与实测数据对比验证

1. 时频分布客观评价方法

对于时频分布性能的评价，通常可以采用视觉观察的方式来直观地对时频分布方法的优劣进行评价，但是这种方法偏主观；也有很多客观评价方法，比如将时频分布的能量聚集程度[46]或者时频分布的熵[47]作为评价指标。下面基于 Boashash 等[48]提出的综合评价方法，给出评价时频分布方法优劣的量化指标。

假设一个包含两个子分量的多分量信号的时频分布为 $\rho_s(t,f)$，对这一时频分布取 $t=t_0$ 的时间切片，并将其定义为 $\rho_s(t_0,f)$。时频分布时间切片 $\rho_s(t_0,f)$ 二维图如图 4-14 所示，图中，$A_{m1}$ 和 $A_{m2}$ 分别表示两个尖峰的最大归一化幅度，$V_1$ 和 $V_2$ 表示 3dB 带宽，$A_{s1}$ 和 $A_{s2}$ 表示第一旁瓣高度，$A_x$ 表示多分量信号的时频分布中交叉项的幅度值，其纵坐标代表 $\rho_s(t_0,f)$ 取归一化的结果。

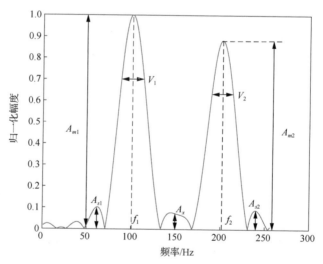

图 4-14　时频分布时间切片 $\rho_s(t_0,f)$ 二维图

首先，在时刻 $t$，定义一个测量参数 $D(t)$，其表达式为

$$D(t)=\frac{\left[f_2(t)-\dfrac{V_2(t)}{2}\right]-\left[f_1(t)-\dfrac{V_1(t)}{2}\right]}{f_2(t)-f_1(t)}=1-\frac{V(t)}{\Delta f(t)} \tag{4-47}$$

式中，$V(t)$ 代表子分量主瓣的平均带宽（3dB 带宽），其表达式被定义为 $V(t)=\left[V_1(t)+V_2(t)\right]/2$；$\Delta f(t)$ 是子分量间瞬时频率的差值，其表达式被定义为 $\Delta f(t)=f_2(t)-f_1(t)$。

这里定义 3 个参数：$A_M(t)=\left(A_{m1}(t)+A_{m2}(t)\right)/2$ 代表子分量主瓣幅度的平均值；$A_S(t)=\left(A_{s1}(t)+A_{s2}(t)\right)/2$ 代表子分量旁瓣幅度的平均值；$A_X(t)$ 则代表多分量信号的时频分布中交叉项的幅度值。

基于以上参数，客观评价时频分布优劣的计算公式为

$$P(t)=1-\frac{1}{3}\left\{\frac{A_S(t)}{A_M(t)}+\frac{1}{2}\frac{A_X(t)}{A_M(t)}+\left[1-D(t)\right]\right\} \tag{4-48}$$

式中，$P(t)$ 的取值范围为（0,1）。评价准则是时频分布的交叉项越弱且分辨率越高时，时频分布效果越好。从式（4-48）可以看出，当时频分布的交叉项越弱且时频分辨率越高时，$A_S(t)/A_M(t)$ 以及 $A_X(t)/A_M(t)$ 的值越小，而 $D(t)$ 的值越大。所以，当 $P(t)$ 取值越接近于 1，代表时频分布效果优，反之越接近于 0，则表示时频分布的交叉项越强且分辨率越低。

对于脉冲信号，可以在其脉宽范围内随机抽取多个时间切片，分别求出各个时间切片 $P$ 值，取平均作为脉冲信号时频分布优劣的量化结果。

### 2. 仿真与实测数据的时频分布效果对比

下面分别使用 STFT、WVD、EMBD、ECK 以及自适应 ECK（adaptive ECK，A-ECK）这五种方法对几组仿真和实测脉冲信号进行时频分析，对比各种情况下的时频估计效果。其中，EMBD 核函数的参数 $\alpha$ 和 $\beta$ 分别设为 0.2 和 0.4；ECK 核函数的参数 $D$ 和 $E$ 分别设为 0.5 和 0.3，参数 $c$ 设为 1。信号参数方面，为考察分辨率情况，频率和脉宽均设置偏小的值。

首先仿真纯信号情况，模拟一个包含两个线性调频分量的组合脉冲信号，其表达式为

$$s(t)=\sum_{k=1}^{2}s_k(t) \tag{4-49}$$

式中，$s_1(t)=\cos\left(200\pi t^2+876\pi t\right)$；$s_2(t)=\cos\left(200\pi t^2+976\pi t\right)$。

$s(t)$ 两个子脉冲 $s_1(t)$ 和 $s_2(t)$ 时间维重叠，脉宽均为 0.25s，其频率范围分别为 450~475Hz 和 500~525Hz。仿真纯信号的理论时频分布和 5 种方法获得的时频分布如图 4-15 所示。

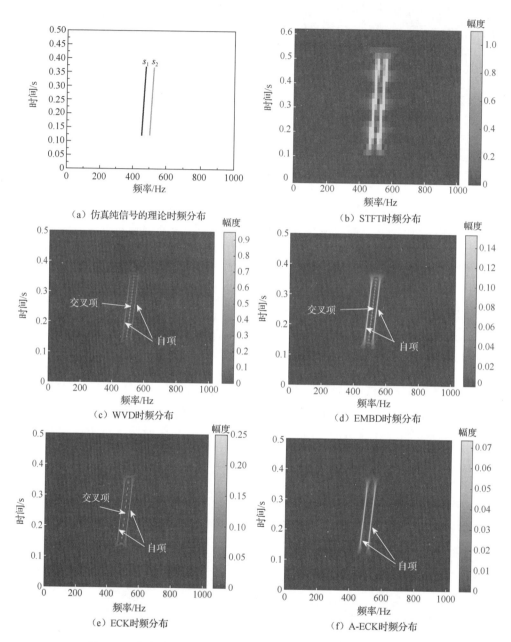

图 4-15　仿真纯信号的理论时频分布和 5 种方法获得的时频分布

　　按照上述综合评价方法得到几种时频分析方法的可量化评价值 $P$，如表 4-1 所示。对比图 4-15 的时频分布图，可以看出在时频分辨率方面，WVD 是 5 种方法中最优的，但交叉项最严重；STFT 方法没有交叉项，但时频分辨率最低；EMBD 和 ECK 方法在一定程度上减弱了交叉项，但经典 EMBD 和 ECK 中的核函数参数需要提前设定，如果子脉冲时频参数不一致，也很难匹配所有分量。A-ECK 方法可以有效抑制交叉项的同时又尽可能地不减弱自项，综合评价 $P$ 值最高，但付出的代价是需要通过模糊函数进行自适应参数的估计。

表 4-1　时频分析方法的 $P$ 值（纯信号）

| 时频分析方法 | 客观评价指标 $P$ |
|---|---|
| STFT | 0.7054 |
| WVD | 0.6852 |
| EMBD | 0.7742 |
| ECK | 0.7824 |
| A-ECK | 0.8760 |

叠加海洋背景噪声与干扰的组合脉冲信号时频分布效果，两个子脉冲表达式分别为

$$s_1(t) = \cos\left(-200\pi t^2 + 900\pi t\right) \qquad (4\text{-}50)$$

$$s_2(t) = \cos\left(300\pi t^2 + 960\pi t\right) \qquad (4\text{-}51)$$

式中，$s_1(t)$ 为 450Hz 变化到 400Hz 的下调频信号；$s_2(t)$ 为 555Hz 变化到 480Hz 的上调频信号。二者脉宽均为 0.512s，信噪比为 0dB。叠加海洋背景噪声与干扰的组合脉冲信号的理论时频分布和 5 种方法获得的时频分布如图 4-16 所示。

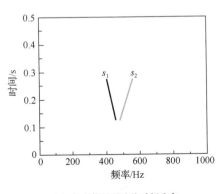

（a）仿真信号理论的时频分布

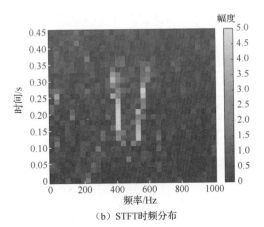

（b）STFT时频分布

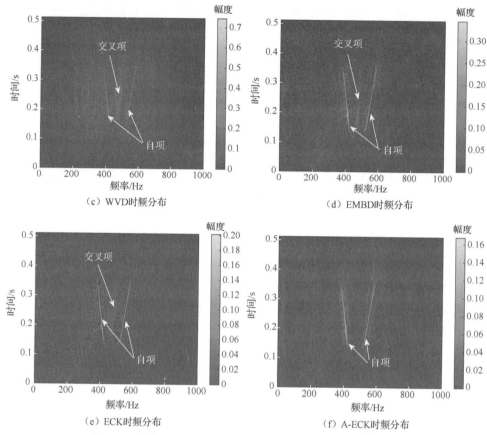

图 4-16　叠加海洋背景噪声与干扰的组合脉冲信号时频分布

　　5 种时频分析方法的客观评价指标 $P$ 值如表 4-2 所示。可以看出，海洋背景噪声对这 5 种时频分析方法的时频分辨率都造成了一定的影响。WVD 方法仍然保持时频分辨率的优势，但除了交叉项问题，背景噪声也对其产生严重干扰，信噪比下降。EMBD、ECK、A-ECK 方法，核函数滤除交叉项外，对海洋噪声也有一定的过滤效果，A-ECK 方法的滤除效果仍然最优。表 4-2 的评价指标 $P$ 值计算结果也与分析一致。

表 4-2　时频分析方法的 $P$ 值（叠加海洋背景噪声与干扰的组合脉冲信号）

| 时频分析方法 | 客观评价指标 $P$ |
|---|---|
| STFT | 0.6462 |
| WVD | 0.6391 |
| EMBD | 0.7663 |
| ECK | 0.7514 |
| A-ECK | 0.8275 |

图 4-17 给出了不同时频分布 $P$ 值随信噪比变化的曲线，可以看出，当水声脉冲信号的信噪比过低时，这 5 种时频分析的方法都很难得到好的时频分辨率。当信噪比高于-6dB 时，A-ECK 方法、ECK 方法、EMBD 方法的性能提升较快。

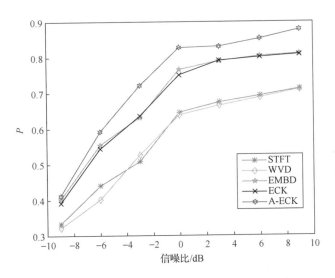

图 4-17　不同时频分布 $P$ 值随信噪比变化的曲线

进一步通过海上试验检验实际应用环境下的时频分布效果。海上试验示意图如图 4-18 所示。声源距海面 10m，接收水听器距海面 30m。声源与接收水听器之间的距离约为 10km。

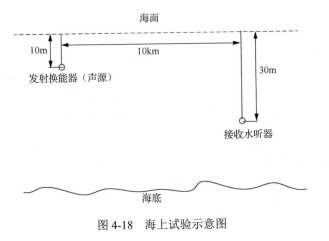

图 4-18　海上试验示意图

两组海试组合脉冲均由两个子脉冲组成，第一组总脉宽为 0.3s，两个子脉冲频率范围分别为 1760～1730Hz 和 1925～1895Hz；第二组总脉宽为 0.25s，两个子脉冲频率范围分别为 1940～1960Hz 和 2300～2500Hz。第一组信号时频分布和 $P$ 值分别参见图 4-19 和表 4-3，第二组信号时频分布和 $P$ 值分别参见图 4-20 和表 4-4，可以看出，各方法的时频估计效果与仿真信号叠加海洋背景噪声情况类似。

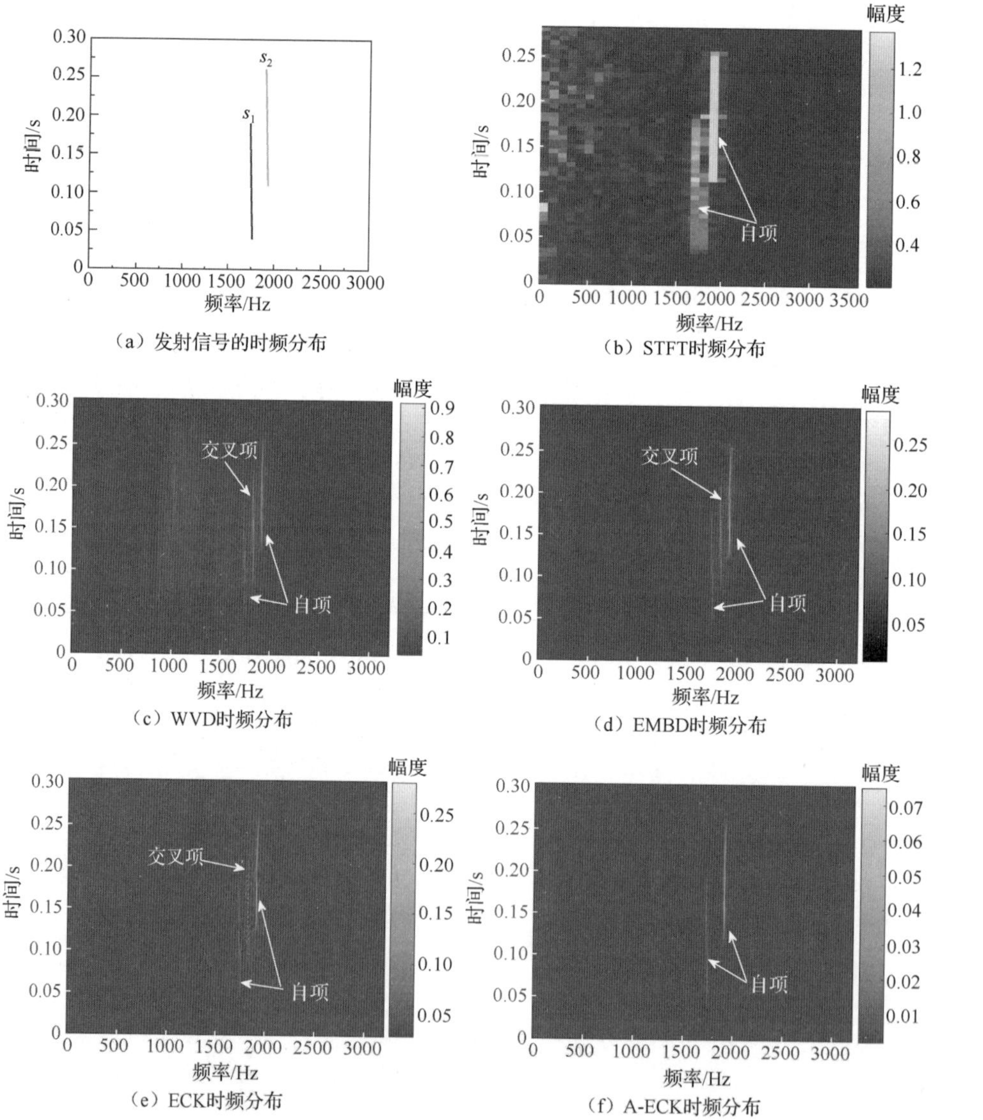


（a）发射信号的时频分布　（b）STFT时频分布
（c）WVD时频分布　（d）EMBD时频分布
（e）ECK时频分布　（f）A-ECK时频分布

图 4-19　第一组信号时频分布

表 4-3 第一组信号各时频分析方法的 $P$ 值

| 时频分析方法 | 客观评价指标 $P$ |
|---|---|
| STFT | 0.6927 |
| WVD | 0.7109 |
| EMBD | 0.7404 |
| ECK | 0.7730 |
| A-ECK | 0.8038 |

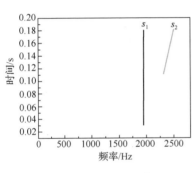

（a）发射信号的时频分布

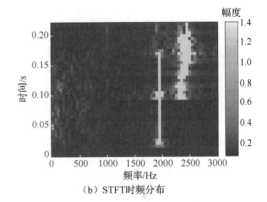

（b）STFT时频分布

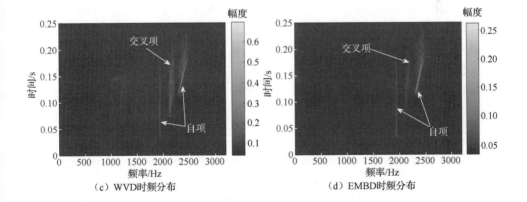

（c）WVD时频分布          （d）EMBD时频分布

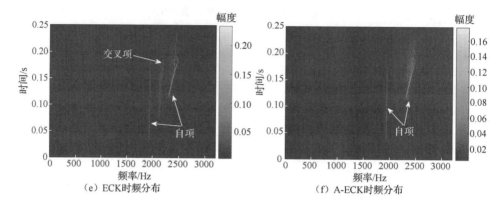

图 4-20　第二组信号时频分布

**表 4-4　第二组信号各时频分析方法的 $P$ 值**

| 时频分析方法 | 客观评价指标 $P$ |
| --- | --- |
| STFT | 0.6336 |
| WVD | 0.6445 |
| EMBD | 0.6849 |
| ECK | 0.6977 |
| A-ECK | 0.7372 |

　　从以上分析可知，时频分布可以从时间、频率、强度三个维度描述探测声呐脉冲信号，是脉冲侦察处理的重要途径。不同时频分析方法在时频分辨率、交叉项、噪声抑制等方面呈现不同的效果，但从效果来看，线性分析方法 STFT 时频分辨率最低，但其优势是算法简单、运算量小、没有交叉项，适用性较好，在工程应用中，特别是实时处理中仍然得到广泛应用。其他二次型方法通过改进核函数或优选参数方式能够获得良好的时频分辨率和交叉项抑制效果，但代价是运算复杂，因此实际应用时仍然需要结合需求与实现条件等选择合适的方法。

## 4.2　窄带脉冲信号截获检测方法

　　主动声呐脉冲信号截获检测需要在信号参数完全未知的条件下实现，无法采用合作方式下的匹配滤波检测方法，需要针对非合作处理需求研究适合的检测方法。

　　非合作检测处理通常包含两种方式：一种是能量检测方式，能量检测主要通过能量的变化实现脉冲检测，对信号的具体参数不敏感，具有良好的宽适应性，但信噪比增益较低；另一种是特征检测方式，通过检测估计联合处理的方式，先估计特征，再根据特征信噪比等进行检测判决。检测判决特征的选取主要基于两方面考虑：一是良好的处理增益，也就是信号能量尽可能集中，而背景分散；二是良好的分辨能力，即该特征有利于信号类型的判别。从第 2 章主动探测声呐脉冲信号特点分析可以看出，典型单频、调频等窄带脉冲信号，时频估计具有良好的能量聚集性，因此可以作为检测特征。

传统非合作脉冲信号的截获检测可描述为以下二元假设检验模型：

$$
\begin{cases}
H_0 : x(n) = w(n), & n = 0,1,\cdots,N-1 \\
H_1 : x(n) = \begin{cases} w(n), & n = 0,1,\cdots,N-1 \\ s(n)+w(n), & n = n_s, n_s+1,\cdots,n_s+N_s-1 \end{cases}
\end{cases}
\tag{4-52}
$$

式中，$N$ 为观测数据长度；$n_s$ 为脉冲信号到达时刻；$N_s$ 为信号长度；$x(n)$ 为观测数据；$w(n)$ 为均值为 0、方差为 $\sigma_w^2$ 的高斯白噪声；$s(n)$ 为参数未知的主动声呐脉冲信号，属于参数和类型均未知的确定性信号。

声呐和雷达信号检测通常采用奈曼-皮尔逊（Neyman-Pearson, NP）准则（即在指定的恒虚警概率条件下，使检测概率最大的准则）对脉冲信号的有无进行统计判决[19]。对于给定的虚警概率 $P_f = \alpha$，使检测概率 $P_d$ 最大的判决为

$$
L(x) = \frac{p(x;H_1)}{p(x;H_0)} > \gamma
\tag{4-53}
$$

式中，$p(x;H_0)$ 和 $p(x;H_1)$ 分别为观测数据在 $H_0$ 和 $H_1$ 假设条件下的概率分布，其中门限 $\gamma$ 由下式计算：

$$
P_f = \int_{\{x:L(x)>\gamma\}} p(x;H_0)\mathrm{d}x = \alpha
\tag{4-54}
$$

函数 $L(x)$ 称为似然比，它描述了对每一个观测数据 $x$，$H_1$ 的可能性与 $H_0$ 的可能性的比值，式（4-54）也称为似然比检验。

衡量主动探测声呐脉冲信号截获检测性能一个很重要的指标就是作用距离，而作用距离精确而有意义的提法是指：能够满足给定虚警概率和检测概率要求的最大作用距离。由此可知，对工作于被动方式的水声侦察而言，检测器设计的最大作用距离准则，其实就是最大处理增益准则（也称为最大输出信噪比准则），同时也是给定虚警概率下最大检测概率准则（NP 准则），这三种准则在被动声呐条件下是等价的[49]。当前主动探测声呐脉冲信号的截获检测器主要有能量检测器和基于时频估计的检测器，下面分别对两种检测器进行理论分析与介绍。4.2.3 节对环境噪声背景下的检测方法进行了介绍。

### 4.2.1　常规能量检测器

传统能量检测器的检测流程如图 4-21 所示。

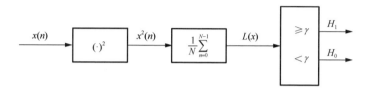

图 4-21　传统能量检测器的检测流程

图 4-21 中，$x(n)$ 为观测数据，$\gamma$ 为判决门限，$L(x)$ 为检验统计量，可表示为

$$L(x) = \begin{cases} \dfrac{1}{N}\sum_{n=0}^{N-1} w^2(n), & H_0 \\[4mm] \dfrac{1}{N}\sum_{n=0}^{N-1}\big[s(n)+w(n)\big]^2, & H_1 \end{cases} \tag{4-55}$$

由式（4-55）可知，能量检测法利用接收数据中信号存在与不存在时功率的不同对信号的有无进行判断，即接收数据的功率大于设定门限时判定信号存在，否则判定信号不存在。该方法具有宽适应性的优点，适用于所有信号类型。对于较大的 $N$，由中心极限定理可知，$L(x)$ 近似服从高斯分布[50]：

$$L(x) \sim \begin{cases} N\left(\sigma_w^2, 2\sigma_w^4/N\right), & H_0 \\[3mm] N\left(\sigma_t^2, 2\sigma_t^4/N\right), & H_1 \end{cases} \tag{4-56}$$

式中，$\sigma_t^2 = \sigma_s^2 + \sigma_w^2$；$\sigma_s^2 = A^2/2$ 为信号功率。根据式（4-56），对于给定的判决门限，可以求得检测概率 $P_d$ 和虚警概率 $P_f$：

$$P_d = \Pr\{L(x) > \gamma; H_1\} = \frac{1}{2}\text{erfc}\left(\frac{\gamma - \sigma_t^2}{2\sigma_t^2/\sqrt{N}}\right) \tag{4-57}$$

$$P_f = \Pr\{L(x) > \gamma; H_0\} = \frac{1}{2}\text{erfc}\left(\frac{\gamma - \sigma_w^2}{2\sigma_w^2/\sqrt{N}}\right) \tag{4-58}$$

式中，$\text{erfc}(\cdot)$ 为互补误差函数，其表达式为

$$\text{erfc}(\alpha) = 1 - \frac{2}{\sqrt{\pi}}\int_0^\alpha \exp\left(-x^2\right)\mathrm{d}x \tag{4-59}$$

对于期望的虚警概率 $P_f$，由式（4-58）可以计算出门限 $\gamma$ 为

$$\gamma = \sigma_w^2 \left[ 1 + \frac{2\text{erfc}^{-1}(2P_f)}{\sqrt{N}} \right] \qquad (4\text{-}60)$$

由式（4-60）可知，能量检测器需要实时估计噪声方差 $\sigma_w^2$，从而自适应地调整判决门限。下面分析能量检测器的输出信噪比。被动声呐接收系统的输出信噪比定义为[49]

$$\text{SNR}_o \triangleq \frac{\left[ E_{H_1}(x) - E_{H_0}(x) \right]^2}{\sigma_{H_0}^2(x)} \qquad (4\text{-}61)$$

式（4-61）的含义为检测系统输出信号成分与噪声成分的功率之比。由式（4-56）可知：

$$E_{H_1}(x) = \sigma_t^2, \, E_{H_0}(x) = \sigma_w^2, \, \sigma_{H_0}^2(x) = 2\sigma_w^4 / N \qquad (4\text{-}62)$$

将式（4-62）代入式（4-61）得能量检测器的输出信噪比为

$$\text{SNR}_o = \frac{\sigma_s^4}{2\sigma_w^4 / N} = \frac{N}{2} \left( \frac{\sigma_s^2}{\sigma_w^2} \right)^2 = \frac{N}{2} (\text{SNR}_i)^2 \qquad (4\text{-}63)$$

式中，$\text{SNR}_i = \sigma_s^2 / \sigma_w^2$ 为输入信噪比。式（4-63）表明能量检测器的输出信噪比与输入信噪比的平方成正比。由式（4-63）可知，当输入信噪比很小时，即 $\text{SNR}_i < \sqrt{2/N}$ 时，$\text{SNR}_o$ 小于 $\text{SNR}_i$，这种现象称为小信号抑制效应，这是能量检测器的一个缺点。由文献[20]和文献[49]可知，基于式（4-64）的假设条件，能量检测器是 NP 准则下高斯噪声中检测高斯信号的最佳接收系统。

$$\begin{cases} H_0 : x(n) = w(n) \\ H_1 : x(n) = s(n) + w(n) \end{cases}, \, n = 0,1,\cdots,N-1 \qquad (4\text{-}64)$$

式中，$s(n)$ 为零均值白色宽平稳高斯随机过程，而且能量检测方法对干扰比较敏感。对于高斯白噪声条件下参数未知的确定性 CW 脉冲信号的检测，NP 准则下的最佳接收系统为短时周期图或谱方法[50]。

## 4.2.2　基于时频估计的检测器

4.1 节对时频分析方法进行了分析，STFT 属于线性变换，可利用 FFT 快速实现，实现简单、运算量小，通常作为缺少先验信息和实时性要求较高时的时频分

析方法。下面以 STFT 为例，分析基于时频估计的窄带脉冲检测性能。对于调频信号，当窗长设置合适时，LFM 脉冲信号或 HFM 脉冲信号在 STFT 短时窗内可近似看作 CW 脉冲信号。传统 STFT 检测器的检测流程如图 4-22 所示。

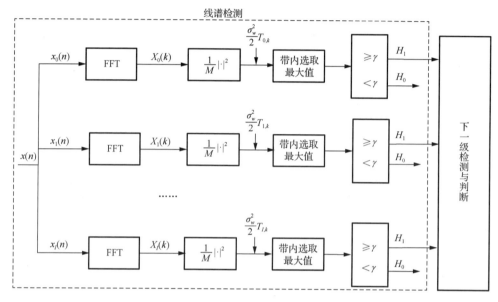

图 4-22　传统 STFT 检测器检测流程

图 4-22 中，$M$ 为 STFT 短时窗长，$I$ 为观测时间内短时窗的总个数，$x_i(n)$ 为第 $i$ 个短时窗内的观测信号，$X_i(k)$ 为 $x_i(n)$ 的离散傅里叶变换（discrete Fourier transform, DFT），$T_{i,k}(x)$ 为 $x_i(n)$ 的功率谱：

$$T_{i,k}(x) = \frac{1}{M}\left|\sum_{n=0}^{M-1} x_i(n)\exp\left(-\mathrm{j}2\pi\frac{n}{M}k\right)\right|^2 \qquad (4\text{-}65)$$

设待截获检测主动声呐脉冲信号的频率范围为 $[f_l, f_h]$，对应的离散频率索引分别为 $k_l$ 和 $k_h$，则带内离散频点数 $k_b = k_h - k_l + 1$，带内选取最大值是指：

$$k_m = \max_{k,k_l \leq k \leq k_h} T_{i,k}(x) \qquad (4\text{-}66)$$

由图 4-22 可知，单个时频窗内的信号检测实际上就是周期图检测器，周期图检测器本质上就是取谱图的峰值，然后与门限进行比较，因此该检测器也被称为谱峰检测器。图中，STFT 检测器利用 FFT 快速实现，运算量小、实现简单，且无须先验知识。设时频窗的移动步进 $L = M/4$，信号到达时刻 $n_s = i_s L$，信号脉宽

$N_s = I_s L$，这里将到达时刻和信号脉宽均设为移动步进 $L$ 的整数倍，这是由于移动步进 $L$ 一般远小于信号脉宽 $N_s$，所以这种假设是一种合理的近似。在上述假定条件下，短时窗内信号的检测可建模为以下二元假设检验模型：

$$H_0 : x_i(n) = w_i(n), \qquad i = 0, 1, 2, \cdots, I-1 \tag{4-67}$$

$$H_1 : x_i(n) = \begin{cases} w_i(n), & i = 0, 1, \cdots, i_s - 1, I_s + 1, I_s + 2, \cdots, I-1 \\ s_i(n) + w_i(n), & i = i_s, i_s + 1, \cdots, I_s \end{cases} \tag{4-68}$$

式中，$w_i(n) = w\big[(i-1)L + n\big], s_i(n) = s\big[(i-1)L + n\big], n = 0, 1, \cdots, M-1$。

在 $H_0$ 的假设条件下有

$$\begin{aligned} X_i(k) &= \sum_{n=0}^{M-1} x_i(n) \exp\left(-\mathrm{j}2\pi \frac{m}{M} k\right) \\ &= \sum_{n=0}^{M-1} w_i(n) \cos\left(2\pi \frac{n}{M} k\right) - \mathrm{j} \sum_{n=0}^{M-1} w_i(n) \sin\left(2\pi \frac{n}{M} k\right) \\ &= U_i(k) - \mathrm{j} V_i(k) \end{aligned} \tag{4-69}$$

式中，$k = 0, 1, \cdots, M/2 - 1$；

$$U_i(k) = \sum_{n=0}^{M-1} w_i(n) \cos\left(2\pi \frac{n}{M} k\right), \quad V_i(k) = \sum_{n=0}^{M-1} w_i(n) \sin\left(2\pi \frac{n}{M} k\right) \tag{4-70}$$

式（4-70）只在统计意义上成立，仅用来讨论噪声经过 DFT 后的统计特性。由式（4-70）可知，对于每一个离散频率 $k$，$U_i(k)$ 和 $V_i(k)$ 可以看作 $M$ 个相互独立的高斯白噪声序列的线性组合，因此，$U_i(k)$ 和 $V_i(k)$ 也服从高斯分布，$U_i(k)$ 的均值和方差分别为

$$E\big[U_i(k)\big] = E\big[w_i(n)\big] \sum_{n=0}^{M-1} \cos\left(2\pi \frac{n}{M} k\right) = 0 \tag{4-71}$$

$$\begin{aligned} \mathrm{var}\big[U_i(k)\big] &= \mathrm{var}\big[w_i(n)\big] \sum_{n=0}^{M-1} \cos^2\left(2\pi \frac{n}{M} k\right) \\ &= \mathrm{var}\big[w_i(n)\big] \sum_{n=0}^{M-1} \frac{1}{2}\left[1 + \cos\left(4\pi \frac{n}{M} k\right)\right] \\ &\approx \frac{M}{2} \sigma_w^2 \end{aligned} \tag{4-72}$$

即 $U_i(k) \sim N\big(0, M\sigma_w^2/2\big)$，同理有 $V_i(k) \sim N\big(0, M\sigma_w^2/2\big)$。

下面分别分析 $U_i(k)$ 和 $V_i(k)$ 对于不同的离散频点 $k$ 的相关性，以及 $U_i(k)$ 和 $V_i(k)$ 两者之间的相关性：

$$
\begin{aligned}
& E\left[U_i(k+l)U_i(k)\right] \\
&= E\left\{\sum_{n=0}^{M-1} w_i(n)\cos\left[2\pi\frac{n}{M}(k+l)\right]\sum_{m=0}^{M-1} w_i(m)\cos\left(2\pi\frac{m}{M}k\right)\right\} \\
&= \sigma_w^2\sum_{n=0}^{M-1}\cos\left[2\pi\frac{n}{M}(k+l)\right]\cos\left(2\pi\frac{n}{M}k\right) = \frac{M\sigma_w^2}{2}\delta(l)
\end{aligned}
\tag{4-73}
$$

$$
\begin{aligned}
& E\left[U_i(k+l)V_i(k)\right] \\
&= E\left\{\sum_{n=0}^{M-1} w_i(n)\cos\left[2\pi\frac{n}{M}(k+l)\right]\sum_{m=0}^{M-1} w_i(m)\sin\left(2\pi\frac{m}{M}k\right)\right\} \\
&= \sigma_w^2\sum_{n=0}^{M-1}\cos\left[2\pi\frac{n}{M}(k+l)\right]\sin\left(2\pi\frac{n}{M}k\right) = 0
\end{aligned}
\tag{4-74}
$$

由式（4-73）可知，$U_i(k+l)$ 和 $U_i(k)$ 是不相关的。由式（4-74）可知，$U_i(k)$ 和 $V_i(k)$ 是不相关的。又因为 $U_i(k)$ 和 $V_i(k)$ 均服从高斯分布，由此可得以下两个结论：①对于不同的离散频点 $k$，高斯白噪声的 DFT 是独立同分布的；②高斯白噪声 DFT 的实部和虚部是独立同分布的。

由上述结论②可得，对于所有的 $i$ 和 $k$ 有

$$
\begin{aligned}
\frac{T_{i,k}(x)}{\sigma_w^2/2} &= \frac{\left|\sum_{n=0}^{M-1} x_i(n)\exp\left(-\mathrm{j}2\pi\frac{n}{M}k\right)\right|^2}{M\sigma_w^2/2} \\
&= \left[\frac{U_i(k)}{\sqrt{M\sigma_w^2/2}}\right]^2 + \left[\frac{V_i(k)}{\sqrt{M\sigma_w^2/2}}\right]^2 \sim \chi_2^2
\end{aligned}
\tag{4-75}
$$

式中，$\chi_2^2$ 代表自由度为 2 的中心化卡方分布（chi-square distribution），其概率密度函数为

$$
p(x) = \begin{cases} \dfrac{1}{2}\exp\left(-\dfrac{1}{2}x\right), & x > 0 \\ 0, & x < 0 \end{cases}
\tag{4-76}
$$

因此，可求得第 $i$ 个短时窗周期图检测的虚警概率为

$$
\begin{aligned}
P_{\mathrm{f}} &= \Pr\left\{ \max_{k,k_{\mathrm{l}} \leqslant k \leqslant k_{\mathrm{h}}} T_{i,k}(x) > \gamma; H_0 \right\} \\
&= \Pr\left\{ \max_{k,k_{\mathrm{l}} \leqslant k \leqslant k_{\mathrm{h}}} \frac{T_{i,k}(x)}{\sigma_w^2/2} > \frac{\gamma}{\sigma_w^2/2}; H_0 \right\} \\
&= 1 - \Pr\left\{ \max_{k,k_{\mathrm{l}} \leqslant k \leqslant k_{\mathrm{h}}} \frac{T_{i,k}(x)}{\sigma_w^2/2} < \frac{\gamma}{\sigma_w^2/2}; H_0 \right\} \\
&= 1 - \prod_{k=k_{\mathrm{l}}}^{k_{\mathrm{h}}} \Pr\left\{ \frac{T_{i,k}(x)}{\sigma_w^2/2} < \frac{\gamma}{\sigma_w^2/2}; H_0 \right\} \\
&= 1 - \left[ 1 - \exp\left( -\frac{\gamma}{\sigma_w^2} \right) \right]^{k_b}
\end{aligned}
\tag{4-77}
$$

式（4-77）利用了不同的离散频点 $k$ 高斯白噪声的 DFT 是独立同分布的结论，即前述结论①。由式（4-77）可以计算出判决门限为

$$
\gamma = \sigma_w^2 \ln\left[ \frac{1}{1 - (1 - P_{\mathrm{f}})^{1/k_b}} \right]
\tag{4-78}
$$

在 $H_1$ 假设且 $i = i_s, i_s + 1, \cdots, I_s$，即有脉冲信号的条件下，类似于 $H_0$ 的假设条件下的推导有

$$
X_i(k) = Y_i(k) - \mathrm{j}Z_i(k)
\tag{4-79}
$$

式中，

$$
Y_i(k) = I_i(k) + U_i(k); Z_i(k) = Q_i(k) + V_i(k)
\tag{4-80}
$$

其中，

$$
I_i(k) = \sum_{n=0}^{M-1} s_i(n)\cos\left( 2\pi \frac{n}{M} k \right), \quad Q_i(k) = \sum_{n=0}^{M-1} s_i(n)\sin\left( 2\pi \frac{n}{M} k \right)
\tag{4-81}
$$

因为 $s_i(n)$ 为确知信号，所以 $Y_i(k)$ 和 $Z_i(k)$ 也服从高斯分布，$Y_i(k)$ 的均值和方差分别为

$$
E\left[ Y_i(k) \right] = E\left[ I_i(k) \right] + E\left[ U_i(k) \right] = I_i(k)
\tag{4-82}
$$

$$
\mathrm{var}\left[ Y_i(k) \right] = \mathrm{var}\left[ U_i(k) \right] = \frac{M}{2} \sigma_w^2
\tag{4-83}
$$

所以 $Y_i(k) \sim N\left[ I_i(k), M\sigma_w^2/2 \right]$，同理有 $Z_i(k) \sim N\left[ Q_i(k), M\sigma_w^2/2 \right]$。

对于低频窄带类主动声呐脉冲信号，在 STFT 短时窗内可近似为幅度为 $A$、离散频率为 $k_i$、初相位为 $\phi_0$ 的 CW 脉冲信号，因此有

$$s_i(n) \doteq A\cos(2\pi f_i n + \phi_0), \quad i = i_s, i_s + 1, \cdots, I_s \tag{4-84}$$

式中，$f_i = k_i f_s / M$，因此有

$$I_i(k_i) = \frac{M}{2} A\cos\phi_0, \quad Q_i(k_i) = \frac{M}{2} A\sin\phi_0 \tag{4-85}$$

因此，对于 $k = k_i$ 且 $i = i_s, i_s + 1, \cdots, I_s$ 有[51,52]

$$\frac{T_{i,k}(x)}{\sigma_w^2/2} = \frac{\left| \sum_{n=0}^{M-1} x_i(n) \exp\left(-j\frac{2\pi kn}{M}\right) \right|^2}{M\sigma_w^2/2}$$

$$= \left[ \frac{Y_i(k)}{\sqrt{M\sigma_w^2/2}} \right]^2 + \left[ \frac{Z_i(k)}{\sqrt{M\sigma_w^2/2}} \right]^2 \sim \chi_2'^2(\lambda) \tag{4-86}$$

式中，$\chi_2'^2(\lambda)$ 代表自由度为 2 的非中心化卡方分布，其概率分布为

$$p(x) = \begin{cases} \dfrac{1}{2}\exp\left[-\dfrac{1}{2}(x+\lambda)\right] I_0(x), & x > 0 \\ 0, & x < 0 \end{cases} \tag{4-87}$$

式中，$I_0(x)$ 为第一类修正的零阶贝塞尔函数，其表达式为

$$I_0(x) = \frac{1}{2\pi} \int_{-\pi}^{\pi} \exp(x\cos\theta)\mathrm{d}\theta \tag{4-88}$$

$\lambda$ 为非中心参量，

$$\lambda = \left( \frac{AM\cos\phi_0/2}{\sqrt{M\sigma_w^2/2}} \right)^2 + \left( \frac{MA\sin\phi_0/2}{\sqrt{M\sigma_w^2/2}} \right)^2 = \frac{MA^2}{2\sigma_w^2} \tag{4-89}$$

因此，可以求得第 $i(i = i_s, i_s + 1, \cdots, I_s)$ 个短时窗内周期图检测法的正确检测概率为

$$P_d = \Pr\left\{ T_{i,k=k_i}(x) > \gamma; H_1 \right\}$$

$$= \Pr\left\{ \frac{T_{i,k=k_i}(x)}{\sigma_w^2/2} > \frac{\gamma}{\sigma_w^2/2}; H_1 \right\}$$

$$= 1 - \int_0^{\frac{\gamma}{\sigma_w^2/2}} \frac{1}{2}\exp\left[-\frac{1}{2}(x+\lambda)\right] I_0(x)\mathrm{d}x \tag{4-90}$$

### 4.2.3　基于环境自学习的窄带信号检测方法

传统 STFT 检测器在式（4-52）假设条件下为最佳检测器，由式（4-52）所建立的二元假设检验模型可知，传统检测假设检验模型将背景噪声假设为高斯白噪声，而实际低频侦察声呐的背景噪声为有色噪声，且既有连续谱，又有线谱，频谱结构复杂多变。

#### 1. 传统 STFT 检测器存在问题

下面分析实际低频强干扰环境中，传统 STFT 检测器存在的问题。

实际低频强干扰背景下的主动声呐脉冲信号的检测问题可近似建模为以下二元假设检验模型：

$$\begin{cases} H_0 : x(n) = \begin{cases} \mu(n), & n = 0,1,\cdots,n_l-1,N_l,N_l+1,\cdots,N \\ \mu(n)+l(n), & n = n_l,n_l+1,\cdots,n_l+N_l-1 \end{cases} \\ H_1 : x(n) = \begin{cases} c(n), & n = 0,1,\cdots,n_s-1,N_s,N_s+1,\cdots,N \\ s(n)+c(n), & n = n_s,n_s+1,\cdots,n_s+N_s-1 \end{cases} \end{cases} \quad (4\text{-}91)$$

式中，$\mu(n)$ 为背景噪声中的有色连续谱噪声分量；$l(n)$ 为背景噪声中的线谱干扰分量，可建模为矩形窗 CW 脉冲信号；$n_l$ 为 $l(n)$ 的到达时刻；$N_l$ 为 $l(n)$ 的持续时长；$c(n)=\mu(n)+l(n)$ 为有色连续谱和线谱干扰共同构成的有色背景噪声。

对比式（4-91）的 $H_0$ 假设和式（4-52）的 $H_1$ 假设可知，实际主动声呐脉冲信号检验模型无脉冲信号的假设与传统 STFT 检测器检验模型有脉冲信号的假设相同。由此可知，直接利用传统 STFT 检测器对实际强干扰背景下的主动声呐脉冲信号进行检测，虚警概率会很高。由式（4-91）的 $H_1$ 假设可知，实际环境中有色连续谱噪声、线谱干扰与主动声呐脉冲信号同时存在，由于连续谱噪声具有明显的非白特性，直接利用传统 STFT 检测器的检测概率会很低，而线谱干扰的存在，会导致传统 STFT 检测器的虚警概率很高。

由图 4-22 也可以看出，传统谱峰检测器直接搜索谱峰，没有利用主动声呐脉冲信号的谱峰特征，而在单个 STFT 短时窗内低频主动声呐脉冲信号具有窄带特征，利用窄带特征，可以降低检测的虚警概率。

下面针对传统 STFT 检测器存在的上述不足，提出改进方法，以使 STFT 检测器适应强干扰背景下主动声呐脉冲信号的截获检测。

2. 干扰背景噪声来源与特征分析

从抗干扰的角度来分析，要充分利用信号场与干扰场在时、频、空特性上的差异，以便最大限度地获得处理增益，对主动声呐脉冲信号与干扰进行区分识别，所以了解背景噪声的特征非常重要。

对安装于舰艇的水声侦察接收阵而言，影响其检测能力的主要因素为平台自噪声和海洋噪声，这两者共同构成水声侦察的背景噪声。与辐射噪声谱类似，背景噪声谱有两种基本类型：一种是单频噪声（窄带分量），它的频域呈现线谱特征，如图 4-23（a）所示；另一种是连续谱（宽带噪声谱），它是频率的连续函数，如图 4-23（b）所示。水声侦察背景噪声的平均功率谱，在很大的频率范围内，实际上是由这两类噪声混合而成，其表现为若干频率上的窄带线谱和宽带连续谱的叠加，如图 4-23（c）所示[15]。

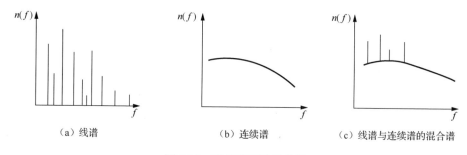

（a）线谱　　　　　　　　（b）连续谱　　　　　　（c）线谱与连续谱的混合谱

图 4-23　背景噪声谱示意图

第 2 章中分析了目标辐射噪声信号特点，对脉冲侦察来讲，平台自噪声的产生源与辐射噪声信号源类似，主要也是由机械噪声、螺旋桨噪声和水动力噪声等组成[15]。从脉冲侦察的角度，对背景噪声的特征进行了如下分析归纳。

（1）从背景噪声的频谱特征上看：背景噪声中既有连续谱，又有线谱，频谱结构复杂多变，且低频背景噪声谱级远大于高频背景噪声，属于典型的非平稳有色噪声；其中连续谱一直存在，直接影响主动声呐脉冲信号的检测概率；而线谱具有脉冲特性，是侦察声呐截获检测虚警的主要来源。

（2）从背景噪声的空间特征上看：背景噪声中的平台噪声与接收阵距离很近，不能再作为远场点源来看待，属于典型的近场体源干扰；背景噪声中的海洋噪声属于各向同性噪声，不具有明显的指向性[53]。

（3）从背景噪声的时域特征上看，由于平台自噪声与本船的运行工况和机械动作有着直接的关系，而本船运行工况和机械动作的改变，在不同时刻具有一定的随机性，因此脉冲式离散谱干扰出现时刻是随机的，不具有规律的周期。

### 3. 基于背景自学习的窄带信号截获检测方法

针对背景干扰影响，结合主动声呐脉冲在 STFT 短时窗内的窄带特征，设计一种强干扰背景特征提取和背景均衡技术，可对有色连续谱进行有效预白化。利用该技术预白化后的低频强干扰背景下的主动声呐脉冲信号的检测问题可近似建模为以下二元假设检验模型：

$$\begin{cases} H_0 : x(n) = w(n), & n = 0,1,\cdots,N-1 \\ H_1 : x(n) = \begin{cases} w(n), & n = 0,1,\cdots,N-1 \\ s'(n) + w(n), & n = n_{s'},n_{s'}+1,\cdots,n_{s'}+N_{s'}-1 \end{cases} \end{cases} \quad (4\text{-}92)$$

式中，$w(n)$ 为均值为 0、方差为 $\sigma_w^2$ 的高斯白噪声；$s'(n) = s(n) + l(n)$，$s(n)$ 为脉冲信号，$l(n)$ 为背景噪声中的线谱干扰分量；$n_{s'}$ 为 $s'(n)$ 的到达时刻；$N_{s'}$ 为 $s'(n)$ 的持续时长。

对比式（4-91）和式（4-92）可知，经过预白化后，背景干扰由有色连续谱噪声与离散谱干扰的叠加转换为白噪声与离散谱干扰的叠加。在式（4-92）的假设检验模型下，白噪声中过检测门限的谱线与线谱干扰成为截获检测虚警的主要来源。对于白噪声中过检测门限的谱线，可以利用其与主动声呐脉冲的不同频谱特征进行剔除，如 STFT 短时窗内的主动声呐脉冲信号具有局部窄带特征，而白噪声的谱线不一定具备窄带特征。但线谱干扰具有和主动声呐脉冲信号相同的瞬时频谱特征，单纯从瞬时频谱特征的角度进行剔除十分困难，但该类线谱干扰的空间特征与时间特征和主动声呐脉冲信号会有所不同。因此在线谱检测时，先将线谱干扰视为信号分量，不对其进行特别处理，而是在线谱检测后送到下一级检测判决，利用其空间特征与时间特征进行剔除。同时为了保证线谱级检测的检测概率，在线谱级采用自适应低门限检测。基于以上处理思想，设计了基于学习的窄带信号截获检测方法。

设背景均衡后的瞬时功率谱记为 $Y(k)$，针对 $Y(k)$ 提取出前 $l_p$ 个最大值，并清除最大谱线左右的 $\omega_N$ 根谱线。将上述过程处理后的 $Y(k)$ 记为 $Y'(k)$。上述处理过程既可保证 $l_p$ 个不同频率信号的跟踪，又可剔除 $Y(k)$ 中的可能信号分量，为利用 $Y'(k)$ 准确估计恒虚警门限 $\gamma$ 提供了保证。

记 $Y'(k)$ 中带内非零离散谱为 $Z(k)$，则门限学习是指求取 $Z(k)$ 的均值。由式（4-75）可知，$Z(k)/(\sigma_w^2/2) \sim \chi_2^2$，而 $\chi_2^2$ 的均值为 2，由此可得

$$E[Z(k)] = \frac{1}{l_z} \sum_{k \in \Omega_z} Z(k) = \sigma_w^2 \quad (4\text{-}93)$$

式中，$\Omega_z$ 为带内非零离散频率序列的集合；$l_z$ 为 $\Omega_z$ 集合内序列点数。由式（4-93）

可知，$Z(k)$ 的均值与时域噪声方差相等。设定短时窗线谱检测的虚警概率为 $P_f$，则由式（4-78）得恒虚警门限 $\gamma$ 为

$$\gamma = \frac{1}{l_z} \ln\left[\frac{1}{1-(1-P_f)^{k_b}}\right] \sum_{k \in \Omega_z} Z(k) \tag{4-94}$$

实际检测过程中，为了降低检测的虚警概率，一方面可根据侦察性能要求设计绝对幅度（或功率）门限，另一方面可利用恒虚警概率和主动声呐脉冲窄带特征的要求设计相对（信噪比）门限。基于上述判决思想，采用绝对门限和相对门限相结合的方式对线谱进行综合判决，即

$$\begin{cases} P_i(k_m) > V_{\text{th}} & (1) \\ Y_i(k_m) > \max(\gamma, \eta) & (2) \end{cases} \quad m = 1, 2, \cdots, l_p \tag{4-95}$$

式中，条件（1）的 $V_{\text{th}}$ 为绝对功率门限，用于控制脉冲信号检测的最小功率值，$V_{\text{th}}$ 可根据指标要求的最小灵敏度或侦察声呐的作用距离估算；条件（2）的 $\gamma$ 根据设定的恒虚警概率，可由式（4-94）计算得到，$\eta$ 用于判断谱线的窄带特征。

下面分析如何设计门限 $\eta$，首先进行如式（4-96）所示的归一化处理：

$$Y_i(k_m) = \frac{P_i(k_m)}{\dfrac{1}{\omega_E} \sum_{m \in \Omega_s(k_m)} P_i(m)} \tag{4-96}$$

由式（4-75）可知，在 $H_0$ 的假设条件下有 $P_i(m)/(\sigma_w^2/2) \sim \chi_2^2$，且对于不同的离散谱 $P_i(m)$，$m = k_1, k_1+1, \cdots, k_h$ 是相互独立的，由此可知：

$$\frac{1}{\omega_E} \sum_{m \in \Omega_s(k_m)} \frac{P_i(m)}{\sigma_w^2/2} \sim \chi_{2\omega_E}^2 \tag{4-97}$$

式中，$\chi_{2\omega_E}^2$ 为自由度为 $2\omega_E$ 的中心化卡方分布。由此可得

$$Y_i(k_m) = \frac{P_i(k_m)}{\dfrac{1}{\omega_E} \sum_{m \in \Omega_s(k_m)} P_i(m)} = \frac{\dfrac{1}{2} \dfrac{P_i(k_m)}{\sigma_w^2/2}}{\dfrac{1}{2\omega_E} \sum_{m \in \Omega_s(k_m)} \dfrac{P_i(m)}{\sigma_w^2/2}} \sim F(2, 2\omega_E) \tag{4-98}$$

式中，$F(2, 2\omega_E)$ 为中心化 F 分布，其分子的自由度为 $\nu_1 = 2$，分母的自由度为 $\nu_2 = 2\omega_E$。$F(2, 2\omega_E)$ 的概率密度函数为

$$p(x) = \begin{cases} \dfrac{1}{\omega_E B(1, \omega_E)} \dfrac{1}{(1 + x/\omega_E)^{1+\omega_E}}, & x > 0 \\ 0, & x \leqslant 0 \end{cases} \tag{4-99}$$

式中，$B(\mu,\nu)$ 为 $\beta$ 函数。设在 $H_0$ 假设条件下 $Y_i(k_m) > \eta$ 的概率为 $P_\eta$，即

$$P_\eta = \Pr\{Y_i(k_m) > \eta; H_0\} = 1 - \Pr\{Y_i(k_m) < \eta; H_0\}$$

$$= 1 - \int_0^\eta \frac{1}{\omega_E B(1,\omega_E)} \frac{1}{(1 + x/\omega_E)^{1+\omega_E}} \mathrm{d}x \qquad (4\text{-}100)$$

利用数值求解法对式（4-100）解算即可求得门限 $\eta$。

　　下面通过仿真信号进行分析验证。信号数学模型为

$$x(n) = s(n) + w_c(n) \qquad (4\text{-}101)$$

式中，$w_c(n)$ 为有色噪声，其功率谱可用 $f_p$、$f_m$ 和 $k$ 三个参数描述，且可利用 12 阶自回归（autoregressive，AR）模型仿真产生，使用的三个参数值分别为 $f_p = 80\,\mathrm{Hz}$，$f_m = 44\,\mathrm{Hz}$，$k = 0$，信噪比的定义为 $\mathrm{SNR} = 10\log\left(A^2/2\sigma_\mu^2\right)$，其中 $A$ 为信号幅度，信噪比设为-12dB。

　　第一组仿真实验对单个 CW 脉冲信号进行背景均衡，并对每一短时窗内的瞬时功率谱进行线谱检测。仿真 CW 脉冲信号脉宽为 2s，中心频率为310Hz，STFT 短时窗个数为 43。背景均衡前、后的对比时频图如图 4-24（a）、（b）所示，图（c）为背景均衡前、后单帧相对瞬时功率谱（相对 100Hz）对比图，图（d）为背景均衡前、后峰值频率对比图。对比图（a）、（b）可以发现，背景均衡后的时频对数，脉冲信号十分清晰，背景分布均匀。由图（c）可以看出，均衡后的信号谱线对数幅度远大于均衡前谱线的对数幅度，均衡后功率谱分布均匀。由图（d）可以看出，均衡后峰值正确检测概率（正确检测概率为 1）明显大于均衡前的正确检测概率（正确检测概率为30/43）。

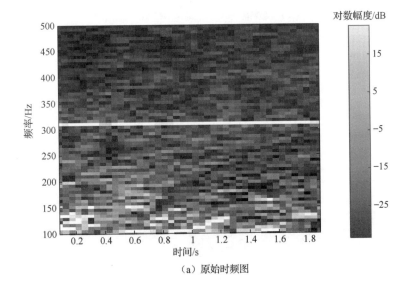

（a）原始时频图

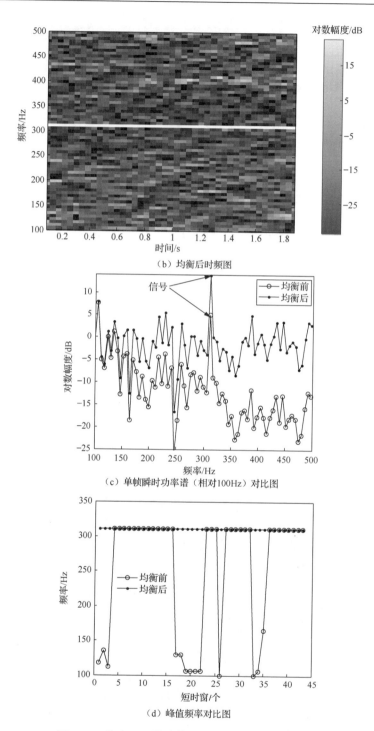

（b）均衡后时频图

（c）单帧瞬时功率谱（相对100Hz）对比图

（d）峰值频率对比图

图 4-24　单个 CW 脉冲信号背景均衡前、后对比图

第二组仿真实验对单个 LFM 脉冲信号进行背景均衡，并对每一短时窗内的瞬时功率谱进行线谱检测。仿真 LFM 脉冲信号脉宽为 3s，起始频率为 255Hz，终止频率为 335Hz，STFT 短时窗个数为 67。背景均衡前、后对比时频图如图 4-25（a）、（b）所示，图（c）为背景均衡前、后单帧相对瞬时功率谱（相对 100Hz）对比图，图（d）为背景均衡前、后峰值频率对比图。类似于 CW 脉冲信号的处理结果，背景均衡后 LFM 信号的时频图中，脉冲信号十分清晰，背景分布均匀，均衡后的信号谱线对数幅度远大于均衡前谱线的对数幅度，且均衡后的峰值正确检测概率（正确检测概率为 1）明显大于均衡前的正确检测概率（正确检测概率为 44/67）。

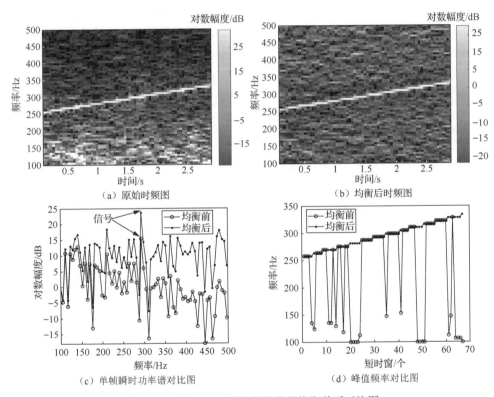

图 4-25　单个 LFM 脉冲信号背景均衡前后对比图

## 4.3　脉冲信号类型辨识与参数估计方法

对于侦察处理，在捕获到信号后还希望获得脉冲信号的精细参数。由第 2 章分析可知，表征 CW 脉冲信号的两个基本参数是频率和脉宽，表征 LFM 脉冲信号频率特性的基本参数是起止频率和调制率，表征 HFM 脉冲信号频率特性的基本参数是起止频率和周期斜率。如果能够估出调制率、起止频率等特征参数，则可以用于信号类型辨识。瞬时频率曲线基本包含了这三类信号的各项参数信息，因此有效提取脉冲信号的时频特征曲线对于信号类型辨识与参数估计具有重要意义，本节在此基础上进一步讨论时频曲线估计存在误差下的类型辨识方法。

### 4.3.1　时频图像去噪方法

水声脉冲信号的时频分布实际上可看作数字图像。而由于在实际的海洋环境中，受到水声脉冲信号远距离以及海洋背景噪声的影响，水声脉冲信号的时频图像会呈现出很强的噪声干扰。4.1 节中的时频分析方法对部分海洋背景噪声有一定抑制能力，要实现更优的特征提取性能，还需要进一步对时频图像进行降噪处理。

定义 $Y$ 为受噪声影响后的时频图像信号，$X$ 为原始的干净的时频图像信号，$N$ 为海洋背景噪声。为简化起见，将海洋背景噪声视为加性噪声，则图像噪声模型可以表示为

$$Y = X + N \tag{4-102}$$

好的图像去噪算法可以从时频图像 $Y$ 中去除海洋背景噪声 $N$ 的同时保留信号项，从而使去噪之后的时频图像尽可能地接近于 $X$。

一般来说，一幅图像的大部分有效信息集中在低频部分，而噪声部分分布在高频。所以较为经典的图像去噪方法是将待去噪的图像信号投影到频域中，在频域中对噪声和信号进行分离。但是对时频图像来说，其边缘等关键信息在频域中同样分布于高频部分，所以时频图像投影到频域中，其噪声和信号并不是完全分离的，采用去除时频图像高频部分的方法会对时频图像有用信息带来损失。

如何在去除时频图像噪声的同时有效地保留时频图像中信号的边缘等特征成为时频去噪的关注重点。本节首先介绍了一种加权中值滤波的方法来对脉冲信号的时频图像进行去噪处理，并重点研究了一种基于背景均衡和自适应稀疏表示相结合的时频图像去噪方法。关于过完备字典，介绍了离散余弦变换（discrete cosine transform, DCT）过完备字典以及 $K$ 均值奇异值分解（$K$-means singular value decomposition, $K$-SVD）字典学习算法。最后进行了仿真实验以及实验结果分析。

1. 图像质量评价

质量评价一般用于评价图像去噪算法的质量。最常用的量化指标有两个：一个是计算图像的均方误差（mean square error, MSE），进而计算图像的峰值信噪比（peak signal to noise ratio, PSNR）；另一个是计算图像的信噪比（signal to noise ratio,

SNR)[54]。假设原始图像为 $f(m,n)$，其受到噪声污染后的图像为 $f'(m,n)$，根据 $f'(m,n)$ 按照某种算法进行去噪后的图像为 $\hat{f}(m,n)$。

SNR 以分贝（dB）为计量单位，其计算公式为

$$\mathrm{SNR}=10\lg\left[\frac{\sum\limits_{m=1}^{M}\sum\limits_{n=1}^{N}\left[f(m,n)\right]^2}{\sum\limits_{m=1}^{M}\sum\limits_{n=1}^{N}\left[f(m,n)-\hat{f}(m,n)\right]^2}\right] \qquad (4\text{-}103)$$

式中，$M$ 和 $N$ 分别为图像在横轴和纵轴的像素点数。

PSNR 的计算公式为

$$\mathrm{PSNR}=10\lg\frac{(\mathrm{peak})^2}{\mathrm{MSE}} \qquad (4\text{-}104)$$

式中，peak 是 $\hat{f}(m,n)$ 的峰值；MSE 定义为

$$\mathrm{MSE}=\frac{1}{MN}\sum_{m=1}^{M}\sum_{n=1}^{N}\left|\hat{f}(m,n)-f(m,n)\right|^2 \qquad (4\text{-}105)$$

SNR 反映图像自身的信噪比，PSNR 反映原图像与去噪处理后的图像之间的相似度。在水声脉冲信号时频图像的去噪中，通过对比原时频图像与去噪处理后的时频图像之间的相似度就可以展示去噪效果，后续使用 PSNR 这个指标作为图像质量评价的标准。

2. 加权中值滤波

对水声脉冲信号的时频图像来说，其边缘等关键信息在频域中同样分布于高频部分。所以脉冲信号的时频图像的去噪不适合采用平滑线性滤波器。下面采用非线性数字滤波器来对脉冲信号的时频图像进行去噪。

中值滤波器是一种非线性数字滤波器，通常用于去除图像或信号中的噪声。中值滤波器是一种基于排序统计理论的能有效抑制噪声的非线性平滑滤波信号处理技术。通过一个滑动窗对图像像素点进行处理，一个滑动窗口内的所有像素根据灰度值的大小进行排序，用其中值作为窗口中心像素的灰度值，其在抑制随机噪声的同时能有效保护边缘信息。中值滤波可以定义为

$$g(x,y)=\mathrm{median}\{f(x-i,y-j)\},\quad (i,j)\in W \qquad (4\text{-}106)$$

式中，$W$ 为模板窗口；$g(x,y)$ 为输出；$f(x-i,y-j)$ 为输入。

在水声脉冲信号的时频图像中，信号的能量较为集中。为了避免过滤掉真正

的信号分量，采用加权中值滤波的方法进行处理。与中值滤波的差异是取一个局部窗口内所有像素的加权中值来作为窗口中心像素的灰度值[55]。其定义为

$$g(x,y) = \text{median}\{f(x',y')\boldsymbol{W}(x',y')\} \tag{4-107}$$

式中，$g(x,y)$ 代表输出；$f(x',y')$ 代表图像以 $(x,y)$ 为中心的窗口像素输入。

在本节中，设加权中值滤波的局部窗口大小为 $3\times3$，其定义如下：

$$\boldsymbol{W} = \begin{bmatrix} 1 & 1 & 1 \\ 1 & 4 & 1 \\ 1 & 1 & 1 \end{bmatrix} \tag{4-108}$$

**3. 基于时频分布的背景均衡方法**

对加权中值滤波来说，其去噪的效果和滑动窗口的尺寸紧密相关。尺寸小有利于图像细节保护，但去噪能力受限；反之尺寸大，可提升去噪效果，但会带来细节受损的问题。

为了兼顾去噪与细节保护效果，可采用一种基于背景均衡和自适应稀疏表示相结合的海洋背景噪声去除方法。其主要依据是：包含海洋背景噪声的时频图像可以看作是由无噪声干扰的时频图像和海洋背景噪声图像合成的。无噪声干扰的时频图像可以被认为是可稀疏的，即能通过有限个原子来表示，而海洋背景噪声虽然具有明显的非白特性，但是在经过背景均衡后，海洋背景噪声可以被近似转化为随机的高斯白噪声，而随机的高斯白噪声是不可稀疏的，即其无法通过有限的原子来表示。因此可以对含噪声的时频图像进行稀疏表示，然后再用稀疏表示去重构图像。在这个过程中，噪声被认为是重构图像与含噪图像之间的残差而被丢弃。通过这种方法，可以去除时频图像中的噪声。

由海洋环境噪声和承载平台自噪声构成的海洋背景噪声在低频段具有明显的非白特征，即是明显的有色连续谱。而使用稀疏表示的方法对时频图像进行去噪的前提是噪声可以近似为随机的白噪声。所以首先要对时频图像进行白化，即频域背景均衡。

对一维功率谱信号来说，拟合是一种较为可靠的背景均衡方法。下面使用多项式拟合这一方法来对信号功率谱进行背景均衡[56]。

多项式拟合是一个线性模型，$M$ 阶的多项式拟合结果可以表述如下：

$$p(x,\boldsymbol{w}) = \sum_{i=0}^{M} w_i x^i \tag{4-109}$$

式中，$M$ 是多项式的阶数；$x^i$ 是 $x$ 的 $i$ 次幂；$w_i$ 是 $x^i$ 的系数；$p(x,w)$ 是该 $M$ 阶模型在 $x$ 点集拟合出的值。

假设输入数据点集为 $(x_i',y_i')$，$i=0,1,\cdots,K$，则一维功率谱信号的点集个数为 $K+1$。输出的拟合结果为

$$p(\boldsymbol{x},\boldsymbol{w})=[p(x_0,\boldsymbol{w}),p(x_1,\boldsymbol{w}),\cdots,p(x_K,\boldsymbol{w})]=[\sum_{i=0}^{M}w_ix_0^i,\sum_{i=0}^{M}w_ix_1^i,\cdots,\sum_{i=0}^{M}w_ix_K^i] \quad (4\text{-}110)$$

式中，$\boldsymbol{x}=[x_0,x_1,\cdots,x_K]$；多项式系数 $\boldsymbol{w}=[w_0,w_1,\cdots,w_K]^{\mathrm{T}}$。那么拟合结果同所给数据点 $(x_i,y_i)$ 之间的误差为

$$e_i=p(x_i,\boldsymbol{w})-y_i \quad (4\text{-}111)$$

进一步，可以得到整体上的数据误差为

$$\boldsymbol{I}=\boldsymbol{e}^{\mathrm{T}}\boldsymbol{e}=\sum_{i=0}^{K}e_i^2=\sum_{i=0}^{K}\left[p(x_i,\boldsymbol{w})-y_i\right]^2=\sum_{i=0}^{K}\left(\sum_{j=0}^{M}w_jx_i^j-y_i\right)^2 \quad (4\text{-}112)$$

式中，$\boldsymbol{e}$ 为误差量，其表示为 $\boldsymbol{e}=[e_0,e_1,\cdots,e_K]^{\mathrm{T}}$；$\boldsymbol{I}$ 为整体上的数据误差。

为了使得整体的误差最小，对整体上的数据误差取极值，得

$$\frac{\partial\boldsymbol{I}}{\partial w_k}=2\sum_{i=0}^{K}\left(\sum_{j=0}^{M}w_jx_i^j-y_i\right)x_i^k=0,\quad k=0,1,\cdots,M \quad (4\text{-}113)$$

对式（4-113）进行整理可得

$$\sum_{i=0}^{K}\left(\sum_{j=0}^{M}x_i^{j+k}\right)w_j=\sum_{i=0}^{K}x_i^ky_i,\quad k=0,1,\cdots,M \quad (4\text{-}114)$$

由于式（4-114）系数矩阵为一正定矩阵，因此方程组存在唯一解 $\boldsymbol{w}$，由 $\boldsymbol{w}$ 可以求得拟合结果为

$$p(x_i)=\sum_{j=0}^{M}w_jx_i^j,\quad i=0,1,\cdots,K \quad (4\text{-}115)$$

图 4-26 为海洋背景噪声功率谱多项式拟合结果，可以看出多项式拟合方法可以有效地估计出海洋背景噪声的变化趋势。图 4-27 为均衡处理后的海洋背景噪声功率谱，可以看出，经过白化后，海洋背景噪声在频域已经可以近似为白化信号。

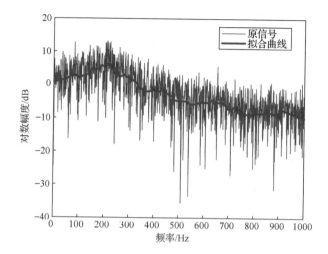

图 4-26　海洋背景噪声功率谱多项式拟合结果

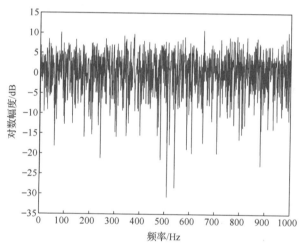

图 4-27　白化后的海洋背景噪声功率谱

多项式拟合方法同样可以用于二维时频分布 $\rho_z(t,f)$ 的背景均衡。

定义时频分布 $\rho_z(t,f)$ 的离散形式为 $\rho_z(t_k,f_k)$，其中 $k=1,2,\cdots,K$。对 $\rho_z(t_k,f_k)$ 取时间切片，即固定时间为 $t_l$，其中 $1\leqslant l\leqslant K$。这样，多项式拟合的方法可以对 $t_l$ 时刻的一维功率谱信号 $\rho_z(t_l,f_k)$ 进行背景均衡。按此类推，可以对时频分布 $\rho_z(t,f)$ 依次取从 $t_l$ 到 $t_K$ 的时间切片，然后对其进行背景均衡，最后可以得到时频分布 $\rho_z(t_k,f_k)$ 的均衡背景 $\rho_B(t_k,f_k)$，则白化后的时频分布的定义为

$$\rho_w(t_k,f_k)=\rho_z(t_k,f_k)-\rho_B(t_k,f_k) \tag{4-116}$$

由图 4-28 可以看出，海洋背景噪声表现出明显的非白特性。图 4-29 显示了运用上述时频分布的背景均衡算法后得到的去白化的水声脉冲信号时频图。从图中可以看出，时频图像中的非白海洋背景噪声得到了有效的抑制。

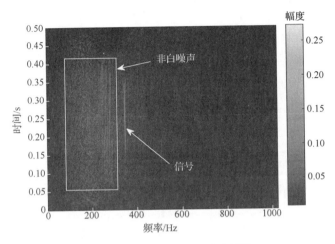

图 4-28　水声脉冲信号时频图

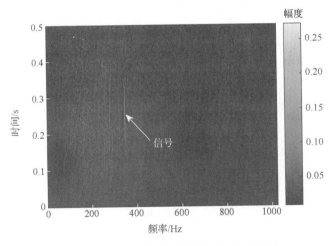

图 4-29　去白化后的水声脉冲信号时频图

### 4. 时频图像的自适应稀疏表示

首先来讨论小块时频图像的稀疏模型。

对完整的受噪声干扰的时频图像 $Y$ 进行分块处理，将其分为多个 $\sqrt{n} \times \sqrt{n}$ 的小块图像，其中 $\sqrt{n}$ 为小块图像的边长。并将其重新排序为矢量 $y$。定义一个过完

备字典 $D \in R^{n \times k}$ ，其中 $n < k$ ， $k$ 为字典的列数。在字典 $D$ 已知的情况下，每一个小块图像 $y$ 可以基于字典 $D$ 的稀疏表示模型近似表示[57]：

$$\hat{a} = \arg\min_{\alpha} \|\alpha\|_0 , \text{约束条件为} D\alpha \approx y \qquad (4\text{-}117)$$

式中， $\hat{a}$ 代表最优的稀疏表示矢量； $\alpha$ 代表小块图像 $y$ 在过完备字典 $D$ 上的稀疏表示； $\|\cdot\|_0$ 代表 0 范数。式（4-117）的含义为：在使过完备字典 $D$ 中几个列（原子）的线性组合可以近似表示小块图像 $y$ 的前提下使 $\alpha$ 尽量稀疏。

为了简化上述模型，将误差约束表示为 $\|D\alpha - y\|_2^2 \le \varepsilon$ ，将 $\alpha$ 的稀疏度限制为 $\|\hat{a}\|_0 \le L \le n$ ，其中 $L$ 代表 $\alpha$ 的最大稀疏度。这样就定义了一个三元组 $(\varepsilon, L, D)$ 。根据贝叶斯最大后验估计准则，可以得到：

$$\hat{a} = \arg\min_{\alpha} \|\alpha\|_0 , \text{约束条件为} \|D\alpha - y\|_2^2 \le T \qquad (4\text{-}118)$$

式中， $T$ 的大小取决于 $\varepsilon$ 和 $\sigma$ 。从式（4-117）和式（4-118）可以看出，干净的图像 $x$ 可以在某个过完备字典下有很精确的稀疏表示，而受噪声干扰后的图像 $y$ 中的噪声不是图像中的稀疏成分，通过估计图像中干净的部分在过完备字典上的稀疏表示系数来恢复干净的图像。

为了更易理解，将式（4-118）的形式变换为[57]

$$\hat{a} = \arg\min_{\alpha} \|D\alpha - y\|_2^2 + \mu \|\alpha\|_0 \qquad (4\text{-}119)$$

式中， $\mu$ 为惩罚因子。

下面讨论在贝叶斯重建框架下，通过局部稀疏性和冗余性与全局贝叶斯估计的结合，将局部先验信息转化为全局先验信息。

对完整的含噪时频图 $Y$ 来说，其大小为 $\sqrt{N} \times \sqrt{N} (N \gg n)$ （其中 $\sqrt{N}$ 为完整图像的边长）。可以对这个时频图 $Y$ 使用上面描述的模型，这时需要定义一个尺寸很大的字典 $D$ 。但是，比完整的时频图 $Y$ 的尺寸还大的字典难以克服的缺点为：大的字典会使整个稀疏表示的求解变得复杂，且无法很好地表示图像的局部特征。那么，为了用小字典来处理完整的图像，本节采用重叠的方式将完整的图像进行分块，如果完整图像的大小为 $\sqrt{N} \times \sqrt{N}$ ，小字典的大小为 $\sqrt{n} \times \sqrt{n}$ ，则总共可以得到 $\left(\sqrt{N} - \sqrt{n} + 1\right)^2$ 个小图像块。在处理完合并时，可以将重叠的部分进行平均处理。

完整的时频图 $Y$ 的每一个图像分块都满足 $(\varepsilon, L, D)$ 稀疏模型。那么完整的时频图 $Y$ 的稀疏表示模型可以由式（4-119）得到[57]：

$$\{\hat{a}_{ij}, \hat{X}\} = \arg\min_{\alpha_{ij}, Y} \lambda \|X - Y\|_2^2 + \sum_{ij} \mu_{ij} \|\alpha_{ij}\|_0 + \sum_{ij} \mu_{ij} \|D\alpha_{ij} - R_{ij}X\|_2^2 \qquad (4\text{-}120)$$

式中，$R_{ij}$ 为分割图像的矩阵。上述模型中，等式右边第一项表示含噪声图像 $Y$ 和干净图像 $X$ 之间的相似程度；第二项表示所有小图像的稀疏性约束之和；第三项表示所有的由稀疏表示重构的近似小图像与干净的小图像之差的和。

为了求解式（4-120），假设字典 $D$ 是已知的，然后使用块协调最小化算法来分别求解 $\hat{\alpha}_{ij}$ 和 $\hat{X}$。

首先，令 $Y = X$，对于每一个小图像块，有

$$\hat{\alpha}_{ij} = \arg\min_{\alpha} \mu_{ij} \|\alpha_{ij}\|_0 + \|D\alpha_{ij} - R_{ij}X\|_2^2 \qquad (4\text{-}121)$$

这里，本节使用正交匹配追踪（orthogonal matching pursuit, OMP）这一稀疏分解算法来计算 $\hat{\alpha}_{ij}$，当误差 $\|D\alpha_{ij} - R_{ij}X\|_2^2$ 小于 $T$ 的时候停止迭代。当所有的小图像的 $\hat{\alpha}_{ij}$ 都计算完毕后，通过式（4-120）求解 $\hat{X}$。

$$\hat{X} = \arg\min_{X} \lambda\|X - Y\|_2^2 + \sum_{ij} \mu_{ij} \|D\hat{\alpha}_{ij} - R_{ij}X\|_2^2 \qquad (4\text{-}122)$$

对式（4-122）求解，得到其近似解为

$$\hat{X} = \left(\lambda I + \sum_{ij} R_{ij}^{\mathrm{T}} R_{ij}\right)^{-1} \left(\lambda Y + \sum_{ij} R_{ij}^{\mathrm{T}} D\hat{\alpha}_{ij}\right) \qquad (4\text{-}123)$$

1）DCT 过完备字典设计

在求解式（4-120）时，假设字典 $D$ 是已知的。字典 $D$ 可以是固定的正交字典，可以选择 DCT 域中的正交基作为字典。

DCT 即离散余弦变换，二维 DCT 的公式为

$$F(u,v) = c(u)c(v) \sum_{i=0}^{M-1} \sum_{j=0}^{N-1} f(i,j)\cos\left[\frac{(i+0.5)\pi}{M}u\right]\cos\left[\frac{(j+0.5)\pi}{N}v\right] \quad (4\text{-}124)$$

式中，$u = 0,1,\cdots,M-1$；$v = 0,1,\cdots,N-1$

$$c(u) = \begin{cases} \dfrac{1}{\sqrt{M}}, & u = 0 \\ \dfrac{\sqrt{2}}{\sqrt{M}}, & u \neq 0 \end{cases}, \quad c(v) = \begin{cases} \dfrac{1}{\sqrt{N}}, & v = 0 \\ \dfrac{\sqrt{2}}{\sqrt{N}}, & v \neq 0 \end{cases} \qquad (4\text{-}125)$$

当 $M = N$ 时，式（4-124）可以表示为矩阵形式：

$$F = AfA^{\mathrm{T}} \qquad (4\text{-}126)$$

式中，$A(i,j) = c(i)\cos\left[(j+0.5)\pi i / N\right]$；$f$ 为图像矩阵。

DCT 完备字典就是对图像 $f$ 进行 DCT 时所采用的变换矩阵 $A$。因为矩阵 $A$ 为一个方阵，所以得到的 DCT 字典是一个完备字典。

对于 DCT 后得到的完备字典，采用升采样和调制的方法将其扩展为过完备字

典，即将得到的 DCT 完备字典对其频率上做更加密集的遍历和抽样，再乘以各种余弦进行调制，从而获得一个新的过完备字典[58]。

2）基于 $K$-SVD 算法的字典训练

传统的小波变换，如 DCT 等，都是使用固定正交字典，这种字典和图像本身的统计特性没有关联，因此其表示的稀疏性往往得不到保证，由于学习的字典提取的数据特征依赖原始数据的统计特征，因此在表示的时候，其稀疏性远远优于固定字典。

DCT 字典是一种固定字典，其字典的结构单一，作为稀疏字典时去噪速度快。但是，其没有结合图像的自身特征，所以其去噪效果有限。而基于 $K$-SVD 算法得到的学习型字典能更好地表示图像的特征。利用该字典对图像进行稀疏分解，可以更好地滤除噪声。

本节选择 $K$-SVD 算法作为字典学习算法。$K$-SVD 算法可以基于需要处理的含噪图像本身来进行字典学习，从而得到每幅图像独有的自适应字典[59]。

将图像训练集定义为 $\boldsymbol{Z} = \left\{ \boldsymbol{x}_i \right\}_{i=1}^M$，其中 $M$ 的值为 $\left( \sqrt{N} - \sqrt{n} + 1 \right)^2$。假设所有的小图像都满足 $(\varepsilon, L, \boldsymbol{D})$ 这一稀疏模型。由于现在字典 $\boldsymbol{D}$ 是未知的，所以可以重新将问题定义为

$$\left\{ \hat{\boldsymbol{D}}, \hat{\boldsymbol{a}}_{ij}, \hat{\boldsymbol{X}} \right\} = \underset{\hat{\boldsymbol{D}}, \boldsymbol{a}_{ij}, \boldsymbol{Y}}{\arg\min} \lambda \left\| \boldsymbol{X} - \boldsymbol{Y} \right\|_2^2 + \sum_{ij} \mu_{ij} \left\| \boldsymbol{a}_{ij} \right\|_0 + \sum_{ij} \mu_{ij} \left\| \boldsymbol{D}\boldsymbol{a}_{ij} - \boldsymbol{R}_{ij}\boldsymbol{X} \right\|_2^2 \quad (4\text{-}127)$$

为了求解这一问题，可以将 $\hat{\boldsymbol{D}}$ 和 $\hat{\boldsymbol{X}}$ 固定，然后利用 OMP 算法来求解 $\hat{\boldsymbol{a}}_{ij}$，然后再来更新字典 $\hat{\boldsymbol{D}}$。

$K$-SVD 算法包括如下步骤[59]。

首先令 $\boldsymbol{X} = \boldsymbol{Y}$，将字典 $\boldsymbol{D}$ 初始化为一个过完备的 DCT 字典。

用 OMP 算法对图像训练集 $\boldsymbol{Z} = \left\{ \boldsymbol{y}_i \right\}_{i=1}^M$ 的每一个小图像进行稀疏编码，求解出 $\boldsymbol{a}_i$。

$$\forall i \min_{\boldsymbol{a}_i} \left\| \boldsymbol{a}_i \right\|_0, \text{约束条件为} \left\| z_i - \boldsymbol{D}\boldsymbol{a}_i \right\|_2^2 \leqslant (C\sigma)^2 \quad (4\text{-}128)$$

式中，$C$ 为噪声增益。

对字典 $\boldsymbol{D}$ 的每一列 $l = 1, 2, \cdots, k$ 依次进行更新。

找出所有满足稀疏表示值不为 0，即 $u_l = \left\{ (i, j) \mid a_{ij}(l) \neq 0 \right\}$ 的小图像块 $\boldsymbol{R}_{ij}\boldsymbol{X}$。

对于所有的 $(i, j) \in u_l$，计算系数重构后的图像块与原小图像块的残差：

$$e_{ij}^l = \boldsymbol{R}_{ij}\boldsymbol{X} - \sum_{m \neq l} d_m a_{ij}(m) \quad (4\text{-}129)$$

定义残差矩阵 $\boldsymbol{E}_l$，其每列的元素为 $\left\{ e_{ij}^l \right\}_{i,j \in u_l}$。对残差矩阵 $\boldsymbol{E}_l$ 进行奇异值分解，即 $\boldsymbol{E}_l = \boldsymbol{U} \boldsymbol{\Delta} \boldsymbol{V}^{\mathrm{T}}$。选择矩阵 $\boldsymbol{U}$ 的首列更新字典中的第 $l$ 列，稀疏系数 $\left\{ a_{ij}(l) \right\}_{(i,j) \in u_l}$ 更

新为 $\boldsymbol{\Delta}(1,1)$ 乘以 $\boldsymbol{V}$ 的第一列。得到的去噪图像为

$$\hat{\boldsymbol{X}} = \left( \lambda \boldsymbol{I} + \sum_{ij} \boldsymbol{R}_{ij}^{\mathrm{T}} \boldsymbol{R}_{ij} \right)^{-1} \left( \lambda \boldsymbol{Y} + \sum_{ij} \boldsymbol{R}_{ij}^{\mathrm{T}} \boldsymbol{D} \hat{a}_{ij} \right) \qquad (4\text{-}130)$$

相比较于 DCT 过完备字典，得到自适应 $K$-SVD 字典的运算复杂度较高。但是自适应 $K$-SVD 字典可以更好地来表示待去噪时频图像的特征，使得基于 $K$-SVD 过完备字典的稀疏表示方法的去噪效果更佳。

模拟一个频率 360Hz、脉宽 0.5s 的单频脉冲信号 $s(t)$，叠加海洋背景噪声，采用 WVD 来对信号进行时频分析。图 4-30 为叠加海洋背景噪声前后的时频图。

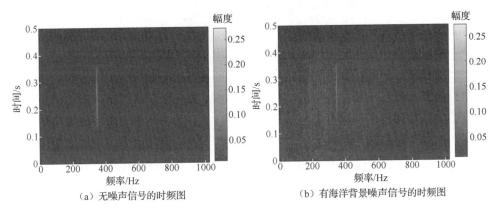

（a）无噪声信号的时频图　　　　　　　（b）有海洋背景噪声信号的时频图

图 4-30　叠加海洋背景噪声前后的时频图

利用 4.3.1 节介绍的加权中值滤波的方法来对信号 $s(t)$ 的时频图像进行去噪处理，去噪之后的结果如图 4-31 所示。

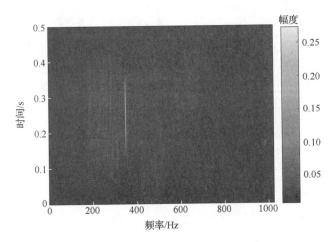

图 4-31　加权中值滤波后的时频图

利用 4.3.1 节研究的时频分布的背景均衡方法来对信号 $s(t)$ 的时频图像进行均衡，均衡之后的结果如图 4-32 所示。

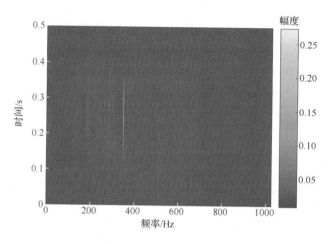

图 4-32　均衡之后的时频图

图 4-33 表示的是由小字典拼接而成的 DCT 过完备字典和自适应 $K$-SVD 字典，其中自适应 $K$-SVD 字典是从包含海洋背景噪声的时频图像本身获取训练样本，从而进行字典学习而获得的自适应字典。本节将过完备字典的原子大小转变为 8×8 的像素大小来显示。

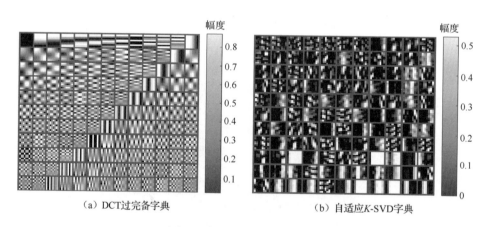

（a）DCT过完备字典　　　　　　　　　（b）自适应$K$-SVD字典

图 4-33　过完备字典

图 4-34 表示的是分别使用 DCT 过完备字典去噪、自适应 $K$-SVD 字典对含海洋背景噪声进行去噪处理的结果。可以看出，相比较于 DCT 过完备字典，自适应

*K*-SVD 字典在保留信号时频图边缘特征方面性能更好。另外，由图 4-31、图 4-34 可知，加权中值滤波方法虽然在保留信号时频图的边缘特征方面性能良好，但在海洋背景噪声抑制方面，自适应 *K*-SVD 字典去噪方法更优。表 4-5 给出了时频图像去噪后的 PSNR 值。可以看出，总体上自适应 *K*-SVD 字典与背景均衡相结合的方法在对含海洋背景噪声的时频图像进行去噪处理的性能更优。

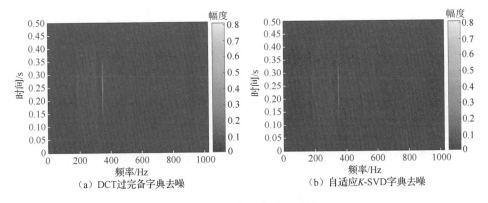

（a）DCT 过完备字典去噪　　　　　　　　　（b）自适应 *K*-SVD 字典去噪

图 4-34　时频图像去噪结果

**表 4-5　时频图像去噪后的 PSNR 值**　　　　　　　单位：dB

| | PSNR 指标 | | |
| --- | --- | --- | --- |
| 含噪图像 | 加权中值滤波 | 基于 DCT 过完备字典的背景均衡 | 基于自适应 *K*-SVD 字典的背景均衡 |
| 20 | 30.9 | 32.1 | 31.8 |
| 25 | 33.2 | 35.2 | 36.3 |
| 30 | 37.9 | 38.3 | 39.8 |
| 35 | 40.5 | 42.1 | 43.2 |

## 4.3.2　脉冲信号时频特征提取方法

瞬时频率曲线的提取方法包括提取能量脊线算法[60]、霍夫变换和时频分布相结合方法[61]、分解法[62]、盲源分离算法[63]等。本节首先介绍基于能量脊线的瞬时频率提取方法；然后，给出一种基于盲源分离的瞬时频率提取算法，该算法可以实现信号子分量的合并与分类，有效改善海洋信道传播导致的水声脉冲信号时频分布中瞬时频率曲线中断问题。此外，为了降低多径传播以及非白背景噪声带来的频率展宽及信号畸变影响，本节还给出一种基于邻域集的连接算法，其从图像连接的角度来重建信号的瞬时频率曲线。最后，基于所提算法进行了仿真与实测数据分析。

**1. 基于能量脊线的瞬时频率曲线提取算法**

如果一个水声脉冲信号的时频分布的时频分辨率高（能量聚集好），且受海洋背景噪声和交叉项的影响较小，那么这个时频分布的能量脊线就可以近似看作此脉冲信号的瞬时频率曲线，所以可以通过提取时频分布的能量脊线来估计出它的近似瞬时频率。

假设截获水声脉冲信号的时频分布为 $\rho_z(t,f)$，则 $\rho_z(t,f)$ 的峰值点为在满足 $\dfrac{\partial^2\left|\rho_z(t,f)\right|^2}{\partial t\partial f}=0$ 条件时的时间和频率值。

设置一个门限 $\sigma$，从 $t-t_0$ 开始，依次向时间增大和时间减小的方向进行搜索，在每一时刻找到其峰值点所对应的时频坐标 $(t_0',f_0')$。搜索过程的停止条件为

$$P_0'>\sigma_1 P_0 \tag{4-131}$$

式中，$P_0$ 为峰值点 $(t_0,f_0)$ 所对应的幅值；$P_0'$ 为进行时间搜索时的峰值点 $(t_0',f_0')$ 所对应的幅值。设置门限 $\sigma$ 为 0.707，即半功率点。

对于一个脉宽为 0.24s 的单频脉冲信号，海洋背景噪声下的时频分布如图 4-35（a）所示，瞬时频率曲线提取结果如图 4-35（b）所示。可以看出，对于单脉冲信号，时频分布提取能量脊线算法可以有效估计信号的瞬时频率。

模拟一个包含三个子脉冲的组合脉冲信号 $s(t)$，叠加海洋背景噪声，信噪比为 2dB。三个子脉冲分别为 $s_1(t)=\cos(400\pi t)$、$s_2(t)=\cos(1200\pi t)$、$s_3(t)=\cos(240\pi t^2+500\pi t)$，$s_1(t)$ 和 $s_2(t)$ 为单频信号，脉宽均为 0.12s，$s_3(t)$ 脉宽为 0.17s，频率从 314Hz 调制到 355Hz。

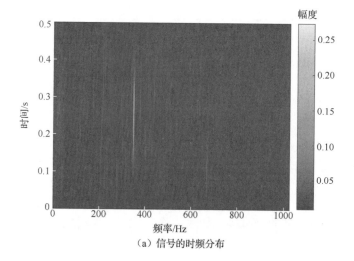

（a）信号的时频分布

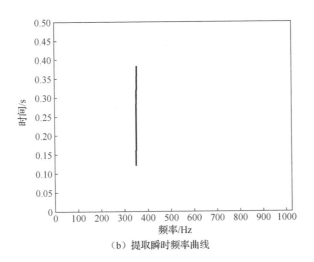

（b）提取瞬时频率曲线

图 4-35　提取能量脊线算法

图 4-36（a）和（b）分别表示组合脉冲 $s(t)$ 理论的时频分布与实际处理得到的时频分布。图 4-37 给出了使用提取能量脊线算法提取瞬时频率曲线的结果，可以看出直接提取能量脊线的方式，能够提取三个子脉冲的时频曲线，并且曲线光滑度与理论分布相似，但完整度有一定的缺失。

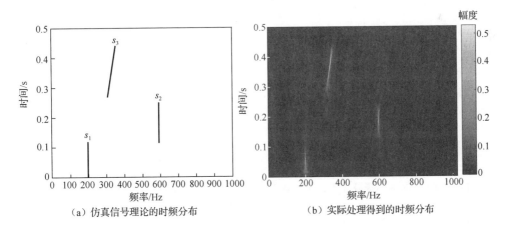

（a）仿真信号理论的时频分布　　　　　　（b）实际处理得到的时频分布

图 4-36　组合脉冲信号时频分布

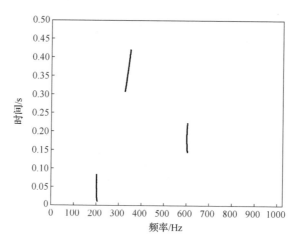

图 4-37　基于提取能量脊线算法提取瞬时频率曲线

**2. 基于盲源分离的瞬时频率曲线提取算法**

当水声脉冲信号为组合脉冲信号，特别是同一时刻有不止一个子脉冲时，基于能量脊线的瞬时频率提取算法就要考虑不同情况，算法变得复杂。为此，本节设计了一种基于盲源分离的算法，首先从观测数据的时频分布中提取各子分量的时频曲线，再进行分类和合并，该方法不需要提前获得先验信息。

1）信号子分量提取

4.3.2 节中求出了水声脉冲信号的时频分布 $\rho_z(t,f)$ 的峰值点所对应的时间和频率 $t_0$ 和 $f_0$。定义一个频率窗，其窗长为 $F_w$。将时频分布属于 $(t_0,f)$ 范围内的值均置为 0，其中 $f\in(f_0-F_w,f_0+F_w)$。然后，从 $t=t_0$ 开始，依次向时间增大和时间减小的方向进行搜索，在每一时刻找到其峰值点所对应的时频坐标 $(t_0',f_0')$，即满足 $\dfrac{\partial|\rho_z(t_0',f)|^2}{\partial f}=0$ 条件的坐标点。

同样将时频分布属于 $(t_0',f)$ 范围内的值均置为 0，其中 $f\in\left(f_0'-F_w,f_0'+F_w\right)$。

上述搜索过程的停止条件为

$$P_0'<\varepsilon_1 P_0 \tag{4-132}$$

式中，$P_0$ 为峰值点 $(t_0,f_0)$ 所对应的幅值；$P_0'$ 为进行时间搜索时的峰值点 $(t_0',f_0')$ 所对应的幅值；$\varepsilon_1$ 为门限值，其范围为 $\varepsilon_1\in(0,1)$。

当上述搜索过程停止后，就认为检测出一个信号子分量 $C_i$。然后对时频分布 $\rho_z(t,f)$ 继续进行上述运算。直到：

$$S_n < \varepsilon_2 S_0 \qquad (4\text{-}133)$$

式中，$S_0$ 为时频分布 $\rho_z(t,f)$ 开始时的总能量；$S_n$ 为检测出第 $n$ 个信号子分量 $C_n$ 之后时频分布 $\rho_z(t,f)$ 的总能量；$\varepsilon_2$ 为门限值，其范围为 $\varepsilon_2 \in (0,1)$。

2）信号子分量的分类与合并

受海洋信道传播影响，水声脉冲信号的时频分布中瞬时频率曲线易发生中断，为了有效地重建断裂的瞬时频率曲线并剔除虚假的瞬时频率曲线，设计了一个对信号自分量进行分类和合并的算法。使用上述算法对信号的时频分布进行处理后，提取出的所有子分量为 $C = \{C_1, C_2, \cdots, C_N\}$，其中 $N$ 代表检测出的子分量的个数，这其中可能包含噪声、干扰带来的虚假分量。

对于提取出的子分量 $C_k$，定义其能量最大的点，以及两个端点的位置分别为 $M_k, L_k, R_k$。对于任意的两个子分量 $(C_i, C_j)$，可以计算它们之间的距离 $d_{ij}$。定义距离 $d_{ij}$ 为

$$
\begin{aligned}
d_{ij} = \min\big\{ &\mathrm{dis}(M_i M_j), \mathrm{dis}(M_i L_j), \mathrm{dis}(M_i R_j), \\
&\mathrm{dis}(L_i M_j), \mathrm{dis}(L_i L_j), \mathrm{dis}(L_i R_j), \\
&\mathrm{dis}(R_i M_j), \mathrm{dis}(R_i L_j), \mathrm{dis}(R_i R_j) \big\}
\end{aligned}
\qquad (4\text{-}134)
$$

式中，dis 为欧几里得距离。即

$$\mathrm{dis}(x_i, x_j) = \|x_i - x_j\|_2 \qquad (4\text{-}135)$$

当子分量 $(C_i, C_j)$ 之间的距离 $d_{ij}$ 小于 $\varepsilon_3$ 时，可以合并这两个子分量。合并规则为：保留能量大的子分量，丢弃能量小的子分量。即

$$
C_m = \begin{cases} C_i, & S_{C_i} \geqslant S_{C_j} \\ C_j, & S_{C_i} < S_{C_j} \end{cases}
\qquad (4\text{-}136)
$$

式中，$C_m$ 为合并后的分量；$S_{C_i}$、$S_{C_j}$ 分别为子分量 $C_i$、$C_j$ 的能量。

循环执行上述计算，直到所有子分量间的距离 $d_{ij}$ 都大于 $\varepsilon_3$ 时，停止计算，得到最终的结果。

从上述叙述中可以看出，虽然该算法不需要提前获知水声脉冲信号的子分量个数以及信号形式等先验信息，但是该算法的缺陷为：①没有对多径传播以及非白背景噪声带来的频率展宽以及水声脉冲信号畸变设计对应的处理方案；②其检

测性能对三个门限参数 $\varepsilon_1$、$\varepsilon_2$ 和 $\varepsilon_3$ 依赖性强，而这三个参数不能根据信号来自适应调节。

### 3. 基于邻域集的瞬时频率曲线提取算法

为了降低多径传播和非白背景噪声带来的频率展宽与信号畸变的影响以及算法对预设参数的依赖，从图像处理的角度探寻解决方法，尝试了一种基于邻域集的连接算法，从图像连接的角度来重建信号的瞬时频率曲线。

#### 1）时频图像的二值化

定义非合作水声脉冲信号时频分布为 $\rho_z(t, f)$，其最大幅度值为 $V_m$。将时频分布转化为一个二值图像矩阵 $\mathbf{PEAK}(t, f)$，即时频分布 $\rho_z(t, f)$ 中的局部峰值对应二值图像矩阵 $\mathbf{PEAK}(t, f)$ 中的 1，其他位置对应二值图像矩阵 $\mathbf{PEAK}(t, f)$ 中的 0，可以得到：

$$\mathbf{PEAK}(t, f) = \begin{cases} 1, & \dfrac{\partial \rho_z(t, f)}{\partial f} = 0, \dfrac{\partial^2 \rho_z(t, f)}{\partial f^2} < 0 \\ 0, & \text{其他} \end{cases} \tag{4-137}$$

对于求出的所有的局部峰值点，剔除掉幅度值过小的点。剔除方法如下。

对于每一个局部峰值点，计算出频率范围 $\Delta f$ 内的时频分布的峰值。设定幅度筛选门限，若局部峰值小于 $\Delta f$ 范围内峰值与门限的乘积，将其剔除。

另外，由于背景噪声的干扰和时频分辨率的限制，在真实的峰值点附近可能会出现虚假的峰值点，可以设置一个最小的频率阈值，当两个峰值点的频率差小于这个阈值时，认为其中一个局部峰值不能代表信号。

筛选后的二值图像矩阵 $\mathbf{PEAK}(t, f)$ 更新为

$$\mathbf{PEAK}(t', f') = \begin{cases} 1, & \rho_z(t', f') \geqslant \sigma \times V_m(t' \pm \Delta t, f' \pm \Delta f) \text{ 且 } \Delta f' \geqslant V_f \\ 0, & \text{其他} \end{cases} \tag{4-138}$$

式中，$t'$ 和 $f'$ 分别为二值图像矩阵 $\mathbf{PEAK}(t, f)$ 中值为 1 的点所对应的时间和频率；$\sigma$ 为幅度门限，其范围为 $(0, 1)$；$V_m(t' \pm \Delta t, f' \pm \Delta f)$ 为某局部峰值点 $(t', f')$ 在时间范围 $\Delta t$ 和频率范围 $\Delta f$ 内的时频分布的峰值；$V_f$ 为频率门限值；$\Delta f'$ 为相邻的局部峰值点的频率差。

#### 2）重建瞬时频率曲线

本节基于二值图像矩阵 $\mathbf{PEAK}(t, f)$，设计了一种连接算法，将二值图像矩阵中代表信号各个子分量的瞬时频率曲线提取出来。

位于坐标 $(x,y)$ 的一个值为 1 的像素点 $p$ 有 16 个相邻的像素，其坐标为

$$\{(x-1,y-2),(x+1,y-2),(x-2,y-1),$$
$$(x-1,y-1),(x+1,y-1),(x+2,y-1),$$
$$(x-2,y),(x-1,y),(x+1,y),(x+2,y),$$
$$(x-2,y+1),(x-1,y+1),(x+1,y+1),$$
$$(x+1,y+2),(x-1,y+2),(x+2,y+1)\} \tag{4-139}$$

称这个像素集为 $p$ 的 16 邻域集。图 4-38 表示这个 16 邻域集。

如果另一个值为 1 的像素 $q$ 在像素 $p$ 的邻域内，则认为像素 $q$ 和 $p$ 是连通的。本节对二值图像矩阵中值为 1 的点进行深度优先搜索，其过程如下。

（1）定义一个空的连通集 $S$，首先将某一值为 1 的像素点 $p$ 放入连通集 $S$ 中。

（2）依次从像素点 $p$ 的未被访问的邻接点出发（邻接点由邻接矩阵定义），对二值图像矩阵 $\mathbf{PEAK}(t,f)$ 进行深度优先遍历[64]，将值为 1 且与像素 $p$ 有通路的像素点放入连通集 $S$ 中，直到二值图像矩阵中和像素 $p$ 有通路的值为 1 的像素点都被访问到为止。

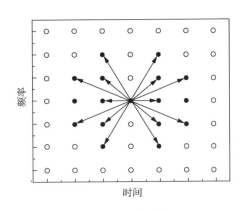

图 4-38　16 邻域集

（3）如果二值图像矩阵 $\mathbf{PEAK}(t,f)$ 尚有值为 1 的像素点未被访问，则从一个未被访问的值为 1 的像素点出发，重复步骤（1）和（2），直到二值图像矩阵所有的值为 1 的像素点都被访问到为止。

由于海洋背景噪声以及多途传播对水声脉冲信号的干扰，上述过程可能会检测出很多的虚假信号。本节利用组合脉冲信号在时频域的特征来抑制海洋背景噪声以及多途传播对水声脉冲信号的干扰。由第 2 章的描述可知，组合水声脉冲信号的瞬时频率曲线可以看作多条线段的组合，而这些瞬时频率曲线具有连续性。所以，当一次深度优先搜索完成之后，只有当检测出的瞬时频率曲线所代表的连通集 $S_i$ 的长度累积大于某个门限时，才将其作为一个子脉冲的瞬时频率曲线；否则，就视为一个虚假信号。即

$$\text{length}(S_i) > \varepsilon_m \tag{4-140}$$

式中，$\varepsilon_m$ 为门限。因为在实际情况下，水声脉冲信号的脉宽不可能无限小也不可能无限大，所以可以根据实际情况将门限 $\varepsilon_m$ 设置为一个经验值。门限 $\varepsilon_m$ 的设置可

以提高瞬时频率提取算法的抗多径传播以及抗干扰能力，提升了算法的鲁棒性。

在上述过程中，每一次步骤（2）结束时，如果连通集 $S$ 中的像素点的个数大于 $\varepsilon_m$，才认为 $S$ 中所有的像素点构成了一个信号子分量的瞬时频率曲线。

对图 4-36 所示组合脉冲信号时频图使用上述方法进行时频特征曲线提取，结果如图 4-39 所示，其中图 4-39（a）为基于盲源分离算法提取的瞬时频率曲线，图 4-39（b）为基于邻域集的连接算法二值化结果，图 4-39（c）为基于邻域集的连接算法提取瞬时频率曲线的结果。可以看出盲源分离算法脉冲时间维度保留最佳，但边缘频率误差较大，基于邻域集的连接算法脉冲完整性优于提取能量脊线算法，但平滑度略逊。

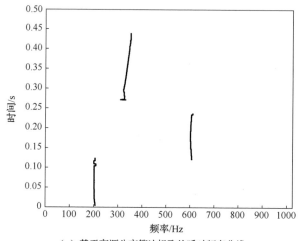

（a）基于盲源分离算法提取的瞬时频率曲线

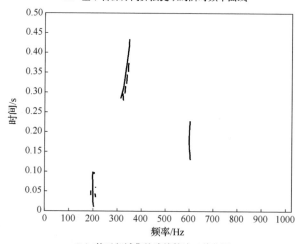

（b）基于邻域集的连接算法二值化图

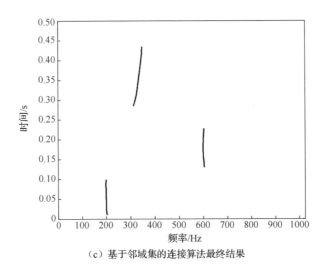

（c）基于邻域集的连接算法最终结果

图 4-39　时间上无重叠的组合脉冲瞬时频率曲线提取

仿真不同信噪比的海洋背景噪声，分析采用三种方法时瞬时频率提取误差随信噪比变化的情况，结果如图 4-40 所示。可以看出，在信噪比较低时，基于邻域集的连接算法要优于盲源分离算法和提取能量脊线算法；当非合作水声脉冲信号的信噪比较高时，三种方法的性能逐步接近，尤其是在信噪比为 10dB 的时候，三种方法性能几乎一致。

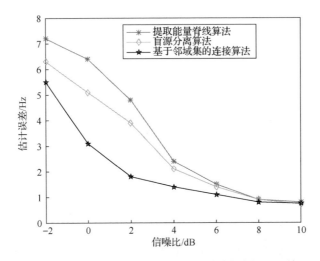

图 4-40　时间上无重叠的组合脉冲瞬时频率提取误差

上述组合脉冲子脉冲在时间上没有重叠，再模拟一个时间上重叠的组合脉冲信号，分析时频特征曲线提取性能。组合脉冲信号包含两个线性调频分量，其中，$s_1(t) = \cos\left(200\pi t^2 + 700\pi t\right)$，$s_2(t) = \cos\left(200\pi t^2 + 860\pi t\right)$，时间上完全重叠，均为 0.5s，$s_1(t)$ 从 374Hz 调制到 423Hz，$s_2(t)$ 从 454Hz 调制到 503Hz，信噪比均为 0。

采用 4.1.3 节介绍的 A-ECK 方法以及 4.3.1 节的基于自适应 $K$-SVD 字典的去噪方法得到信号 $s(t)$ 的时频分布，如图 4-41（b）所示。由于子脉冲时间上有重叠，直接采用能量脊线的方式难以获取瞬时频率曲线。图 4-42（a）和（b）分别为基于盲源分离的瞬时频率曲线提取结果和基于邻域集的瞬时频率曲线重建结果。可以看出，两种算法均可有效检测到两个子脉冲分量。其中基于邻域集的连接算法会受到海洋背景噪声的干扰，盲源分离算法将部分噪声判为了信号，使得检测出的脉宽大于实际脉宽。

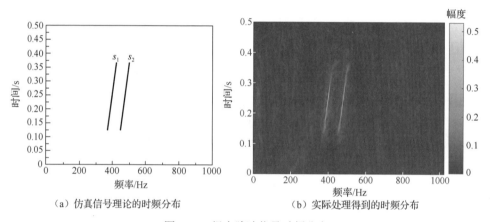

（a）仿真信号理论的时频分布　　　　　　（b）实际处理得到的时频分布

图 4-41　组合脉冲信号时频分布

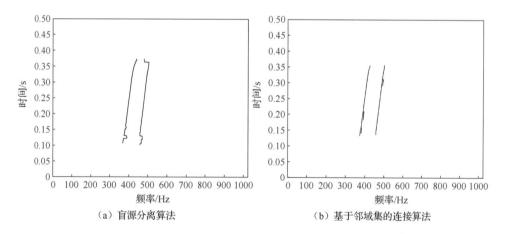

（a）盲源分离算法　　　　　　　（b）基于邻域集的连接算法

图 4-42　时间上有重叠的组合脉冲瞬时频率曲线重建

图 4-43 为时间有重叠组合脉冲信号在不同信噪比下的瞬时频率提取误差曲线，这里没有使用能量脊线算法，在图中用一条直线来表示。对于时间域上有重叠的组合脉冲信号，当信噪比较高时，盲源分离算法和基于邻域集的连接算法性能接近；当信噪比较低时，基于邻域集的连接算法的性能更优。

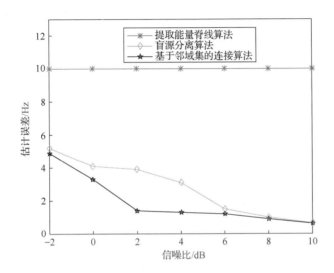

图 4-43　时间有重叠组合脉冲信号在不同信噪比下的瞬时频率提取误差曲线

下面对海上实测信号也进行了两种方法的分析验证。组合脉冲信号两个子分量的频率变化范围为 1940～1960Hz 和 2300～2500Hz，$s_2(t)$ 与 $s_1(t)$ 的部分时间完全重叠。理论的时频分布如图 4-44（a）所示，同样采用 A-ECK 和 $K$-SVD 方法得到图 4-44（b）所示的时频分布。

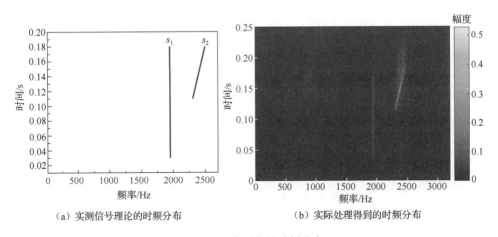

（a）实测信号理论的时频分布　　　　　　（b）实际处理得到的时频分布

图 4-44　实测信号时频分布

图 4-45～图 4-47 分别为能量脊线、盲源分离、邻域集连接三种方法瞬时频率曲线提取结果。可以看出，对于时间上有重叠的多分量脉冲信号，无先验信息下直接提取能量脊线，导致重叠时间的弱分量消失。实际信号由于海洋信道影响，出现脉冲展宽，对时频曲线的提取带来很大干扰。如图 4-46 和图 4-47 所示，受多径传播的干扰，盲源分离算法估计出 4 个子脉冲信号，基于邻域集的连接算法有效剔除了虚假脉冲，提取的频率曲线与真实信号一致性最高。

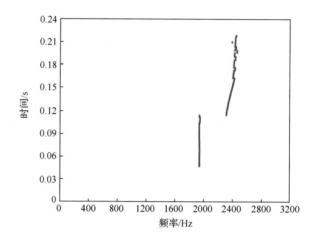

图 4-45　基于能量脊线算法的瞬时频率曲线提取结果

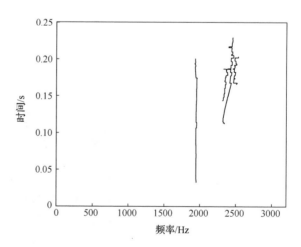

图 4-46　基于盲源分离算法的瞬时频率曲线提取结果

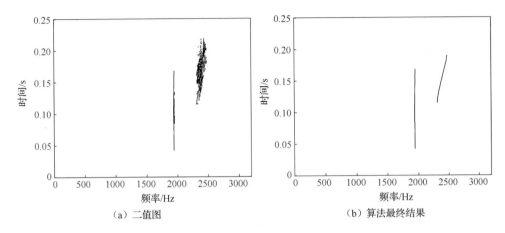

（a）二值图　　　　　　　　　　（b）算法最终结果

图 4-47　基于邻域集算法的瞬时频率曲线提取结果

### 4.3.3　线性与非线性脉冲调制类型辨识方法

由于水声信道的复杂性，接收到的脉冲信号通常产生畸变，且受到声呐搭载平台干扰的影响，提取的瞬时频率曲线可能会存在异常值，若直接用常规最小二乘线性拟合方法估计调制率，估计误差会较大。为了降低异常值对参数估计的影响，提高参数估计的精度，本节提出一种迭代变权最小二乘线性拟合方法，迭代计算过程中提出的权重可以实现正常值和异常值的自动判别并赋予不同的权重，从而有效地降低异常值对参数估计结果的影响。

1.　迭代变权最小二乘线性拟合

LFM 脉冲信号的瞬时频率曲线为时间的线性函数，虽然 HFM 脉冲信号的频率曲线为时间的二次函数，但信号过零点间隔曲线是时间窗移动次数的线性函数，因此可以通过对提取的瞬时频率曲线或其倒数进行线性拟合来估计信号调制率和起止频率等信号参数。

根据提取的样本序列 $\{\hat{x}_i, i=1,2,\cdots,I\}$，可以通过最小二乘线性拟合估计信号的频率参数。对于 LFM 脉冲信号，$\hat{x}_i = \hat{f}_i^w$，对于 HFM 脉冲信号，$\hat{x}_i = \hat{g}_i^w$，求取系数 $a$ 和 $b$，使残差平方和 $J(a,b)$ 达到最小，即

$$J(a,b) = \sum_{i=1}^{I}\left[\hat{x}_i - (bi + a)\right]^2 \tag{4-141}$$

式（4-141）实际上是对提取的各样本点残差平方赋予相同的权重，在没有异

常值的情况下是最优估计，但是当样本点中存在异常值时，估计效果可能急剧变差。

为了降低异常值对参数估计的影响，在获得可能存在异常值的样本序列后，需要对样本序列中的正常值和异常值区别对待并赋予不同的权重。基于这一思想，设计了迭代变权最小二乘线性拟合方法，在常规最小二乘加权线性拟合的基础上，通过迭代变权方式判别样本序列中的正常值和异常值，并赋予不同的权重，从而降低异常值对参数估计结果的影响，提高参数估计精度。

对波动较大样本值，可以先使用中值滤波法对样本序列 $\{\hat{x}_i, i = 1, 2, \cdots, I\}$ 中非连续出现的异常值进行剔除，记滤波后的序列为 $\{\hat{x}_{m_i}, i = 1, 2, \cdots, I\}$。

计算最小二乘线性拟合：

$$\left(\hat{a}^0, \hat{b}^0\right) = \arg\min_{(a,b)} \sum_{i=1}^{I} \left[\hat{x}_{m_i} - \left(a + bi\right)\right]^2 \tag{4-142}$$

由式（4-142）可得

$$\hat{a}^0 = \frac{\displaystyle\sum_{i=1}^{I} i^2 \sum_{j=1}^{I} \hat{x}_{m_j} - \sum_{i=1}^{I} i \sum_{j=1}^{I} j\hat{x}_{m_j}}{\displaystyle\sum_{i=1}^{I} \sum_{\substack{j=1 \\ j \neq i}}^{I} \left(j^2 - ij\right)} \tag{4-143}$$

$$\hat{b}^0 = \frac{\displaystyle I\sum_{j=1}^{I} j\hat{x}_{m_j} - \sum_{i=1}^{I} i \sum_{j=1}^{I} \hat{x}_{m_j}}{\displaystyle\sum_{i=1}^{I} \sum_{\substack{j=1 \\ j \neq i}}^{I} \left(j^2 - ij\right)} \tag{4-144}$$

常规最小二乘线性拟合的残差平方和为

$$J^0 = \sum_{i=1}^{I} \left[\hat{x}_{m_i} - \left(\hat{a}^0 + \hat{b}^0 i\right)\right]^2 \tag{4-145}$$

重复以上步骤，利用上一次迭代得到的拟合结果计算本次迭代的权重 $w_i^q$：

$$d_i^q = \left|\hat{x}_{m_i} - \hat{a}^{q-1} - \hat{b}^{q-1} i\right| \tag{4-146}$$

$$w_i^q = \frac{d_{\max}^q - d_i^q}{d_{\max}^q - d_{\min}^q} \tag{4-147}$$

式中，$i = 1, 2, \cdots, I$；$d_{\min}^q$ 和 $d_{\max}^q$ 分别为序列 $\{d_i^q, i = 1, 2, \cdots, I\}$ 中的最小值和最大值。

计算该次迭代的加权最小二乘线性拟合：

$$\left(\hat{a}^q,\hat{b}^q\right)=\arg\min_{(a,b)} J^q=\arg\min_{(a,b)}\sum_{i=1}^{I} w_i^q\left[\hat{x}_{m_i}-(a+bi)\right]^2 \qquad(4\text{-}148)$$

式中，$J^q$ 为第 $q$ 次迭代加权残差平方和，由式（4-148）可得

$$\hat{a}^q=\frac{\sum_{i=1}^{I} i^2 w_i^q \sum_{j=1}^{I}\hat{x}_{m_j} w_j^q-\sum_{i=1}^{I} i w_i^q\sum_{j=1}^{I} j\hat{x}_{m_j} w_j^q}{\sum_{i=1}^{I}\sum_{\substack{j=1\\j\neq i}}^{I} w_j^q w_i^q\left(j^2-ij\right)} \qquad(4\text{-}149)$$

$$\hat{b}^q=\frac{\sum_{i=1}^{I} w_i^q \sum_{j=1}^{I} j\hat{x}_{m_j} w_j^q-\sum_{i=1}^{I} i w_i^q\sum_{j=1}^{I}\hat{x}_{m_j} w_j^q}{\sum_{i=1}^{I}\sum_{\substack{j=1\\j\neq i}}^{I} w_j^q w_i^q\left(j^2-ij\right)} \qquad(4\text{-}150)$$

上述迭代过程的停止条件为

$$\hat{q}=\min_q\left\{q:\frac{|J^q-J^{q-1}|}{J^{q-1}}\leqslant\varepsilon,\ q\leqslant Q\right\} \qquad(4\text{-}151)$$

式中，$\varepsilon>0$，$Q\geqslant1$ 为预先设定值。

最后，根据不同的信号类型分别给出频率参数估计结果。LFM 脉冲信号的起始频率估计值 $\hat{f}_1$ 和调制率估计值 $\hat{\mu}$ 为

$$\hat{f}_1=\hat{a}^{\hat{q}},\hat{\mu}=\frac{\hat{b}^{\hat{q}}}{T_{\text{step}}} \qquad(4\text{-}152)$$

式中，$T_{\text{step}}$ 为步时时间。HFM 脉冲信号的起始频率估计值 $\hat{f}_1$ 和周期斜率估计值 $\hat{k}_0$ 为

$$\hat{f}_1=1/\hat{a}^{\hat{q}},\hat{k}_0=\frac{-\hat{b}^{\hat{q}}}{T_{\text{step}}} \qquad(4\text{-}153)$$

**2. LFM 脉冲信号调制参数估计**

对于 LFM 脉冲信号，多项式阶数 $P=2$，对应的 Fisher（费希尔）信息矩阵的逆矩阵 $\boldsymbol{J}^{-1}$ 为

$$\boldsymbol{J}^{-1}=\frac{\sigma^2}{2A^2}D_3^{-1}H_3^{-1}D_3^{-1}=\frac{\sigma^2}{2A^2}\begin{bmatrix}1&0&0\\0&T^{-1}&0\\0&0&T^{-2}\end{bmatrix}\begin{bmatrix}S_0&S_1&S_2\\S_1&S_2&S_3\\S_2&S_3&S_4\end{bmatrix}^{-1}\begin{bmatrix}1&0&0\\0&T^{-1}&0\\0&0&T^{-2}\end{bmatrix} \qquad(4\text{-}154)$$

式中，

$$\begin{cases} S_0 = \sum_{n=0}^{N-1} (n)^0 = N, S_1 = \sum_{n=0}^{N-1} n = \frac{N(N-1)}{2} \\ S_2 = \sum_{n=0}^{N-1} n^2 = \frac{N(N-1)(2N-1)}{6}, S_3 = \sum_{n=0}^{N-1} n^3 = \frac{N^2(N-1)^2}{4} \\ S_4 = \sum_{n=0}^{N-1} n^4 = \frac{N(N-1)(2N-1)(3N^2-3N-1)}{30} \end{cases} \quad (4\text{-}155)$$

由此可得

$$\text{var}(b_1) \geqslant \left(J^{-1}\right)_{2,2} = \frac{\sigma^2}{2A^2 T_s^2} \frac{S_0 S_4 - S_2 S_2}{|H_3|} \quad (4\text{-}156)$$

$$\text{var}(b_2) \geqslant \left(J^{-1}\right)_{3,3} = \frac{\sigma^2}{2A^2 T_s^4} \frac{S_0 S_2 - S_1 S_1}{|H_3|} \quad (4\text{-}157)$$

式中，

$$|H_3| = S_0 S_2 S_4 + S_1 S_3 S_2 + S_2 S_1 S_3 - S_0 S_3 S_3 - S_1 S_1 S_4 - S_2 S_2 S_2 \quad (4\text{-}158)$$

将式（4-155）和式（4-158）分别代入式（4-156）和式（4-157），并化简得

$$\text{var}(b_1) \geqslant \frac{\sigma^2}{2A^2 T_s^2} \frac{12(2N-1)(8N-11)}{N(N^2-1)(N^2-4)} = \frac{6(2N-1)(8N-11)}{\eta N T_s^2 (N^2-1)(N^2-4)} \quad (4\text{-}159)$$

$$\text{var}(b_2) \geqslant \frac{\sigma^2}{2A^2 T_s^4} \frac{180}{N(N^2-1)(N^2-4)} = \frac{90}{\eta T_s^4 N(N^2-1)(N^2-4)} \quad (4\text{-}160)$$

由于 LFM 脉冲信号的离散相位函数为

$$\varphi(n) = \pi\mu(nT_s)^2 + 2\pi f_1 nT_s + \varphi_0 \quad (4\text{-}161)$$

所以可得，$f_1 = b_1/(2\pi)$，$\mu = b_2/\pi$，因此有

$$\text{var}(f_1) = \text{var}\left(\frac{b_1}{2\pi}\right) \geqslant \frac{3(2N-1)(8N-11)}{2\pi^2 N T_s^2 \eta (N^2-1)(N^2-4)} \quad (4\text{-}162)$$

$$\text{var}(\mu) = \text{var}\left(\frac{b_2}{\pi}\right) \geqslant \frac{90}{\pi^2 T_s^4 \eta N(N^2-1)(N^2-4)} \quad (4\text{-}163)$$

实 LFM 脉冲信号频率估计的克拉默-拉奥下界（Cramer-Rao lower bound, CRLB）为

$$\text{var}(f_1) \geqslant \frac{3(2N-1)(8N-11)}{\pi^2 N T_s^2 (N^2-1)(N^2-4)\text{SNR}} \quad (4\text{-}164)$$

$$\text{var}(\mu) \geqslant \frac{180}{\pi^2 T_s^4 N(N^2-1)(N^2-4)\text{SNR}} \quad (4\text{-}165)$$

由式（4-164）和式（4-165）可知，LFM 脉冲信号的起始频率和调制率的 CRLB 均随信噪比的增加而减少，起始频率的下限随 $1/N^3$ 减少，调制率随 $1/N^5$ 减少，因此它们对数据记录长度相当敏感。

首先定义两种误差：归一化均方误差和相对绝对误差均值。归一化均方误差（normalized mean square error, NMSE）的定义为

$$\text{NMSE}(\hat{\mu}) = \frac{1}{N_r} \sum_{r=1}^{N_r} \frac{(\hat{\mu}_r - \mu)^2}{\mu^2} \tag{4-166}$$

式中，$\hat{\mu}_r$ 为参数估计值；$\mu$ 为待估计参数的真值；$N_r$ 为蒙特卡罗仿真实验次数。

相对绝对误差均值（mean-absolute-relative error, MARE）的定义为

$$\text{MARE}(\hat{\mu}) = \frac{1}{N_r} \sum_{r=1}^{N_r} \frac{|\hat{\mu}_r - \mu|}{\mu} \tag{4-167}$$

通过蒙特卡罗方法对算法性能进行统计分析，蒙特卡罗仿真次数为 1000 次。

利用参数估计的 MARE 对 LFM 脉冲信号起始频率和调制率的估计性能进行评价分析。由于 FrFT 具有适合匹配 LFM 脉冲信号的核函数，对于 LFM 脉冲信号可以获得类似匹配滤波的增益，可用于 LFM 脉冲信号的参数估计，这里将文献[65]提出的基于 FrFT 的 LFM 脉冲信号参数估计方法作为对比方法。

LFM 脉冲信号起始频率 $f_1 = 420$ Hz，终止频率 $f_2 = 470$ Hz，调制率 $\mu = 25$ Hz/s。利用两种方法估计 LFM 脉冲信号的起始频率与调制率的 MARE 随信噪比（SNR）变化的曲线分别如图 4-48 所示，其中图（a）为起始频率 $\hat{f}_1$ 的 MARE 随 SNR 的变化曲线，图（b）为调制率 $\hat{\mu}$ 的 MARE 随 SNR 的变化曲线。

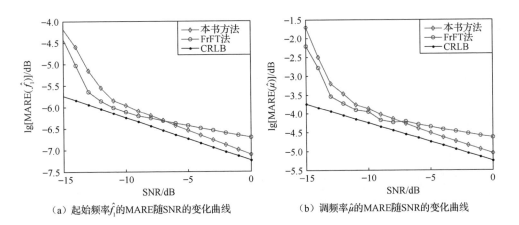

（a）起始频率 $\hat{f}_1$ 的 MARE 随 SNR 的变化曲线　　　（b）调频率 $\hat{\mu}$ 的 MARE 随 SNR 的变化曲线

图 4-48　MARE 与 SNR 的关系曲线

由图 4-48 可以看出，当 SNR ≤ −7 dB 时，两种方法的 MARE 都随 SNR 增加而降低，并逐渐接近于 CRLB，FrFT 法参数估计精度略高；当 SNR > −7 dB 时，本书方法参数估计精度高于 FrFT 方法。随着 SNR 增大，FrFT 法偏离 CRLB 的程度越来越大。这是由于 FrFT 法估计精度受旋转角度离散精度的影响难以进一步提高。

实际应用时，除了算法性能，还需要考虑运算量问题，虽然随着硬件发展，硬件平台计算能力急剧提升，但在性能相差不大时，节约硬件资源仍然具有重要意义。下面对这两种算法计算量进行统计分析。

迭代变权拟合估计法主要计算包括 STFT 运算和迭代变权线性拟合运算。对于观测长度为 $N$，进行窗长为 $M$，步进为 $L = M/4$ 的 STFT 运算，共需要 $(MI\log_2 M)/2$ 次复数乘运算和 $MI\log_2 M$ 次复数加运算，其中 $I$ 为观测时间内的短时窗个数，$I = (N-L)/L$。一次复数乘需要四次实数乘和两次实数加运算，一次复数加需要两次实数加运算。因此可知 STFT 共需要 $2MI\log_2 M$ 次实数乘和 $3MI\log_2 M$ 次实数加运算。由迭代变权最小二乘线性拟合的步骤可知，每次迭代共需 $8I^2 + 9I + 6$ 次实数乘和 $4I^2 + 8I - 8$ 次实数加运算。通过大量的仿真分析可知，迭代变权最小二乘线性拟合一般需要 3 次到 6 次最多不超过 10 次迭代，这里设定平均需要 5 次迭代。因此总运算量为

$$\begin{cases} 2MI\log_2 M + 5(8I^2 + 9I + 6), & \text{实数乘次数} \\ 3MI\log_2 M + 5(4I^2 + 8I - 8), & \text{实数加次数} \end{cases} \tag{4-168}$$

设基于 FrFT 的 LFM 脉冲信号参数估计法旋转角度 $\alpha$ 的离散个数为 $m$，搜索算法中对每一离散阶数 $\alpha$ 的搜索都需要进行一次 FrFT，而 FrFT 可分解为啁啾（chirp）调制、卷积和再一次 chirp 调制过程，其中卷积过程可以使用 FFT 实现[66,67]。对于观测长度为 $N$ 的 LFM 脉冲信号，一次 chirp 调制过程需要 $N$ 点复数乘运算，一次卷积过程需要三次 FFT 运算，所以 $m$ 次 FrFT 的运算量为

$$\begin{cases} 6mN\log_2 N + 8mN, & \text{实数乘次数} \\ 9mN\log_2 N + 4mN, & \text{实数加次数} \end{cases} \tag{4-169}$$

利用式（4-168）和式（4-169）难以直观对比分析两种算法运算量的大小。为了便于直观分析，将仿真条件的 $N = 8000$、$M = 1024$、$I = 28$ 和 $m = 81$ 分别代入式（4-168）和式（4-169），将两种方法的运算量列于表 4-6。由表 4-6 可以看出，本书方法运算量约为 FrFT 法的 1%，远小于 FrFT 法。

**表 4-6　两种 LFM 脉冲信号频率估计方法运算量对比**

| 方法 | 实数乘/次 | 实数加/次 |
|---|---|---|
| 本书方法 | 606090 | 876920 |
| FrFT 法 | 55595000 | 78208000 |

### 3. HFM 脉冲信号调制参数估计

HFM 脉冲信号的 Fisher 信息矩阵为

$$
\boldsymbol{J}=\begin{bmatrix}
\dfrac{2N}{\sigma^2} & 0 & 0 \\[2mm]
0 & \dfrac{8\alpha A^2}{\sigma^2}\dfrac{\pi^2}{k_0^2} & \dfrac{8\beta A^2}{\sigma^2}\dfrac{\pi^2}{k_0^3} \\[2mm]
0 & \dfrac{8\beta A^2}{\sigma^2}\dfrac{\pi^2}{k_0^3} & \dfrac{8\gamma A^2}{\sigma^2}\dfrac{\pi^2}{k_0^4}
\end{bmatrix}
\tag{4-170}
$$

式中，

$$
\alpha=\sum_{n=0}^{N-1}\left(\frac{1}{-k_0 nT_s f_1^2+f_1}\right)^2
\tag{4-171}
$$

$$
\beta=\sum_{n=0}^{N-1}\left\{\frac{1}{-k_0 nT_s f_1^2+f_1}\left[\ln\left(-k_0 nT_s+1/f_1\right)+\frac{k_0 nT_s}{-k_0 nT_s+1/f_1}\right]\right\}
\tag{4-172}
$$

$$
\gamma=\sum_{n=0}^{N-1}\left[\ln\left(-k_0 nT_s+1/f_1\right)+\frac{k_0 nT_s}{-k_0 nT_s+1/f_1}\right]^2
\tag{4-173}
$$

由式（4-170）可得，HFM 脉冲信号的 Fisher 信息矩阵的逆矩阵为

$$
\boldsymbol{J}^{-1}=\begin{bmatrix}
\dfrac{\sigma^2}{2N} & 0 & 0 \\[2mm]
0 & \dfrac{k_0^2\gamma}{8\mathrm{SNR}\pi^2\left(\alpha\gamma-\beta^2\right)} & -\dfrac{k_0^3\beta}{8\mathrm{SNR}\pi^2\left(\alpha\gamma-\beta^2\right)} \\[2mm]
0 & -\dfrac{k_0^3\beta}{8\mathrm{SNR}\pi^2\left(\alpha\gamma-\beta^2\right)} & \dfrac{k_0^4\alpha}{8\mathrm{SNR}\pi^2\left(\alpha\gamma-\beta^2\right)}
\end{bmatrix}
\tag{4-174}
$$

由式（4-174）可得，HFM 脉冲信号起始频率和周期斜率的 CRLB 分别为

$$
\mathrm{var}\left(\hat{f}_1\right)\geqslant\frac{k_0^2\gamma}{8\pi^2\eta\left(\alpha\gamma-\beta^2\right)}
\tag{4-175}
$$

$$
\mathrm{var}(\hat{k}_0)\geqslant\frac{k_0^4\alpha}{8\pi^2\eta\left(\alpha\gamma-\beta^2\right)}
\tag{4-176}
$$

由式（4-175）和式（4-176）可知，实 HFM 脉冲信号起始频率和周期斜率的
CRLB 为

$$\mathrm{var}(\hat{f}_1) \geqslant \frac{k_0^2 \gamma}{4\pi^2 \eta \left( \alpha\gamma - \beta^2 \right)} \tag{4-177}$$

$$\mathrm{var}(\hat{k}_0) \geqslant \frac{k_0^4 \alpha}{4\pi^2 \eta \left( \alpha\gamma - \beta^2 \right)} \tag{4-178}$$

由式（4-177）和式（4-178）可知，HFM 脉冲信号的起始频率和周期斜率的 CRLB
均随 SNR 的增加而降低，而且起始频率和周期斜率的下限均与起始频率和周期斜
率本身的取值有关。

利用 STFT 谱峰法估计瞬时频率，对于瞬时频率为时间的线性函数的 LFM 脉
冲信号，估计得到的瞬时频率是无偏的；而对于瞬时频率为时间的非线性函数的
HFM 脉冲信号，估计得到的瞬时频率是有偏的。利用 STFT 谱峰法估计瞬时频率
的方差为

$$\mathrm{var}\left( \Delta\hat{f}_i \right) = \frac{3\sigma^2}{\pi^2 A^2 M^3 f_\mathrm{s}} \tag{4-179}$$

对频率为时间的非线性函数，估计得到瞬时频率的偏差为

$$\left| E\left[ \Delta\hat{f}(t) \right] \right| \leqslant \frac{3M\beta(t)}{16} \tag{4-180}$$

式中，$\beta(t) = \left| f'(t) \right|$。将 HFM 脉冲信号的瞬时频率函数 $f(t) = 1/\left( -k_0 t + 1/f_1 \right)$ 代入
式（4-180），得 HFM 脉冲信号瞬时频率估计的偏差为

$$\left| E\left[ \Delta\hat{f}(t) \right] \right| \leqslant \frac{3M}{16} \frac{|k_0|}{\left( -k_0 t + 1/f_1 \right)^2} \tag{4-181}$$

由式（4-181）可得，第 $i$ 段短时窗估计得到的频率的偏差为

$$\left| E\left[ \Delta\hat{f}_i \right] \right| \leqslant \frac{3M}{16} \frac{|k_0|}{g_i^2} \tag{4-182}$$

将拟合系数估计结果式（4-149）和式（4-150）写成矩阵形式为

$$\hat{\boldsymbol{\Theta}} = \left( \boldsymbol{H}^\mathrm{T} \boldsymbol{W} \boldsymbol{H} \right)^{-1} \boldsymbol{H}^\mathrm{T} \boldsymbol{W} \hat{\boldsymbol{X}} \tag{4-183}$$

式中，$\boldsymbol{H} = \begin{bmatrix} 1 & 1 & \cdots & 1 \\ 1 & 2 & \cdots & I \end{bmatrix}^\mathrm{T}$；$\hat{\boldsymbol{\Theta}} = \begin{bmatrix} \hat{a} \\ \hat{b} \end{bmatrix}$；$\hat{\boldsymbol{X}} = \begin{bmatrix} \hat{x}_1 & \hat{x}_2 & \cdots & \hat{x}_I \end{bmatrix}^\mathrm{T}$；$\boldsymbol{W}$ 为 $I \times I$ 维的对

角矩阵，对角线上元素为 $w_i^q$，因此有

$$\Delta\hat{\boldsymbol{\Theta}} = \left( \boldsymbol{H}^\mathrm{T} \boldsymbol{W} \boldsymbol{H} \right)^{-1} \boldsymbol{H}^\mathrm{T} \boldsymbol{W} \Delta\hat{\boldsymbol{X}} \tag{4-184}$$

式中，$\Delta\hat{\boldsymbol{X}} = \begin{bmatrix} \Delta\hat{x}_1 & \Delta\hat{x}_2 & \cdots & \Delta\hat{x}_I \end{bmatrix}^\mathrm{T}$。理想情况下，即无异常值情况下，$\boldsymbol{W}$ 为单位

对角阵，因此有

$$\left(H^{\mathrm{T}}WH\right)^{-1}H^{\mathrm{T}}W=\frac{12}{I^4-I^2}\begin{bmatrix}h-e & h-2e & \cdots & h-Ie\\ -e+I & -e+2I & \cdots & -e+I^2\end{bmatrix} \tag{4-185}$$

式中，$e=\sum_{i=1}^{I}i=\frac{I(I+1)}{2}$；$h=\sum_{i=1}^{I}i^2=\frac{I(I+1)(2I+1)}{6}$。

将式（4-185）代入式（4-184）得

$$\Delta\hat{\boldsymbol{\Theta}}=\frac{12}{I^4-I^2}\begin{bmatrix}\eta\\ \xi\end{bmatrix} \tag{4-186}$$

式中，$\eta=\sum_{i=1}^{I}\left[(h+ie)\Delta\hat{x}_i\right]$；$\xi=\sum_{i=1}^{I}\left[(h+iI)\Delta\hat{x}_i\right]$。由式（4-186）可知：

$$\Delta\hat{a}=\frac{12}{I^4-I^2}\eta \tag{4-187}$$

$$\Delta\hat{b}=\frac{12}{I^4-I^2}\xi \tag{4-188}$$

对于 HFM 脉冲信号，有 $\Delta\hat{x}_i=\Delta\hat{f}_i/f_i^2$，$\Delta\hat{f}_1=\Delta\hat{a}f_1^2$，$\Delta\hat{k}_0=-\Delta\hat{b}/T_{\mathrm{step}}$，因此可得 HFM 脉冲信号起始频率和周期斜率估计的偏差分别为

$$\mathrm{bias}\left(\hat{f}_1\right)=\left|E\left(\Delta\hat{a}f_1^2\right)\right|=E\left[\frac{12f_1^2}{(I^4-I^2)}\sum_{i=1}^{I}\frac{(h+ie)\Delta\hat{f}_i}{f_i^2}\right]$$

$$=\frac{12f_1^2}{(I^4-I^2)}\sum_{i=1}^{I}\frac{(h+ie)E\left(\Delta\hat{f}_i\right)}{f_i^2}=\frac{3M(7I+5)|k_0|f_1^2}{16(I-1)} \tag{4-189}$$

$$\mathrm{bias}\left(\hat{k}_0\right)=\left|E\left(\frac{-\Delta\hat{b}}{T_{\mathrm{step}}}\right)\right|=E\left[\frac{12}{(I^4-I^2)T_{\mathrm{step}}}\sum_{i=1}^{I}\frac{(h+iI)\Delta\hat{f}_i}{f_i^2}\right]$$

$$=\frac{12}{(I^4-I^2)T_{\mathrm{step}}}\sum_{i=1}^{I}\frac{(h+iI)E\left(\Delta\hat{f}_i\right)}{f_i^2}=\frac{3|k_0|(I+2)M}{4(I-1)T_{\mathrm{step}}} \tag{4-190}$$

通过蒙特卡罗方法对算法性能进行统计分析。HFM 脉冲信号起始频率 $f_1=230$ Hz，信号幅度 $A=1$，脉宽 0.8s。

利用参数估计 NMSE 和 MARE 对 HFM 脉冲信号的起始频率和周期斜率的估计性能进行评价，每一确定参数条件下进行 $N_r=1000$ 次蒙特卡罗仿真实验。

首先分析三种不同周期斜率的 HFM 脉冲信号与 STFT 窗长的关系。三种 HFM 脉冲信号的终止频率分别设置为 430Hz、630Hz 和 830Hz。

为了区分三个不同参数的 HFM 脉冲信号，定义 $\mu$ 为单位时间内信号频率的变化量，即 $\mu=(f_2-f_1)/(N/f_s)$，则三个 HFM 脉冲信号的 $\mu$ 值分别为 250Hz/s、500Hz/s 和 750Hz/s。STFT 窗长分别设置为 16、32、64、128、256 和 512 个采样

点，信噪比设置为-3dB，统计三个不同 HFM 脉冲信号频率参数估计的 NMSE。$\hat{f}_1$ 和 $\hat{k}_0$ 估计的 NMSE 与 STFT 窗长的关系曲线如图 4-49 所示，其中图（a）为起始频率 $\hat{f}_1$ 的 NMSE 与 STFT 窗长的关系曲线，图（b）为周期斜率 $\hat{k}_0$ 的 NMSE 与 STFT 窗长的关系曲线。

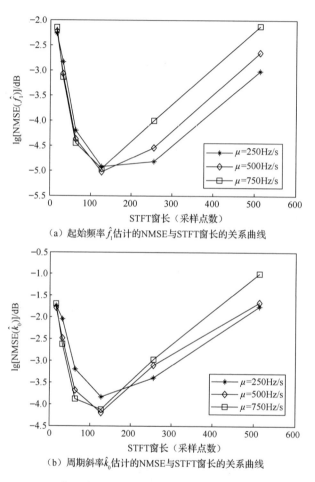

（a）起始频率 $\hat{f}_1$ 估计的 NMSE 与 STFT 窗长的关系曲线

（b）周期斜率 $\hat{k}_0$ 估计的 NMSE 与 STFT 窗长的关系曲线

图 4-49　$\hat{f}_1$ 和 $\hat{k}_0$ 估计的 NMSE 与 STFT 窗长的关系曲线

由图 4-49 可以看出，三个不同参数的 HFM 脉冲信号频率参数估计的 NMSE 先随着 STFT 窗长的增大而降低，然后随着 STFT 窗长的继续增大而增大，当窗长为 128 个采样点时，NMSE 达到最小。这是由于当 STFT 窗长太小时，量化误差 $\Delta f_i$ 太大，破坏了瞬时频率的双曲线特征；当窗长太大时，过零点间隔样本数太少，这使得线性拟合十分困难。对于 $\mu = 750\text{Hz/s}$ 的 HFM 脉冲信号，该信号为频率快速变化的 HFM 脉冲信号，该方法仍然有效。

下面分析频率参数估计误差与 SNR 的关系。HFM 脉冲信号终止频率 $f_2$ 设置为 430Hz，周期斜率 $k_0$ 为 $2.5 \times 10^{-3}$。SNR 由$-15$dB 以步进为 1dB 递增到 15dB。与本书方法对比分析的方法为：瞬时频率参数直接匹配（directly matching, DM）法和文献[68]的非线性最小二乘（nonlinear least squares, NLS）法，对 DM 法和 NLS 法进行 $128 \times 128$ 点的二维搜索。蒙特卡罗仿真实验结果如图 4-50 和图 4-51 所示，图 4-50（a）、（b）分别为 $\hat{f}_1$ 和 $\hat{k}_0$ 估计的 MARE 与 SNR 的关系曲线，图 4-51（a）、（b）分别为 $\hat{f}_1$ 和 $\hat{k}_0$ 估计的 NMSE 与 SNR 的关系曲线。

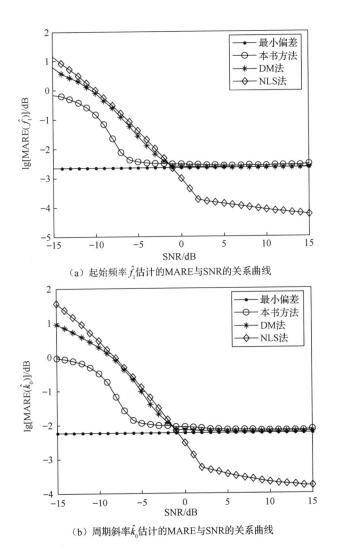

（a）起始频率 $\hat{f}_1$ 估计的 MARE 与 SNR 的关系曲线

（b）周期斜率 $\hat{k}_0$ 估计的 MARE 与 SNR 的关系曲线

图 4-50　$\hat{f}_1$ 和 $\hat{k}_0$ 估计的 MARE 与 SNR 的关系曲线

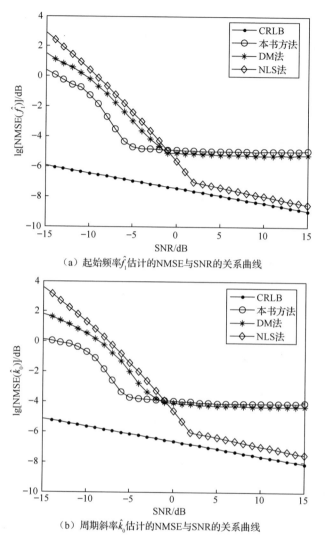

（a）起始频率$\hat{f}_1$估计的NMSE与SNR的关系曲线

（b）周期斜率$\hat{k}_0$估计的NMSE与SNR的关系曲线

图 4-51　$\hat{f}_1$ 和 $\hat{k}_0$ 估计的 NMSE 与 SNR 的关系曲线

由图 4-50 可以看出，当 SNR>-5dB 时，本书方法起始频率 $\hat{f}_1$ 和周期斜率 $\hat{k}_0$ 估计的 MARE 接近最小偏差，且相对偏差小于 1%，这表明当 SNR>-5dB 时，频率参数估计结果十分接近真值。由图 4-51 可以看出，当 SNR<-5dB 时，随着 SNR 的提高，本书方法起始频率 $\hat{f}_1$ 和周期斜率 $\hat{k}_0$ 的 NMSE 迅速下降。

由图 4-51 也可以看出，当 SNR<-1dB 时，本书方法的估计精度高于 NLS 法，这是由于本书方法可以有效降低噪声干扰对估计精度的影响，而 NLS 法对噪声干扰十分敏感，稳健性差。

由表 4-7 可见，利用本书方法对 HFM 脉冲信号处理的运算量与 LFM 脉冲信号参数估计的运算量相同。

**表 4-7　三种 HFM 脉冲信号频率估计方法运算量对比**

| 方法 | 实数乘/次 | 实数加/次 |
| --- | --- | --- |
| 本书方法 | 154380 | 186360 |
| DM 法 | 2547200 | 2575616 |
| NLS 法 | 295240000 | 161060000 |

## 4.3.4　IQuinn-Rife 综合 CW 脉冲信号中心频率估计方法

CW 脉冲信号参数简单，类型辨识相对较易。对 CW 脉冲信号的参数估计重点应放在如何提高频率估计精度上。目前，国内外学者提出了很多 CW 脉冲信号中心频率估计算法，主要有基于参数模型谱估计、最大似然估计、基于时域相位估计和基于 DFT 频谱校正的方法。基于 DFT 频谱校正的方法，物理意义明确、可以利用 FFT 快速实现、实时性好，而且具有较高的信噪比增益和对参数不敏感等优点，是一个综合性能最佳的方法，因此得到了广泛的应用和研究。

由理论分析可知，CW 脉冲信号 DFT 中不可避免地存在频谱泄漏现象，致使 DFT 直接给出的频率和幅度信息存在偏差，因此需要对有泄漏的 DFT 分析结果进行修正，以得到较为准确的结果。在 Rife（里夫）插值法和 Quinn（奎恩）插值法两种常用修正方法原理与优缺点分析推导基础上，给出一种综合改进方法——IQuinn-Rife 法。

### 1. CW 脉冲信号 DFT 频谱泄漏现象

由第 2 章单频脉冲信号波形特点分析可知，图 2-2 给出的有限长 CW 脉冲信号的幅度谱不再是一根线，而是由具有第一过零点宽度等于 $2/\tau_0$ 的主瓣和幅度逐渐减小、宽度等于 $1/\tau_0$ 的旁瓣组成，这就是单频信号加窗所带来的频谱泄漏效应。

加矩形窗的离散采样 CW 脉冲信号的模型为

$$s(n) = A\cos\left(2\pi f_0 n/f_s + \varphi_0\right), \quad 0 < n < N-1 \tag{4-191}$$

式中，$f_s$ 为采样频率；$N = f_s\tau_0$。鉴于实序列 DFT 的对称性，忽略 DFT 频谱的负频率成分，只考虑离散频谱的前 $N/2$ 点，$s(n)$ 的 $N$ 点 DFT 为

$$S(k) = \frac{A}{2}\frac{\sin\left[\pi\tau_0\left(k-f_0/\Delta f\right)\right]}{\sin\left[\pi\left(k-f_0/\Delta f\right)/N\right]}e^{j\left[\varphi_0-\pi(k-f_0/\Delta f)(1-1/N)\right]}, \quad k=0,1,2,\cdots,N/2-1 \tag{4-192}$$

式中，$\Delta f = f_s/N = 1/\tau_0$ 为 DFT 的频率分辨率，即相邻谱线之间的间隔。由式（4-192）可知，CW 脉冲信号的离散幅度谱为

$$|S(k)| = \frac{A}{2}\left|\frac{\sin\left[\pi\left(k - f_0/\Delta f\right)\right]}{\sin\left[\pi\left(k - f_0/\Delta f\right)/N\right]}\right|, \quad k = 0,1,2,\cdots,N/2-1 \quad (4\text{-}193)$$

由式（4-193）可知，利用 DFT 计算信号频谱，只能给出离散频点 $f_k = k\Delta f$ 上的频谱采样值，而不能得到连续频谱函数，这就像通过一个"栅栏"观看信号频谱，只能在离散点上看到信号频谱，这就是"栅栏效应"。

CW 脉冲信号的离散频谱示意图如图 4-52 所示，其中，图（a）为无频谱泄漏的情况，图（b）为发生频谱泄漏的情况。当信号频率为频率分辨率的整数倍时，即 $f_0 = k_0\Delta f$ 时，其中 $k_0$ 为正整数且 $k_0 \in [0,N/2-1]$，由于主瓣范围之外的 DFT 离散频点刚好与窗频谱的零点重合，因此只有在 $k_0 = f_0/\Delta f$ 处有一根谱线；如图 4-52（b）所示，当信号频率为分辨率的非整数倍时，即 $f_0 = (k_0 + \delta)\Delta f$ 时，其中 $\delta$ 为信号频率与其 DFT 幅度最大处对应频率的相对偏差，$|\delta| \leqslant 0.5$，由于 DFT 频域采样点偏离了窗频谱的零点，频谱不再是单一谱线，它的能量散布到整个频谱的各处，在每个旁瓣中都有一根谱线，主瓣中有两根谱线，相应的最高谱线的幅度下降了，这就是发生了频谱泄漏。由图 4-52 也可看出，CW 脉冲信号主瓣内最多有两根谱线，这是因为信号主瓣宽度为 $2/\tau$，频率分辨率为 $1/\tau$，因此 CW 脉冲信号 DFT 幅度谱的主瓣内最多有两根谱线。

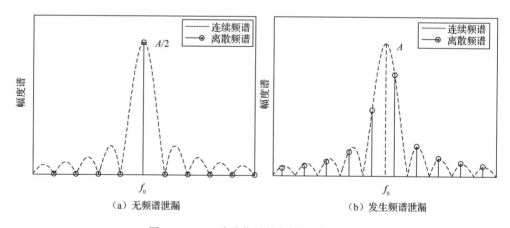

图 4-52　CW 脉冲信号的离散频谱示意图

由以上分析可知，频谱泄漏是截取有限长信号所造成的。以上为频域采样角度分析结果，也可以等价地从时域角度分析，在做 DFT 时，实际上是将被采样信号以采样长度为周期在时域进行周期性重复，从而作为周期信号处理的。当采样

长度不等于信号周期的整数倍时，在接头处发生了不连续，这种不连续性越大，泄漏就越严重。只有当采样长度等于信号周期的整数倍时，在重复的接头处连续时才不存在泄漏。在发生频谱泄漏时，用谱峰中最高线谱的位置和幅值直接估计信号频率和幅值，与实际值存在偏差，当 $|\delta|=0.5$ 时，频率量化误差达 $\Delta f/2$，使用矩形窗信号幅度的最大偏差可达 3.92dB。

## 2. CW 脉冲信号 DFT 信噪比增益

含有噪声的 CW 脉冲信号模型为

$$x(n)=A\cos\left(2\pi f_0 n/f_s+\varphi\right)+w(n),\quad 0<n<N-1 \tag{4-194}$$

式中，$w(n)$ 为均值为 0、方差为 $\sigma^2$ 的高斯白噪声。$x(n)$ 长度为 $M\,(M<N)$ 的 DFT 为

$$X(k)=S(k)+W(k),\quad k=0,1,2,\cdots,M-1 \tag{4-195}$$

式中，$W(k)$ 为高斯白噪声序列 $w(n)$ 的 DFT，即

$$W(k)=\sum_{n=0}^{M-1}w(n)\exp\left(-\mathrm{j}2\pi\frac{n}{N}k\right),\quad k=0,1,2,\cdots,M-1 \tag{4-196}$$

式（4-196）只在统计意义上成立。由式（4-196）可知，$W(k)$ 可以看作 $M$ 个随机变量的线性加权相加，而 $w(n)$ 是均值为 0、方差为 $\sigma^2$ 的高斯白噪声，所以 $W(k)$ 也服从高斯分布。鉴于实序列 DFT 的对称性，忽略 DFT 频谱的负频率成分，只考虑离散频谱的前 $M/2$ 点，有

$$X(k)=S(k)+W(k)=A_k\mathrm{e}^{\mathrm{j}\varphi_k}+W(k),\quad 0\leqslant k\leqslant M/2-1 \tag{4-197}$$

式中，$A_k=\dfrac{A}{2}\dfrac{\sin\left[\pi\left(k-f_0/\Delta f\right)\right]}{\sin\left[\pi\left(k-f_0/\Delta f\right)/M\right]}$；$\varphi_k=\varphi-\pi\left(k-f_0/\Delta f\right)\left(1-1/M\right)$ 分别为 $S(k)$ 的幅度项和相位项，$\Delta f=f_s/M$ 为 $M$ 点 DFT 的频率分辨率；$W(k)$ 的均值和方差分别为

$$E\left[W(k)\right]=\sum_{n=0}^{M/2-1}E\left[w(n)\right]\exp\left(-\mathrm{j}2\pi\frac{n}{M}k\right)=0 \tag{4-198}$$

$$\begin{aligned}\mathrm{var}\left[W(k)\right]&=E\left[W(k)W^*(k)\right]=E\left[\left|W(k)\right|^2\right]\\&=\mathrm{var}\left[w(n)\right]\sum_{n=0}^{M/2-1}\left|\exp\left(-\mathrm{j}2\pi\frac{n}{M}k\right)\right|^2\\&=\frac{M\sigma^2}{2}\end{aligned} \tag{4-199}$$

对于较大的 $M$，在 $A_k$ 的主瓣内，$A_k$ 可近似为

$$A_k = \frac{MA}{2} \frac{\sin\left[\pi\left(k - f_0/\Delta f\right)\right]}{\pi\left(k - f_0/\Delta f\right)} \tag{4-200}$$

将 $f_0 = (k_0 + \delta)\Delta f$ 代入式（4-200），可得 $|A_k|$ 最大谱线的幅度为

$$A_{k_0} = \frac{MA}{2} \frac{\sin(\pi\delta)}{\pi\delta} = \frac{MA}{2}\mathrm{sinc}(\delta) \tag{4-201}$$

式中，$\mathrm{sinc}(\delta) = \sin(\pi\delta)/(\pi\delta)$。在 $|A_k|$ 最大值处，DFT 频谱的信噪比（频域信噪比）为

$$\mathrm{SNR_o} = \frac{\left(A_{k_0}\right)^2}{\mathrm{var}\left[W(k)\right]} = \left[\frac{MA}{2}\mathrm{sinc}(\delta)\right]^2 \bigg/ \left(\frac{M\sigma^2}{2}\right) = M\mathrm{sinc}^2(\delta)\mathrm{SNR_i} \tag{4-202}$$

式中，$\mathrm{SNR_i} = A^2/(2\sigma^2)$ 为输入（时域）信噪比。由式（4-202）可知，DFT 的信噪比增益为

$$\alpha_2 = \frac{A(k_0+1)\cos\left[\phi(k_0) - \pi\right]}{A(k_0)\cos\phi(k_0)} = \frac{-A(k_0+1)}{A(k_0)} \approx \frac{-\delta}{1-\delta} \tag{4-203}$$

由式（4-203）可知，CW 脉冲信号 DFT 频谱的信噪比增益与窗长 $M$ 成正比。对于 $M$ 点的 DFT，当 $\delta = 0$ 时，即当信号频率为分辨率的整数倍，不发生频谱泄漏时，$G = M$，信噪比增益最大为 $M$；当 $|\delta| = 0.5$ 时，$\mathrm{sinc}^2(0.5) \approx 0.4$，此时信噪比增益最小为 $G = 2M/5$。由于 $M = f_s T$，其中 $T$ 为观测时间，所以提高采样频率 $f_s$ 可以达到增加 $M$ 的目的，但实际上在观测时间 $T$ 不变的情况下，通过提高 $f_s$ 增加 $M$ 并不能提高信号的频域信噪比。因为提高 $f_s$ 将使系统的通带宽度增加，造成 $\sigma^2$ 的增加，从而使时域信噪比 $\mathrm{SNR_i}$ 减小。由此可知，只有增加信号观测时间 $T$ 才能提高信号频域信噪比，当观测时间 $T = \tau$ 时，即 $M = N$ 时，信噪比增益最大。

3. 精确频率估计方法

有限长 DFT 频率估计误差最大可达 $\Delta f/2$，幅度误差最大接近 60%。对于频谱泄漏的抑制，一种方法是直接消除频谱泄漏，如预置或者自适应地设置一些特殊的窗函数、同步采样等，这一类方法的共同特点是复杂且不易普及；另一种方法是允许频谱泄漏的存在，利用频谱泄漏对 DFT 结果的确定性影响，对存在频谱泄漏的 DFT 结果进行适当修正，以得到较为准确的结果，该类方法实现简单、易于普及，其中 Rife 插值法和 Quinn 插值法就是采用这样的思路实现的。

Rife 插值法是利用信号 DFT 主瓣内两根谱线的幅值比进行频率和幅度修正。

设信号频率为 $f_0 = (k_0 + \delta)\Delta f$，$|S(k)|$ 主瓣内幅度最大谱线对应频率为 $f_1 = k_0\Delta f$，
相应幅度为 $A_1$，次大谱线的频率为 $f_2 = k_1\Delta f$，相应幅度为 $A_2$，显然有

$$k_1 = \begin{cases} k_0 + 1, & f_2 > f_1 \\ k_0 - 1, & f_2 < f_1 \end{cases} \tag{4-204}$$

由 CW 脉冲信号的离散幅度谱表达式可得

$$A_1 = |S(k_0)| = \left| \frac{A\sin(\pi\delta)}{2\sin(\pi\delta/N)} \right| \approx \frac{NA|\sin(\pi\delta)|}{2\pi|\delta|} \tag{4-205}$$

$$A_2 = |S(k_0 \pm 1)| = \left| \frac{A\sin(\pi\delta)}{2\sin[\pi(1\pm\delta)/N]} \right| = \frac{NA|\sin(\pi\delta)|}{2\pi(1-|\delta|)} \tag{4-206}$$

将 $A_2$ 与 $A_1$ 的比值记作 $\alpha$，则根据式（4-205）和式（4-206）有

$$\alpha = \frac{A_2}{A_1} = \frac{|\delta|}{1-|\delta|} \tag{4-207}$$

由式（4-207）可以得到 $|\delta|$ 的估计值：

$$|\hat{\delta}| = \frac{\alpha}{1+\alpha} \tag{4-208}$$

根据 $|\hat{\delta}|$ 可对 CW 脉冲信号的 DFT 幅度谱进行插值得到精确的频率估计值：

$$f_0 = \left(k_0 \pm |\hat{\delta}|\right)\Delta f \tag{4-209}$$

式（4-209）中的 ± 符号根据 DFT 幅度谱主瓣内次大值的位置决定，当次大值位
于最大值右侧时，取正号；反之，取负号。将 $|\hat{\delta}|$ 代入式（4-205）可以进一步得
到信号幅度的精确估计值：

$$A = \frac{2A_1\pi|\hat{\delta}|}{N\sin(\pi|\hat{\delta}|)} \tag{4-210}$$

　　由上述 Rife 插值法的原理可知，该插值法仅利用了信号 DFT 主瓣内两根谱
线的幅值信息，而没有利用相位信息；而 Quinn 插值法是利用信号 DFT 主瓣内两
根谱线 DFT 系数复数之比的实部进行频率插值，同时利用了相位信息和实部幅值
信息。

　　Quinn 插值法的原理为：将信号 DFT 谱 $S(k)$ 记为如下形式：

$$S(k) = A(k)\exp(j\phi(k)) \tag{4-211}$$

式中，

$$A(k) = \frac{A\sin\left[\pi(k-k_0-\delta)\right]}{\sin\left[\pi(k-k_0-\delta)/N\right]} \tag{4-212}$$

$$\phi(k) = \varphi_0 - \pi(k-k_0-\delta)(1-1/N) \tag{4-213}$$

定义 $\alpha_1 = \text{Re}\left[S(k_0-1)/S(k_0)\right]$，$\alpha_2 = \text{Re}\left[S(k_0+1)/S(k_0)\right]$，$\delta_{\alpha_1} = \alpha_1/(1-\alpha_1)$，$\delta_{\alpha_2} = -\alpha_2/(1-\alpha_2)$，其中 $\text{Re}[\cdot]$ 代表实部运算，下面分析它们的取值。首先求主瓣内最大谱线和次大谱线处 $A(k)$ 和 $\phi(k)$ 的取值，将 $k=k_0$ 和 $k=k_0\pm1$ 分别代入式（4-212）和式（4-213）得

$$A(k_0) \approx \frac{A\sin(\pi\delta)}{\pi\delta/N} \tag{4-214}$$

$$A(k_0\pm1) \approx \frac{\pm A\sin(\pi\delta)}{2\pi(\pm1-\delta)/N} \tag{4-215}$$

$$\phi(k_0) = \varphi + \pi\delta(1-1/N) \tag{4-216}$$

$$\phi(k_0\pm1) = \varphi - \pi(\pm1-\delta)(1-1/N) \approx \phi(k_0)\mp\pi \tag{4-217}$$

因此有

$$\alpha_1 = \frac{A(k_0-1)\cos\left[\phi(k_0)+\pi\right]}{A(k_0)\cos\phi(k_0)} = \frac{-A(k_0-1)}{A(k_0)} \approx \frac{\delta}{1+\delta} \tag{4-218}$$

$$\alpha_2 = \frac{A(k_0+1)\cos\left[\phi(k_0)-\pi\right]}{A(k_0)\cos\phi(k_0)} = \frac{-A(k_0+1)}{A(k_0)} \approx \frac{-\delta}{1-\delta} \tag{4-219}$$

当主瓣内次大谱线位于最大谱线的右侧，即 $k=k_0+1$ 为主瓣内的另一根谱线时，$0<\delta<0.5$，有 $\alpha_1>0$，$\alpha_2<0$，进一步可得，$\delta_{\alpha_1}>0$，$\delta_{\alpha_2}>0$；当主瓣内的次大谱线位于最大谱线的左侧时，即 $k=k_0-1$ 为主瓣内的另一根线谱时，$-0.5<\delta<0$，有 $\alpha_1<0$，$\alpha_2>0$，进一步可得 $\delta_{\alpha_1}<0$，$\delta_{\alpha_2}<0$。

由上述分析可知，CW 脉冲信号 DFT 主瓣内两根谱线实部的符号相反，主瓣内最大谱线和其另一侧的第一旁瓣谱线实部符号相同。因此，可得 Quinn 插值法的插值公式为

$$f_0 = (k_0+\hat{\delta})\Delta f \tag{4-220}$$

式中，

$$\hat{\delta} = \begin{cases} \delta_{\alpha_2}, & \delta_{\alpha_1}>0 \text{ 且 } \delta_{\alpha_2}>0 \\ \delta_{\alpha_1}, & \text{其他} \end{cases} \tag{4-221}$$

类似于上面的推导可得,CW 脉冲信号 DFT 主瓣内两根谱线虚部的符号相反,主瓣内最大谱线与其另一侧的第一旁瓣谱线复数谱的虚部符号相同,且与实部比值满足相同的比例关系,因此也可以利用 DFT 主瓣内两根谱线的虚部比值进行插值。重新定义 $\alpha_1 = \mathrm{Im}\big[S(k_0-1)/S(k_0)\big]$ 和 $\alpha_2 = \mathrm{Im}\big[S(k_0+1)/S(k_0)\big]$,其中 $\mathrm{Im}[\bullet]$ 代表虚部运算,此时基于主瓣内两根虚部谱线比值的插值公式与式(4-221)相同。

Rife 插值法和 Quinn 插值法的突出优点是:仅需要一次 FFT,计算量小,且可以直接使用 STFT 检测计算的 DFT 结果,实现简单。对于 Rife 插值法,当 $|\delta|$ 较大时,信号 DFT 幅度谱主瓣内两根谱线幅度均较大且很接近,抗噪声能力强,Rife 插值法估计精度较高;当 $|\delta|$ 较小时,信号 DFT 幅度谱主瓣内次大谱线较小,在不考虑噪声的情况下,DFT 主瓣内的次大谱线的幅值永远大于旁瓣谱线幅度,因此 Rife 插值法不会出现插值方向的错误,但在有噪声情况下,可能会出现主瓣内最大谱线另一侧第一旁瓣的幅度超过主瓣内次大谱线幅度的情况,这时就会造成 Rife 插值方向相反,从而引起较大的估计误差。为了解决这一问题,国内外学者提出了很多改进算法[69-72],改进算法主要是通过对信号频谱进行搬移,使搬移后信号的频率位于两个相邻量化频点的中心区域,然后再利用 Rife 插值法进行频率插值估计。虽然通过频谱搬移能够避免 $|\delta|$ 较小时,Rife 插值误差较大的问题,但这些改进算法除了需要一次 FFT 运算外,还至少需要两次单点 DFT 运算,增加了运算量。

与 Rife 插值法相比,Quinn 插值法利用信号 DFT 结果的相位信息来判断插值方向。由于 $S(k_0-1)$ 与 $S(k_0+1)$ 的相位相差 $\pi$,当 $|\delta|$ 较小时,不容易受噪声干扰,从而避免了 Rife 插值法在有噪声且 $|\delta|$ 较小的情况下,插值方向出现错误而造成频率估计误差较大的问题。虽然 Quinn 插值法利用了 CW 脉冲信号 DFT 相位信息带来了一定的益处,但相位信息仅来自信号 DFT 的实部,这就存在一个严重的问题:方法的性能受信号 DFT 最大谱线相位值影响较大,如当信号 DFT 主瓣内最大谱线的相位接近 $\pi/2$ 或 $3\pi/2$ 时,该最大谱线处信号分量的实部接近于 0,$\delta_{\alpha_1}$ 和 $\delta_{\alpha_2}$ 点的取值基本上取决于噪声分量 DFT 在该谱线位置的实部,这时 Quinn 插值法的频率估计误差会较大。

由 Quinn 插值法原理分析可知,该方法既可以利用信号 DFT 主瓣内两根谱线实部的比值进行频率插值,也可以利用信号 DFT 主瓣内两根谱线虚部的比值进行频率插值。而对于信号频谱幅值一定的 DFT 结果,当信号 DFT 的实部较小时,其虚部必然较大,反之,当信号 DFT 的实部较大时,其虚部必然较小。基于此,对 Quinn 插值法进行改进,提出改进 Quinn(improved Quinn, IQuinn)插值法。IQuinn 插值法首先比较信号 DFT 主瓣内最大谱线的实部和虚部的大小,若最大谱线的实部大于虚部，则利用 DFT 主瓣内两根谱线复数之比的实部进行插值，反之，则利用 DFT 主瓣内两根谱线复数之比的虚部进行插值。因此，通过比较信号 DFT 主瓣内最大谱线实部和虚部的大小作为实部比插值还是虚部比插值的选择依据，可以有效地避免信号 DFT 最大谱线的相位对插值结果的影响。

IQuinn 插值法虽然解决了信号谱线相位对插值精度的影响，但由于 IQuinn 插值法仅利用了信号 DFT 主瓣内两根谱线的比值的实部或虚部进行插值，而 Rife 插值法是利用信号 DFT 主瓣内两根谱线的模值的比值进行插值，即同时利用了实部和虚部信息，因此在不发生插值方向错误的情况下，IQuinn 插值法抗噪声能力要低于 Rife 插值法。

综上所述，IQuinn 插值法和 Rife 插值法各有利弊，二者可以相互补充，结合这两种方法的优点，给出一种 IQuinn 插值法和 Rife 插值法相结合的自动分段综合插值法，记为 IQuinn-Rife 插值法。

IQuinn-Rife 插值法通过预估计 $|\delta|$ 的大小，在不同的频段（对应不同的 $|\delta|$ 大小）采用不同的估计方法：当 $|\delta|$ 很小时，即 $\delta_R \leqslant \delta_{TL}$，信号 DFT 主瓣内的次大谱线与旁瓣谱线的幅值均较小，受噪声影响较大，而此时信号实际频率十分接近 DFT 最大谱线，因此不插值；当 $|\delta|$ 较大时，即 $\delta_R \geqslant \delta_{TH}$，信号 DFT 主瓣内两根谱线的幅值均较大，抗噪声能力强，且主瓣内次大谱线的幅值远大于旁瓣谱线的幅值，Rife 插值法出现插值方向错误的概率很小，因此利用 Rife 插值法性能较好；当 $\delta_{TL} < \delta_R < \delta_{TH}$ 时，受噪声影响，信号 DFT 主瓣内次大谱线的幅值与旁瓣谱线幅值接近，直接利用二者的大小来确定插值方向，容易出现插值方向的错误，而利用 IQuinn 插值法中的相位关系来判断插值方向，可以较好地避免插值方向的错误，同时利用主瓣内两根谱线的幅值比作为插值的修正参数，抗噪性能与 Rife 插值法相同。

利用上述综合算法对信号进行频率估计，可以在不增加计算量的前提下，提高频率估计的整体性能，适合对信号进行实时处理。

### 4. CW 脉冲信号频率估计 CRLB 与仿真分析

含有高斯白噪声的复数多项式相位信号的离散形式为

$$z(n) = s(n) + w(n) = A\exp\left[j\sum_{\rho=0}^{P} b_\rho (nT_s)^\rho\right] + w(n), \quad n = 0,1,\cdots,N-1 \quad (4\text{-}222)$$

式中，$T_s = 1/f_s$ 是采样周期；$w(n)$ 是均值为 0、方差为 $\sigma^2$ 的高斯白噪声。式（4-222）可重写为

$$z(n) = x(n) + jy(n), \quad n = 0,1,2,\cdots,N-1 \quad (4\text{-}223)$$

信号 $s(n)$ 可重写为

$$s(n) = u(n) + \mathrm{j}v(n), \quad n = 0,1,2,\cdots,N-1 \qquad (4\text{-}224)$$

式中，$u(n) = A\cos\left[\sum_{\rho=0}^{P} b_\rho (nT_s)^\rho\right]$；$v(n) = A\sin\left[\sum_{\rho=0}^{P} b_\rho (nT_s)^\rho\right]$。

$z(n)$ 的联合概率密度函数的自然对数形式为[73]

$$\ln f(z,\boldsymbol{\theta}) = -\frac{N}{2}\ln(2\pi\sigma^2) - \frac{1}{2\sigma^2}\sum_{n=0}^{N-1}\left\{\left[x(n)-u(n)\right]^2 + \left[y(n)-v(n)\right]^2\right\} \qquad (4\text{-}225)$$

式中，$\boldsymbol{\theta}$ 为参数矢量 $[A,b_0,b_1,\cdots,b_P]$，Fisher 信息矩阵 $\boldsymbol{J}(\boldsymbol{\theta})$ 的 $(k,l)$ 项元素为

$$
\begin{aligned}
\left[\boldsymbol{J}(\boldsymbol{\theta})\right]_{k,l} &= -E\left\{\frac{\partial^2}{\partial\boldsymbol{\theta}_k \partial\boldsymbol{\theta}_l}\ln\left[f(z,\boldsymbol{\theta})\right]\right\} \\
&= \frac{1}{\sigma^2}\sum_{n=0}^{N-1}\left[\frac{\partial u(n)}{\partial\boldsymbol{\theta}_k}\frac{\partial u(n)}{\partial\boldsymbol{\theta}_l} + \frac{\partial v(n)}{\partial\boldsymbol{\theta}_k}\frac{\partial v(n)}{\partial\boldsymbol{\theta}_l}\right]
\end{aligned}
\qquad (4\text{-}226)
$$

进一步：

$$\frac{\partial u(n)}{\partial A} = \cos\left[\sum_{\rho=0}^{P} b_\rho (nT_s)^\rho\right] \qquad (4\text{-}227)$$

$$\frac{\partial v(n)}{\partial A} = \sin\left[\sum_{\rho=0}^{P} b_\rho (nT_s)^\rho\right] \qquad (4\text{-}228)$$

$$\frac{\partial u(n)}{\partial b_\rho} = -(nT_s)^\rho A\sin\left[\sum_{\rho=0}^{P} b_\rho (nT_s)^\rho\right] \qquad (4\text{-}229)$$

$$\frac{\partial v(n)}{\partial b_\rho} = (nT_s)^\rho A\cos\left[\sum_{\rho=0}^{P} b_\rho (nT_s)^\rho\right] \qquad (4\text{-}230)$$

把式（4-227）～式（4-230）代入式（4-226）得

$$\left[\boldsymbol{J}(\boldsymbol{\theta})\right]_{A,A} = \frac{1}{\sigma^2}\sum_{n=0}^{N-1}\left\{\cos^2\left[\sum_{\rho=0}^{P} b_\rho (nT_s)^\rho\right] + \sin^2\left[\sum_{\rho=0}^{P} b_\rho (nT_s)^\rho\right]\right\} = \frac{N}{\sigma^2} \qquad (4\text{-}231)$$

$$
\begin{aligned}
\left[\boldsymbol{J}(\boldsymbol{\theta})\right]_{A,b_\rho} &= \frac{A}{\sigma^2}\sum_{n=0}^{N-1}\left\{-(nT_s)^\rho \sin\left[\sum_{\rho=0}^{P} b_\rho (nT_s)^\rho\right]\cos\left[\sum_{\rho=0}^{P} b_\rho (nT_s)^\rho\right]\right\} \\
&\quad + \frac{A}{\sigma^2}\sum_{n=0}^{N-1}\left\{(nT_s)^\rho \sin\left[\sum_{\rho=0}^{P} b_\rho (nT_s)^\rho\right]\cos\left[\sum_{\rho=0}^{P} b_\rho (nT_s)^\rho\right]\right\} \\
&= 0
\end{aligned}
\qquad (4\text{-}232)
$$

$$\left[ \boldsymbol{J}(\boldsymbol{\theta}) \right]_{b_{\rho_1}, b_{\rho_2}} = \frac{A^2}{\sigma^2} \sum_{n=0}^{N-1} (nT_s)^{\rho_1 + \rho_2} \left\{ \sin^2 \left[ \sum_{\rho=0}^{P} b_\rho (nT_s)^\rho \right] + \cos^2 \left[ \sum_{\rho=0}^{P} b_\rho (nT_s)^\rho \right] \right\}$$

$$= \frac{A^2}{\sigma^2} \sum_{n=0}^{N-1} (nT_s)^{\rho_1 + \rho_2} = \frac{A^2}{\sigma^2} T_s^{\rho_1 + \rho_2} S_{\rho_1 + \rho_2} \tag{4-233}$$

式中，$S_{\rho_1 + \rho_2} = \sum_{n=0}^{N-1} (n)^{\rho_1 + \rho_2}$，$0 \leqslant \rho_1, \rho_2 \leqslant P$。由式（4-232）可知，多项式系数与信号的幅度无关，因此可得，多项式系数的 Fisher 信息矩阵 $\boldsymbol{J}(\boldsymbol{B})$ 为

$$\boldsymbol{J}(\boldsymbol{B}) = \frac{A^2}{\sigma^2} \boldsymbol{D}_{P+1} \boldsymbol{H}_{P+1} \boldsymbol{D}_{P+1} \tag{4-234}$$

式中，$\boldsymbol{B}$ 为多项式系数矢量 $[b_0, b_1, \cdots, b_P]$；$\boldsymbol{D}_{P+1} = \mathrm{diag}\{1, T_s, \cdots, T_s^P\}$；$[\boldsymbol{H}_{P+1}]_{k,l} = S_{k+l}$。因此 Fisher 信息矩阵的逆矩阵为

$$\boldsymbol{J}^{-1}(\boldsymbol{B}) = \frac{\sigma^2}{A^2} \boldsymbol{D}_{P+1}^{-1} \boldsymbol{H}_{P+1}^{-1} \boldsymbol{D}_{P+1}^{-1} \tag{4-235}$$

由式（4-235）可得，多项式系数 $b_\rho (\rho = 0, 1, 2, \cdots, P)$ 的 CRLB 为 Fisher 信息矩阵的逆矩阵 $\boldsymbol{J}^{-1}(\boldsymbol{B})$ 对角线上的元素，即

$$\mathrm{var}(b_\rho) \geqslant \frac{\sigma^2}{A^2} \left[ \boldsymbol{D}_{P+1}^{-1} \boldsymbol{H}_{P+1}^{-1} \boldsymbol{D}_{P+1}^{-1} \right]_{\rho, \rho} = \frac{\sigma^2}{A^2 T_s^{2\rho}} \left[ \boldsymbol{H}_{P+1}^{-1} \right]_{\rho, \rho} \tag{4-236}$$

对于 CW 脉冲信号，$P = 1$，对应的 Fisher 信息矩阵的逆矩阵 $\boldsymbol{J}^{-1}(\boldsymbol{B})$ 为

$$\boldsymbol{J}^{-1}(\boldsymbol{B}) = \frac{\sigma^2}{A^2 T_s^2} \boldsymbol{H}_2^{-1} = \frac{\sigma^2}{A^2 T_s^2} \begin{bmatrix} S_0 & S_1 \\ S_1 & S_2 \end{bmatrix}^{-1} \tag{4-237}$$

式中，

$$S_0 = \sum_{n=0}^{N-1} (n)^0 = N,\ S_1 = \sum_{n=0}^{N-1} n = \frac{N(N-1)}{2},\ S_2 = \sum_{n=0}^{N-1} n^2 = \frac{N(N-1)(2N-1)}{6} \tag{4-238}$$

因此，可得

$$\mathrm{var}(b_1) \geqslant \left[ \boldsymbol{J}^{-1}(\boldsymbol{B}) \right]_{2,2} = \frac{\sigma^2}{A^2 T_s^2} \frac{S_0}{S_0 S_2 - S_1^2} = \frac{12\sigma^2}{A^2 T_s^2 N(N^2 - 1)} \tag{4-239}$$

CW 脉冲信号的离散相位函数为 $2\pi f_0 nT_s + \varphi$，因此可得其中心频率的 CRLB 为

$$\mathrm{var}(f_0) = \mathrm{var}\left( \frac{b_1}{2\pi} \right) \geqslant \frac{3\sigma^2}{\pi^2 A^2 T_s^2 N(N^2 - 1)} = \frac{3}{2\pi^2 \eta T_s^2 N(N^2 - 1)} \tag{4-240}$$

式中，$\eta = A^2 / (2\sigma^2)$ 为信号的时域信噪比。

由式（4-240）可知，CW 脉冲信号中心频率的 CRLB 随信噪比 $\eta$ 的增加而减

少，并且下限随$1/N^3$减少，因此它对数据记录长度相当敏感。由推导可得，实正弦信号中心频率估计的 CRLB 为

$$\text{var}(f_0) \geq \frac{6\sigma^2}{\pi^2 A^2 T_s^2 N(N^2-1)} = \frac{3}{\pi^2 \eta T_s^2 N(N^2-1)} \tag{4-241}$$

由式（4-241）可知，实信号的 CRLB 为相同条件下复信号的两倍。这是由于实信号与复信号相比，损失了复信号的虚部信息，相当于采样序列减少了一半，因此实正弦信号频率估计 CRLB 为相同条件下复信号频率估计 CRLB 的两倍，这也与 DFT 对实信号的信噪比增益为复信号的一半相吻合。

通过蒙特卡罗方法对 Rife、Quinn、改进 Rife（improved Rife，IRife）、IQuinn、IQuinn-Rife 插值法的性能进行分析。仿真信号采用实信号形式。采样频率 $f_s = 4\,\text{kHz}$，FFT 处理窗长 $N = 1024$，频率分辨率 $\Delta f = f_s / N = 3.9\,\text{Hz}$，信号幅度 $A = 1$，叠加零均值高斯白噪声，方差 $\sigma^2$ 的大小由信噪比决定，信号初相位服从 $[0, 2\pi]$ 的均匀分布。每一确定的参数条件下，进行 5000 次蒙特卡罗仿真实验。

分两组蒙特卡罗仿真实验分析中心频率估计方法的性能。

（1）分析估计均方根误差（root mean square error, RMSE）与频率相对偏差 $\delta$ 取值的关系，信噪比设定为 SNR $= -3\,\text{dB}$，信号中心频率 $f_0$ 从 $79\Delta f$ 到 $79\Delta f + 0.5\Delta f$ 等间隔的取 11 个离散频率 $f_i = (79 + i/20)\Delta f, i = 0, 1, 2, \cdots, 10$，即 $\delta = i/20$，$i = 0, 1, 2, \cdots, 10$，仿真结果如图 4-53 所示，其中图（b）为图（a）的局部放大。

（2）分析估计 RMSE 与 SNR 的关系，信号中心频率为 $f_0 = (79 + \delta_u)\Delta f$，其中 $\delta_u$ 为随机变量，在 $[-0.5, 0.5]$ 上服从均匀分布，SNR 由 $-9\text{dB}$ 以步进为 $1\text{dB}$ 增加到 $9\text{dB}$，仿真结果如图 4-54 所示，其中图（b）为图（a）的局部放大。

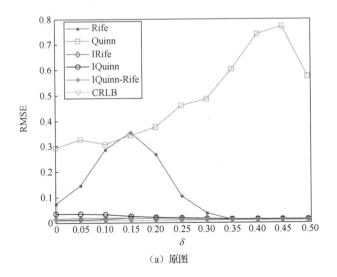

（a）原图

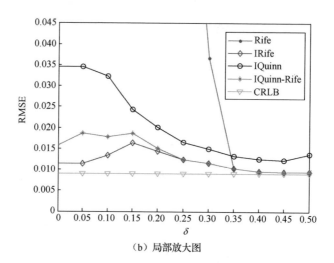

（b）局部放大图

图 4-53　RMSE 与 $\delta$ 的关系曲线

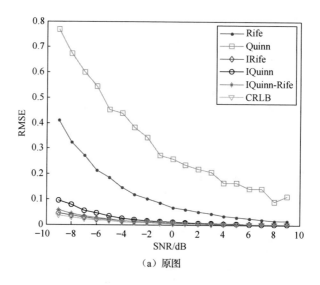

（a）原图

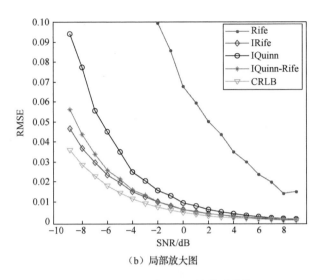

（b）局部放大图

图 4-54　RMSE 与 SNR 的关系曲线

由图 4-53 和图 4-54 可以看出，从估计精度即均方根误差的角度分析，五种方法从劣到优的顺序依次为 Quinn 插值法、Rife 插值法、IQuinn 插值法、IQuinn-Rife 插值法和 IRife 插值法。其中 IQuinn-Rife 插值法与 IRife 插值法的参数估计精度十分接近，对于不同的 $\delta$ 取值，IQuinn-Rife 插值法 RMSE 变化较小，参数估计性能较为稳定，当 SNR $\geqslant 0$ dB 时，二者的均方根误差都十分接近均方根误差的下限 CRLB。Quinn 插值法的性能最差，这是由于该方法仅利用了信号 DFT 的实部，而对于某些相位，信号 DFT 的实部有可能为 0，导致 Quinn 插值法估计性能急剧变差。IQuinn 插值法的性能优于 Quinn 插值法，劣于 IQuinn-Rife 插值法，这是由于 IQuinn 插值法选取信号 DFT 实部和虚部中较大的来进行插值，避免了 Quinn 插值法受相位影响的问题，因此 IQuinn 插值法的性能优于 Quinn 插值法；而又由于 IQuinn 插值法仅利用信号 DFT 的实部或虚部，而 IQuinn-Rife 插值法同时利用了实部和虚部，因此 IQuinn 插值法的抗噪声性能低于 IQuinn-Rife 插值法，这与前文方法原理的理论分析一致。

由图 4-53（a）还可看出，Rife 插值法在 $\delta$ 接近于 0.15 时，RMSE 明显增大，这是由于 $\delta$ 较小时，Rife 插值法容易出现插值方向性错误，因此误差较大；而当 $\delta$ 本身值很小时，如图 4-53 中 $\delta = 0$、$\delta = 0.05$ 和 $\delta = 0.1$ 这三点的 RMSE 小于 $\delta = 0.15$ 点的 RMSE，这是因为 $\delta$ 本身的真值就很小，估计值与其差值也较小，因此这三点的 RMSE 小于 $\delta = 0.15$ 点的 RMSE。

从算法复杂度分析，IQuinn-Rife 插值法与 Quinn 插值法、Rife 插值法以及 IQuinn 插值法相同，比 IRife 插值法少两次长度为 $N$ 的单点 DFT 运算。

### 4.3.5 组合脉冲辨识方法

组合脉冲信号由多个子脉冲信号组成，通过前述方法，可以获得子脉冲时频特征曲线的估计，基于时频曲线获得子脉冲的调制参数，判别出子脉冲信号的类型。通过对组合脉冲子脉冲的方位、脉宽、间隔时间、频率、幅度等多维参量的分布情况进行多元统计分析，再根据分布情况与参量估计精度情况，对每个维度参量权重进行配置，利用多维参量相近度估计与联合加权结果可实现组合脉冲信号的有效辨识。海试验证了有效性，图 4-55 中图（a）为海试中复杂组合脉冲信号的时频图，图（b）为组合脉冲信号各子脉冲辨识结果。

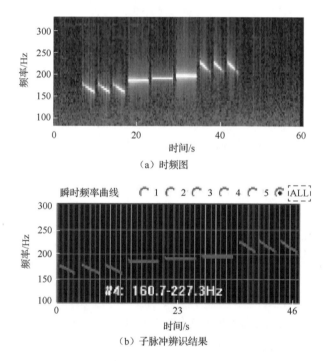

（a）时频图

（b）子脉冲辨识结果

图 4-55　海试中复杂组合脉冲信号的时频图与子脉冲辨识结果

# 第 5 章　水声通信信号侦察技术

水声通信常采用 MFSK、MPSK、DSSS、OFDM 等调制方式，相较于主动探测声呐脉冲信号，水声通信信号更为复杂多样，信号特点和特征参数差异性也更大，水声探测脉冲信号侦察技术难以适用于水声通信信号。本章对水声通信信号的典型特征进行分析，在此基础上探讨检测与类型辨识方法，以及基于类型辨识的参数估计方法。

## 5.1　典型水声通信信号特征分析

### 5.1.1　MFSK 信号线谱特征分析

由第 2 章的分析可知 MFSK 信号的数学模型为

$$s(t) = \sum_{k=0}^{K-1} d_k(t) \exp\left[ \mathrm{j}\left(2\pi f_k t + \varphi_k\right) \right], \quad 0 \leqslant t \leqslant \tau_0 \tag{5-1}$$

对于 2FSK 信号，其功率谱在非零频率处有两根线谱，4FSK 信号的功率谱在非零频率处有四根线谱（均只考虑正频率部分），2FSK、4FSK 信号的功率谱如图 5-1 所示。

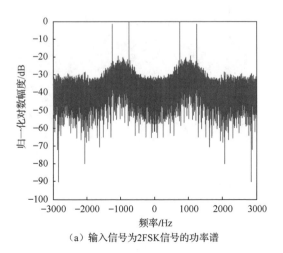

（a）输入信号为2FSK信号的功率谱

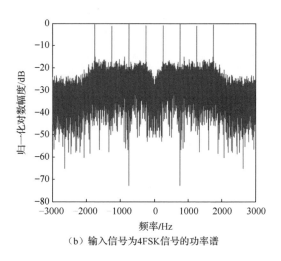

（b）输入信号为4FSK信号的功率谱

图 5-1　MFSK 信号的功率谱

　　2FSK 调制中有一种改进方式——最小频移键控[74]（minimum shift keying, MSK），通过两个频率的正交化，保证频率跳变的码元间相位保持连续。由于两个频率正交，直接估计信号功率谱时，无法分辨出两根线谱，如图 5-2（a）所示，信号功率谱与 MPSK 信号类似，没有线谱特征。但 MSK 信号平方变换后可以消除其相位跳变，使得 MSK 信号转换为常规 2FSK 信号[75]，其功率谱如图 5-2（b）所示。可以看出通过 MSK 信号及其相应平方信号的线谱特征可用于信号检测与类型的区分。

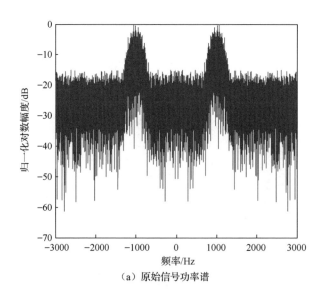

（a）原始信号功率谱

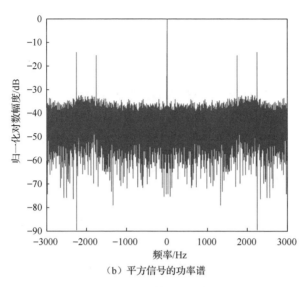

（b）平方信号的功率谱

图 5-2　MSK 信号的功率谱

## 5.1.2　MPSK 信号线谱特征分析

根据 2.2.1 节，矩形包络含噪 MPSK 信号可表示为

$$x(t) = A_0 \sum_{k=0}^{K-1} \text{rect}\left(\frac{t - kT_d}{T_d}\right) \cos\left(2\pi f_0 t + \varphi_k\right) + n(t) \tag{5-2}$$

这里，假设 $n(t)$ 为加性高斯白噪声，其均值为 0，且 $E\left[n(t)n^*(t)\right] = \sigma^2$。根据式（5-2），可得 MPSK 信号的平方信号为

$$
\begin{aligned}
x_{sq}(t) &= x^2(t) \\
&= \frac{A_0^2}{2} + \frac{A_0^2}{2}\cos\left(4\pi f_0 t + 2\varphi_k\right) + 2n(t)A_0\cos\left(2\pi f_0 t + \varphi_k\right) + n^2(t) \\
&= \frac{A_0^2}{2} + s_1(t) + s_2(t) + n_1(t)
\end{aligned}
\tag{5-3}
$$

式中，$s_1(t) = \frac{A_0^2}{2}\cos\left(4\pi f_0 t + 2\varphi_k\right)$；$s_2(t) = 2n(t)A_0\cos\left(2\pi f_0 t + \varphi_k\right)$；$n_1(t) = n^2(t)$。当信号为 BPSK 信号时，$s_1(t)$ 成为频率为 $2f_0$ 的单频信号；当信号为 QPSK 信号时，$s_1(t)$ 成为载波频率是 $2f_0$ 的 BPSK 信号。

由此可知，对于 BPSK 信号，平方信号的功率谱将在 2 倍载波频率处产生一根线谱，如图 5-3（a）所示；而对于 QPSK 信号，其平方信号功率谱在 2 倍载波频率处不存在线谱,如图 5-3(b)所示。如果对 QPSK 信号的平方信号(含有 BPSK 信号分量)再次平方,则将再次获得 $4f_0$ 的正弦分量,即 QPSK 信号 4 次方信号功率谱在 $4f_0$ 处将出现线谱。

　　对于 BPSK、QPSK 信号,信号功率谱、平方信号功率谱、4 次方信号功率谱的线谱特征可作为信号检测、判别的依据。进一步可得出 MPSK 信号经过 $M$ 次方后,将包含频率为 $Mf_0$ 的正弦分量。

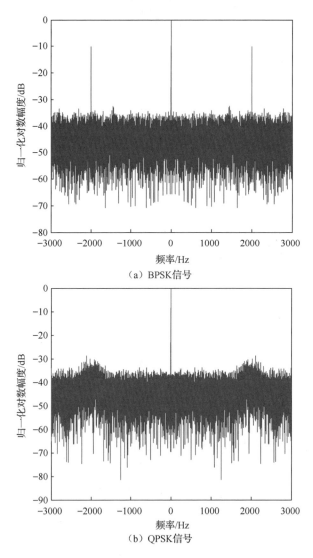

（a）BPSK信号

（b）QPSK信号

图 5-3　BPSK 和 QPSK 平方信号的功率谱

### 5.1.3　DSSS 信号自相关特征分析

2.2.1 节给出了伪随机序列的一个重要特性——自相关特性，伪随机序列的自相关函数在伪码周期处会有一个尖峰，而非伪码周期处是一个很小的值。也就是说，对于伪随机序列，在自相关域信号集中于自相关峰处，而噪声在自相关域较为分散，因此在伪码周期处输出信噪比较高，可以将自相关峰作为检验统计量，用来分辨 DSSS 信号与背景噪声以及干扰。

对于 DSSS/BPSK 信号，其实信号形式为

$$s(t) = A_0 d(t) p(t) \cos(2\pi f_0 t), \quad 0 \leqslant t \leqslant \tau_0 \tag{5-4}$$

式中，$t$ 为时间变量；$A_0$ 为接收信号幅度；$d(t) = \sum_{i=0}^{K_1} d_i \operatorname{rect}\left(\dfrac{t - iT_d}{T_d}\right)$ 为信源信号，$d_i \in \{-1, +1\}$ 为信息码序列（假设等概率取值），$T_d$ 为信息码码元宽度；$p(t) = \sum_{j=0}^{K_2} p_j \operatorname{rect}\left(\dfrac{t - jT_c}{T_c}\right)$ 为伪随机扩频信号，$p_j \in \{-1, +1\}$ 为伪随机扩频码，$T_c$ 为单个码片的时间宽度，伪码周期 $T_p = NT_c$，$N$ 为伪码周期长度；$f_0$ 为载波频率。

对于无信息码的伪随机直接序列扩频信号，信号模型为

$$s(t) = A_0 \sum_{j=0}^{K} p_j \operatorname{rect}\left(\frac{t - jT_c}{T_c}\right) \cos(2\pi f_0 t), \quad 0 \leqslant t \leqslant \tau_0 \tag{5-5}$$

式（5-5）中只有伪随机编码对载波进行调制。这种信号一般作为水声通信的同步信号以及主动探测声呐信号。

假设接收信号叠加了高斯白噪声背景：

$$x(t) = s(t) + n(t) = A_0 d(t) p(t) \cos(2\pi f_0 t) + n(t) \tag{5-6}$$

接收信号 $x(t)$ 的自相关函数为

$$
\begin{aligned}
R_x(t + \tau, t) &= E\{x(t + \tau) x^*(t)\} \\
&= A_0^2 R_s(t + \tau, t) + R_n(t + \tau, t) + A_0 R_{sn}(t + \tau, t) + A_0 R_{ns}(t + \tau, t)
\end{aligned} \tag{5-7}
$$

由信号与噪声的独立性、信息码与伪码及载波互相独立可得

$$R_x(\tau) = R_s(\tau) + R_n(\tau) + R_{sn}(\tau) + R_{ns}(\tau) = A_0^2 R_d(\tau) R_p(\tau) R_c(\tau) + \tilde{R}_n(\tau) \tag{5-8}$$

式中，$\tilde{R}_n(\tau)$ 为式（5-7）中后三项的和。分别对构成信号项的各分量信号进行分析，载波分量自相关函数为

$$R_c(\tau) = E\left[\cos(2\pi f_0(t + \tau)) \cos(2\pi f_0 t)\right] = \frac{1}{2} \cos(2\pi f_0 \tau) \tag{5-9}$$

信息码可看成等概率分布的二元随机序列，其自相关函数为[76]

$$R_d(\tau) = \begin{cases} 1-|\tau|/T_{\mathrm{d}}, & 0 \leqslant |\tau| \leqslant T_{\mathrm{d}} \\ 0, & |\tau| > T_{\mathrm{d}} \end{cases} \tag{5-10}$$

第 2 章中给出了伪随机序列的自相关函数，重写为

$$R_p(\tau) = \begin{cases} 1-\dfrac{(N+1)\left|\tau-kT_{\mathrm{p}}\right|}{T_{\mathrm{p}}}, & 0 \leqslant \left|\tau-kT_{\mathrm{p}}\right| \leqslant T_{\mathrm{c}} \\ -\dfrac{1}{N}, & \left|\tau-kT_{\mathrm{p}}\right| > T_{\mathrm{c}} \end{cases} \tag{5-11}$$

由式（5-8）和式（5-9）可知，直接序列扩频信号的自相关函数为信息码自相关函数与伪码自相关函数的乘积受到载波信号调制的结果。

无信息码时的自相关函数为

$$R_x(\tau) = \frac{A_0^2}{2} R_p(\tau)\cos(2\pi f_0\tau) + \tilde{R}_n(\tau) = R_s(\tau) + \tilde{R}_n(\tau) \tag{5-12}$$

由式（5-11）可知，$R_s(\tau)$ 在整数倍伪码周期处可以获得良好的自相关处理增益。

如图 5-4 所示，经过周期性扩频码序列调制的影响，DSSS 信号的自相关函数将存在多个谱峰，并且谱峰之间的间隔反映出 DSSS 信号伪码周期信息。DSSS 信号的自相关特性，可作为 DSSS 信号检测与判别的依据。

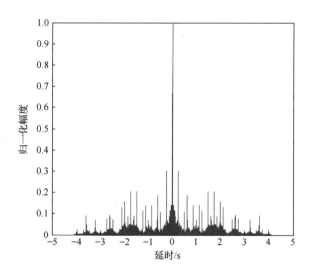

图 5-4　DSSS/BPSK 自相关估计

## 5.1.4　OFDM 信号自相关谱线特征分析

OFDM 信号的调制方式灵活多样，其子载波的调制方式可为 BPSK、QPSK、16QAM 等。由于子载波的正交性，即使子载波采用 BPSK 的调制方式，平方信号也难以获得线谱特征，对 OFDM 信号需要探寻其他类型辨识特征。

在实际应用中，信道多径效应往往会破坏 OFDM 信号子载波之间的正交性[77,78]，其示意图如图 5-5 所示。

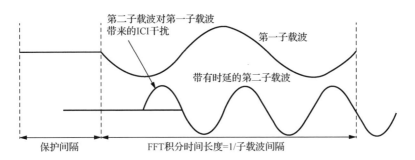

图 5-5　信道多径效应破坏 OFDM 信号子载波之间的正交性

ICI 为载波间干扰（inter-carrier interference）

由图 5-5 可以看出，在快速傅里叶变换运算时间长度内，第一个子载波与带有时延的第二个子载波之间的周期之差不再是整数，所以当接收机对第一个子载波进行解调时，第二个子载波会对此造成干扰。同样，当接收机对第二个子载波进行解调时，也会存在来自第一个子载波的干扰。

为了消除多径效应所造成的子载波间干扰，OFDM 符号需要在其保护间隔内填入循环前缀（cyclic prefix, CP）信号[79]，如图 5-6 所示，用于保证在快速傅里叶变换周期内，OFDM 符号的时延副本内所包含的波形的周期个数也是整数，小于保护间隔的时延信号就不会在解调过程中产生子载波间干扰。

由于循环前缀的存在，如图 5-7 所示，OFDM 信号的自相关函数除了在时延为零处存在谱峰外，还将在其他某个时延不为零处存在谱峰，从 OFDM 信号的产生特点可以看出，该时延不为零处即为 OFDM 信号的去前缀符号长度处，而其他类型通信信号，如 MPSK 信号，其自相关函数通常仅在时延为零处存在谱峰。显然，通过自相关函数的特点，即可区分出 OFDM 信号与其他通信信号。

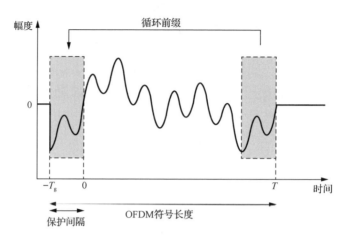

图 5-6  OFDM 符号的循环扩展

$T_g$ 为保护间隔时间

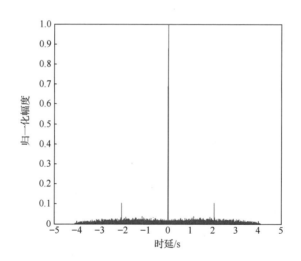

图 5-7  OFDM（QPSK）信号（有循环前缀）的自相关估计

# 5.2  水声通信信号截获检测与类型辨识方法

## 5.2.1  非合作水声通信信号截获检测方法

对于非合作条件下的水声通信信号检测，类似于第 4 章所述的主动探测声呐信号，同样可采用具有宽适应性的能量检测方法，也可以针对待侦察信号类型，采用特征检测方式。无论是哪种方式，对于侦察处理来讲，很难严格将检测、估计、类型辨识区分开来，通常采用检测估计一体化的机制，并且通过类型辨识与参数估计再进一步进行信号确认。

为了兼顾两类检测方法的优势，可以设计图 5-8 所示的水声通信信号检测器组，对信号特征较为明确的 MFSK、MPSK、DSSS、OFDM 信号设计相对应的特征检测器，同时设置分频带能量检测器，用于对未知类型，或不符合已知信号特征的信号进行截获检测。

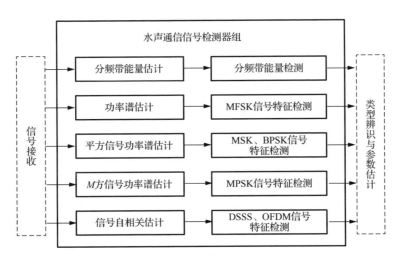

图 5-8   水声通信信号检测器组

## 5.2.2   非合作水声通信信号类型辨识方法

水声通信信号侦察中，通信信号类型辨识是进一步开展参数估计、信息获取的基础，也是水声通信侦察的难题。结合 5.2.1 节典型水声通信信号的特征分析，设计图 5-9 所示的树形分类器[80]，通过分层处理，可以实现 2FSK、4FSK、MSK、BPSK、QPSK、DSSS、OFDM 七种典型水声通信信号的类型辨识。

本节主要通过仿真实验来研究本节所提树形分类器的识别性能。这里假设信号处于弱多途环境中。信号的仿真参数为：信号的采样频率 $f_s = 10\ \text{kHz}$，载波频率 $f_c = 1\ \text{kHz}$，符号频率 $f_b = 500\ \text{Hz}$；OFDM 信号的子载波个数为 32 个，子载波的调制样式为 QPSK，OFDM 信号的循环前缀长度为四分之一去前缀 OFDM 符号长度；DSSS 信号为 DSSS-BPSK 信号，其伪码阶数为 3 阶，每个码片时间内的载波个数为 2，PN 序列为 m 序列，噪声类型为加性高斯白噪声，蒙特卡罗仿真实验次数为 500 次。

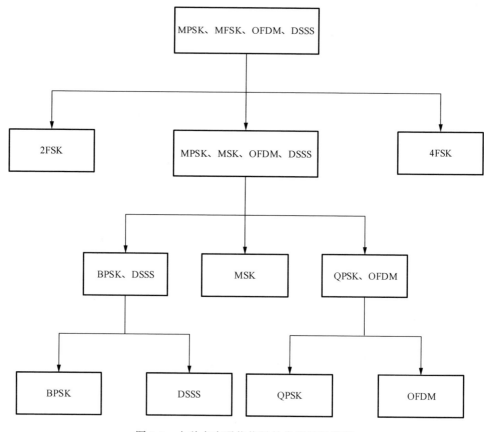

图 5-9　七种水声通信信号的类型辨识流程

　　图 5-10 为不同信噪比下七种类型信号树形分类器辨识结果，可以看出，当信噪比大于 0dB 时，该分类器对信号的准确辨识率均在 50%以上，当信噪比大于 5dB 时，该分类器准确辨识率均在 80%以上。当信噪比低于 0dB 时，2FSK 和 4FSK 类型辨识效果优于其他信号类型，原因在于信噪比较低时，对信号做平方和 4 次方非线性处理时存在小信号抑制效应，线谱信噪比下降，影响了辨识效果。

　　通过实际湖试数据进一步分析基于多特征分层处理的多类型非合作水声通信体制辨识方法的性能，待识别的湖试数据中包含 BPSK、2FSK、4FSK 以及 DSSS-BPSK 信号。图 5-11～图 5-14 分别为 2FSK、4FSK、BPSK 和 DSSS-BPSK 信号的湖试数据特性分析结果。可以看出 2FSK（中心频率 10kHz，频率间隔 1kHz）和 4FSK（中心频率 15kHz，频率间,1.5kHz）信号在功率谱频率分量处分别呈现 2 根和 4 根线谱特征；BPSK（载波频率 5kHz）信号在平方信号功率谱的 10kHz 处出现线谱，而自相关估计中没有明显相关峰，而 DSSS-BPSK（无信息码）信号在自相关估计中存在明显周期性相关峰。表 5-1 为湖试数据的信号类型辨识性能统计结果，整体辨识准确性在 85%以上。

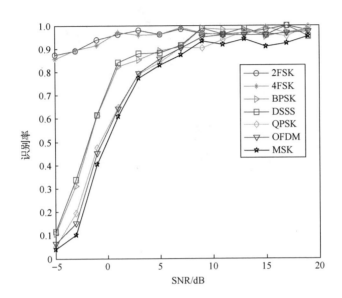

图 5-10　树形分类器辨识结果

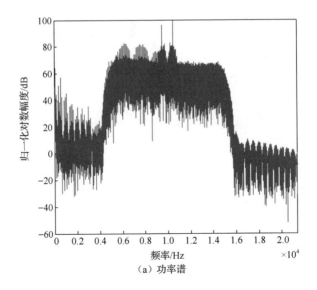

（a）功率谱

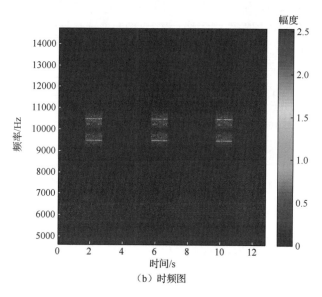

（b）时频图

图 5-11  湖试 2FSK 信号功率谱与时频图

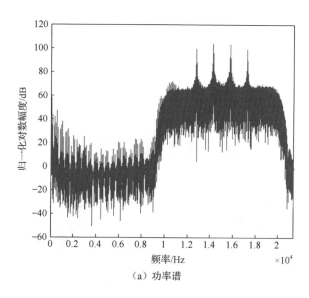

（a）功率谱

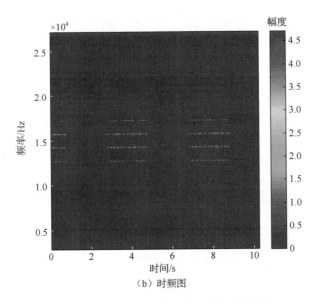

（b）时频图

图 5-12　湖试 4FSK 信号功率谱与时频图

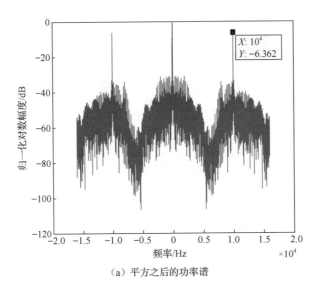

（a）平方之后的功率谱

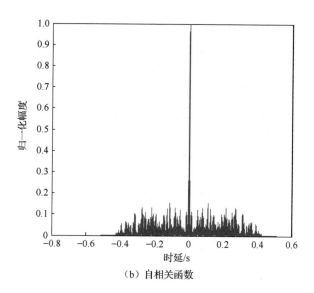

（b）自相关函数

图 5-13　湖试 BPSK 信号特性

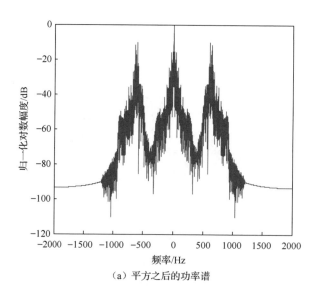

（a）平方之后的功率谱

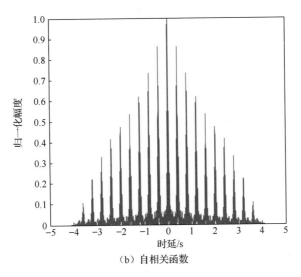

（b）自相关函数

图 5-14　湖试 DSSS-BPSK 信号特性

**表 5-1　湖试数据的信号类型辨识性能**

| 信号类型 | 识别率/% | 整体识别率/% |
|---|---|---|
| BPSK | 85 | |
| DSSS-BPSK | 85 | 87.5 |
| 2FSK | 90 | |
| 4FSK | 90 | |

## 5.3　基于类型辨识的水声通信信号特征参数估计方法

在辨识出水声通信信号类型后，可进一步对其关键参数进行估计。对于 FSK 信号，其中心频率可以通过功率谱线谱位置估计，本节重点讨论 MPSK 信号的载波频率、DSSS 信号的伪码周期，以及 OFDM 信号的子载波个数等不同信号类型的典型参数的估计方法。

### 5.3.1　MPSK 信号载波频率估计方法

MPSK 信号的频谱具有一定带宽，最大谱线对应的频率一般不等于载波频率。通过分析可知，$M$ 阶次调制的 PSK 信号，其 $M$ 次方后，信号的相位变化被去除，信号包含了 $M$ 倍载波频率的正弦分量，可以通过线谱所在的位置估计载波频率。

例如，当 $M = 2$ 时，由于 BPSK 信号不同码元的初相位 $\theta_n \in \{0, \pi\}$，那么 $2\theta_n$ 为 0 或者 $2\pi$，每个码元初相位相同，即 BPSK 信号平方后变成一个 2 倍载波频率的正弦信号叠加一个直流分量。而当 $M = 4$ 时，$2\theta_n \in \{0, \pi\}$，即 QPSK 信号平方后变成一个载波频率为 $2f_c$ 的 BPSK 信号叠加一个直流分量。

但高次方操作存在小信号抑制效应，即信噪比较低时，平方等操作后信噪比进一步降低，导致功率谱中难以出现线谱。特别是高次方操作，需要更高的信噪比才能通过线谱进行辨识。图 5-15 为低信噪比下载波频率为 500Hz 的 BPSK 信号平方谱，可以看出，几乎分辨不出线谱。而实际应用时，通常需要在较低信噪比下实现信号检测与类型辨识。

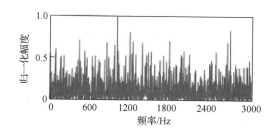

图 5-15　BPSK 信号平方的功率谱（$SNR = -9dB$）

针对低信噪比情况，可以先通过功率谱进行载波频率粗估计。图 5-16 为信噪比 0dB、载波频率 1.8kHz 的 BPSK 信号功率谱平滑前后的结果，平滑处理提高了频域信噪比，能够清晰看出 BPSK 信号频域包络特性，其中心频率即为 BPSK 信号载波频率，可以通过重心法[81]估计宽带信号的中心频率。

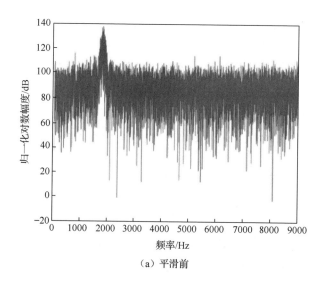

（a）平滑前

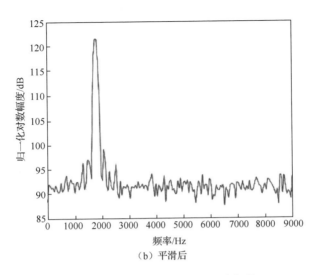

（b）平滑后

图 5-16　平滑前后 BPSK 信号功率谱

估计信号的功率谱平滑结果为 $R_s(k)$，设 $R_s(k)$ 最大的幅度值为 $R_s(k_0)$，搜索 $R_s(k)$ 中大于 $0.5R_s(k_0)$ 的边界，边界所占的带宽即为信号的 3dB 带宽。

计算 3dB 带宽内频谱的重心：

$$\hat{k} = \frac{\sum kR_s(k)}{\sum R_s(k)} \tag{5-13}$$

式中，$k$ 是所有满足 $R_s(k) \geqslant 0.5R_s(k_0)$ 的谱线序号。利用平滑后的功率谱重心得到载波频率的粗估计值。

$$f_c = \hat{k}\Delta f \tag{5-14}$$

式中，$\Delta f$ 为频率分辨率。

重心法稳定性较高，但难以精确估计载波频率，可基于重心法粗估计结果，进一步利用高阶循环累积量等方法进行精确载波频率估计。

MPSK 信号的载波本身是一个周期性信号，表现为循环平稳性[82]。循环平稳信号是一类特殊的非平稳信号，循环平稳性简单来说是信号自身不含有任何有限强度的加性正弦波分量，通过某种非线性变换后能产生有限强度的加性正弦波分量。对循环平稳信号的分析主要是利用循环累积量。

高阶循环累积量理论上可以抑制平稳高斯或非高斯噪声以及非平稳的高斯噪声[83]。也就是理论上在高阶循环累积量域可以得到更高的信噪比，有利于信号的分类和参数估计。

将信号进行希尔伯特变换，得到解析信号：

$$x'(t) = s'(t) + n'(t) = A'(t)\mathrm{e}^{\mathrm{j}(2\pi f_c + \theta + \varphi)} + n'(t) \quad (5\text{-}15)$$

式中，$A'(t)$ 为信号的包络函数。

为了消除幅度变化的影响，将解析信号进行归一化：

$$s(t) = \mathrm{e}^{\mathrm{j}(2\pi f_c t + \theta + \varphi)} \quad (5\text{-}16)$$

高阶循环累积量定义如下：

$$M_s^{\alpha}(t) = \left\langle s(t)\mathrm{e}^{-\mathrm{j}2\pi\alpha t} \right\rangle_t = \lim_{T_1 \to \infty} \frac{1}{T_1} \int_{-T/2}^{T/2} \mathrm{e}^{\mathrm{j}[2\pi(f_c - \alpha)t + \theta + \varphi]}\mathrm{d}t \quad (5\text{-}17)$$

可以看出，当循环频率 $\alpha$ 等于载波频率 $f_c$ 的时候，式（5-17）将构成基带信号，其高阶循环累积量不为 0，当循环频率不等于载波频率的时候，它的高阶累积量为 0。

MPSK 信号的四阶循环累积量表达式为[84]

$$C_{40}^{\alpha}(0,0,0) = \left\langle x^4(t)\mathrm{e}^{-\mathrm{j}8\pi\alpha t} \right\rangle_t - 3\left\langle x^2(t)\mathrm{e}^{-\mathrm{j}4\pi\alpha t} \right\rangle_t^2 \quad (5\text{-}18)$$

将解析信号代入得

$$C_{40}^{\alpha}(0,0,0) = \left\langle \mathrm{e}^{\mathrm{j}(8\pi f_c t + 4\theta + 4\varphi) - \mathrm{j}8\pi\alpha t} \right\rangle_t - 3\left\langle \mathrm{e}^{\mathrm{j}(4\pi f_c t + 2\theta + 2\varphi) - \mathrm{j}4\pi\alpha t} \right\rangle_t^2 \quad (5\text{-}19)$$

$\left| C_{40}^{\alpha}(0,0,0) \right|$ 曲线在载波频率处有明显峰值，仿真如图 5-17 所示。

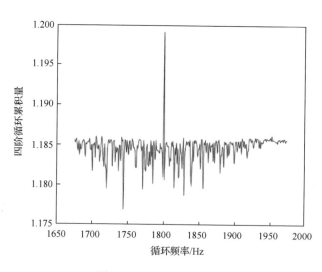

图 5-17　载波频率估计图

### 5.3.2　DSSS 信号伪码周期估计方法

对于信号：

$$x(t) = s(t) + n(t) = A_0 d(t) p(t) \cos(2\pi f_0 t) + n(t) \tag{5-20}$$

自相关估计为

$$R_x(\tau) = R_s(\tau) + R_n(\tau) + R_{sn}(\tau) + R_{ns}(\tau) = A_0^2 R_d(\tau) R_p(\tau) R_c(\tau) + \tilde{R}_n(\tau) \tag{5-21}$$

式中，$R_p(\tau)$ 为伪随机信号的自相关，由伪随机信号的特性可知：

$$R_p(\tau) = \begin{cases} 1 - \dfrac{(N+1)\left|\tau - kT_\mathrm{p}\right|}{T_\mathrm{p}}, & 0 \leqslant \left|\tau - kT_\mathrm{p}\right| \leqslant T_\mathrm{c} \\ -\dfrac{1}{N}, & \left|\tau - kT_\mathrm{p}\right| > T_\mathrm{c} \end{cases} \tag{5-22}$$

可见，在伪码周期 $T_\mathrm{p}$ 的整数倍处将有一个宽度为 $2T_\mathrm{c}$ 的三角形尖峰，根据尖峰的位置可以得到伪码周期 $T_\mathrm{p}$ 的估计。

对于载波信号，其自相关估计 $R_c(\tau)$ 仍然为该频率的正弦信号，经过相乘后，在三角形自相关峰中填充了单频信号，存在噪声时，自相关峰最大值位置易受到噪声影响，导致估计偏差。因此，首先对自相关估计结果先进行包络拟合，降低噪声的影响，再估计伪码周期。

图 5-18 为 -15dB 下的自相关估计绝对值和包络拟合结果的比较。可以看出，原始自相关估计的相关峰不明显，且不是附近的最高峰（真实伪码周期为 49.62ms，最大值为 49.72ms），无先验信息下，很难准确找到该峰值。经过包络拟合后，相关峰明显突出，是零相关以外的最大值，且最大值位置 49.62ms 与真值基本一致。

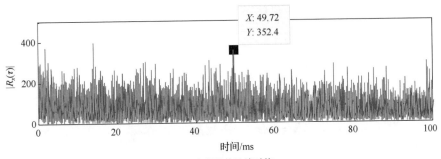

（a）自相关估计绝对值

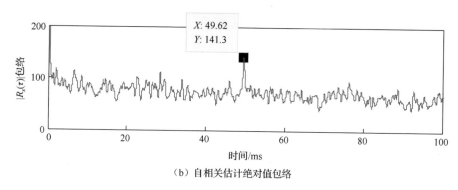

（b）自相关估计绝对值包络

图 5-18　自相关估计与其包络拟合结果的比较（SNR = −15dB）

　　由式（5-21）可知，若只有基带信号，其自相关估计结果更接近于伪随机信号的自相关波形，伪码周期处的自相关峰更加明显，并且没有载波引起的多值性，峰值提取更容易，不易出现误判结果。因此可以考虑通过基带信号来估计自相关，提高伪码周期估计性能。

　　图 5-19 给出了接收到的调制信号直接自相关估计与经过基带信号恢复后的自相关估计的比较（信噪比为−10dB），其中图（a）、图（b）为调制信号自相关及单峰放大图，图（c）、图（d）为基带信号自相关及单峰放大图。从图（b）中可以看出自相关峰受载波及噪声的影响较大，最大值位置已偏离真值（真值为49.6ms）；图（d）中基带信号自相关放大图中自相关峰更为平滑，峰值点位置也准确，光滑的波形也使得图（c）中多个自相关峰的自动提取更为容易和准确。可以看出，在较低信噪比下，基于基带信号自相关估计的相关峰提取结果更为准确。

　　基带信号估计结果中已没有加性背景噪声，但非合作条件下基带信号的估计依赖于载波频率与初相位的估计结果，载波频率和初相位估计不可避免存在偏差，这些偏差在基带信号估计中体现在码元跳变时刻的误差上，跳变点误差会降低伪随机信号的自相关特性，使伪码周期处自相关峰信噪比下降。

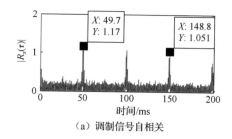

（a）调制信号自相关

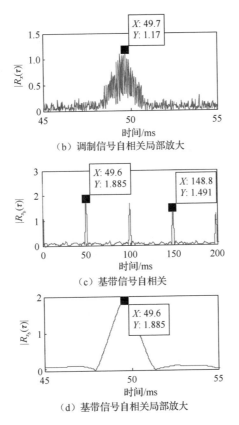

（b）调制信号自相关局部放大

（c）基带信号自相关

（d）基带信号自相关局部放大

图 5-19　调制信号与基带信号自相关估计比较（SNR=-10dB）

　　下面通过蒙特卡罗仿真，分析基于自相关估计、基于自相关估计包络、基于基带信号等三种方法对伪码周期的估计性能，其中基带信号估计中考虑了载波频率和初相位无误差 $(\Delta f = 0\text{Hz}, \varphi_0 = 0)$、载波频率有误差 $(\Delta f = 50\text{Hz}, \varphi_0 = 0)$、初相位有误差 $(\Delta f = 0\text{Hz}, \varphi_0 = \pi/4)$ 三种情况。仿真结果如图 5-20 和图 5-21（图 5-21 为图 5-20 的局部放大）所示。设定 5%归一化均方根误差为性能评判标准，各方法所能达到的最低信噪比在表 5-2 中列出。

　　可以看出直接基于自相关峰的伪码周期估计（圆圈标示的曲线 1）在 0dB 以上性能非常好，但低信噪比下性能下降最快，以 5%归一化均方根误差为评判标准时，该方法最低只能达到-13dB。采用自相关拟合的方式（圆点标示的曲线 2）可以相应提高估计性能，5%要求时可以达到-15dB。该方法在信噪比-18dB 及以下时与曲线 1 的性能相似，因为此时已无相关峰出现，平滑降噪处理也无法使相关峰显现。载波频率和初相位无误差情况下基于基带信号自相关估计（三角标示的曲线 3) 在低信噪比下性能最好, 限定归一化均方根误差在 5%以内时, 可以比曲线 1 下降 4dB, 但在高信噪比条件下估计性能要低于基于已调信号自相关估计方法。载波频率有 1%偏差 (50Hz) 时, 估计性能 (方框标示的曲线 4) 低信噪比下优于曲线 1, 但略差于曲线 2。初相位误差 $\pi/4$ 时 (此相位差对基带信号估计影响最大), 伪码周期估计性能 (五角星标示的曲线 5) 优于曲线 4, 但差于曲线 2。

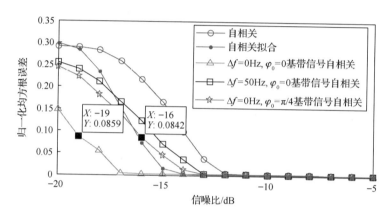

图 5-20　自相关估计均方根误差

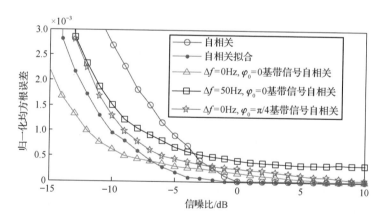

图 5-21　自相关估计均方根误差局部放大

表 5-2　满足 5%归一化均方根误差以下的各方法信噪比下限

|  | 曲线 1 | 曲线 2 | 曲线 3 | 曲线 4 | 曲线 5 |
| --- | --- | --- | --- | --- | --- |
| 信噪比下限/dB | -13 | -15 | -17 | -14 | -15 |

　　从仿真结果可以看出，基于基带信号自相关伪码周期估计的性能在低信噪比下具有更优的性能，但依赖于载波频率估计精度和相位差的大小。对接收信号自相关估计进行平滑拟合后再估计伪码周期，性能要优于直接估计法和存在频差或相位差的基带信号法。在非合作条件下，载波频率和初相位无误差（曲线 3）的条件是很难满足的，因此，基于接收信号自相关平滑拟合的方法是几种方法中相对最优的。

### 5.3.3　OFDM 信号子载波数估计方法

　　通过前述 OFDM 信号自相关特性分析可知，由于循环前缀的影响，OFDM 信号的自相关函数除了在延迟为零处产生谱峰，还会在去前缀符号长度 $\tau_{valid}$ 处产生谱峰，如图 5-22 所示，在 OFDM 信号去前缀符号长度 2.048s 处出现峰值。图 5-23为在不同循环前缀长度下，OFDM 去前缀符号长度估计误差与信噪比的关系，可以看出，两种循环前缀长度下，基于循环前缀相关性方法估计 OFDM 信号去前缀符号长度性能良好且鲁棒性较强。

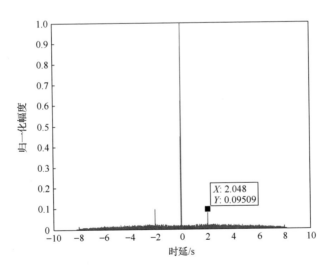

图 5-22　OFDM 信号的自相关函数

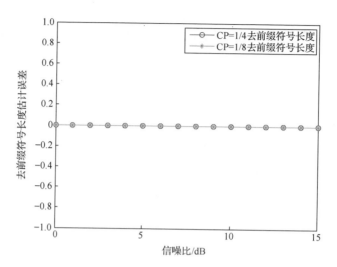

图 5-23　不同循环前缀长度下 OFDM 去前缀符号长度估计误差与信噪比的关系

由文献[85]可知，$g_k(t)$ 的循环谱为

$$\widehat{S}_{g_k}^{\alpha}(f)=\frac{1}{T}\mathrm{e}^{-\mathrm{j}2\pi(\alpha+k\Delta f)t_0}Q(f+\alpha/2)Q^*(f-\alpha/2),\alpha=p/T \tag{5-23}$$

式中，$\Delta f=1/T$ 为子载波间隔，$T$ 为 OFDM 符号长度。由于在 OFDM 系统中，每一个符号周期内各个子载波之间传输的信号是独立且相互正交的，因此根据循环谱的性质可知，子载波个数为 $N$ 的 OFDM 信号循环谱应等于各子载波信号的循环谱之和，即

$$
\begin{aligned}
\widehat{S}_{rr}^{\alpha}(f)&=\sum_{k=-N/2}^{N/2}\widehat{S}_{g_k}^{\alpha}(f)\\
&=\begin{cases}\dfrac{1}{T}\displaystyle\sum_{k=-N/2}^{N/2}\left[\mathrm{e}^{-\mathrm{j}2\pi(\alpha+k\Delta f)t_0}Q\left(f-k\Delta f+\dfrac{\alpha}{2}\right)Q^*\left(f-k\Delta f-\dfrac{\alpha}{2}\right)\right],\alpha=p/T\\
0,\quad 其他\end{cases}
\end{aligned}
$$

$$\tag{5-24}$$

根据式（5-24）以及循环谱的性质可得

$$\widehat{S}_x^{\alpha}(f)=\frac{1}{4}\left[\widehat{S}_{rr}^{\alpha}(f-f_0)+\widehat{S}_{rr}^{\alpha}(f+f_0)+\widehat{S}_{r^*r}^{\alpha-2f_0}(f-f_0)\mathrm{e}^{\mathrm{j}2\phi_0}+\widehat{S}_{r^*r}^{\alpha+2f_0}(f+f_0)\mathrm{e}^{-\mathrm{j}2\phi_0}\right]$$

$$\tag{5-25}$$

又由于

$$
\begin{aligned}
R_{r\dot{r}}(t,\tau) &= E\{r(t)r(t+\tau)\} \\
&= \sum_{n=-\infty}^{\infty}\sum_{k=-N/2}^{N/2} E\{c_{k,n}c_{k,n}\} e^{j2\pi k\Delta f(2t+\tau-2nT-2t_0)} q(t-nT-t_0)q(t+\tau-nT-t_0) \\
&= 0
\end{aligned}
$$

$$(5\text{-}26)$$

可知 $\widehat{S}_{r\dot{r}}^{\alpha}(f)=0$ ，从而可得

$$
\widehat{S}_{x}^{\alpha}(f)=
\begin{cases}
\dfrac{1}{4T}e^{-j2\pi\alpha t_0}\left\{\displaystyle\sum_{k=-N/2}^{N/2}e^{-j2\pi k\Delta f t_0}Q(f+f_0-k\Delta f+\alpha/2)Q^{*}(f+f_0-k\Delta f-\alpha/2)\right.\\
\left. +\displaystyle\sum_{k=-N/2}^{N/2}e^{-j2\pi k\Delta f t_0}Q(f-f_0-k\Delta f+\alpha/2)Q^{*}(f+f_0-k\Delta f-\alpha/2)\right\},\alpha=p/T\\
0,\quad \text{其他}
\end{cases}
$$

$$(5\text{-}27)$$

根据式（5-27）可知，OFDM 信号的循环谱具有如下特点。

（1） $\left|\widehat{S}_{x}^{\alpha}(f)\right|$ 在 $(f=\pm f_0+k\Delta f,\alpha=0)$ 处存在谱峰。

（2）当 $f=\pm f_0$ 时， $\alpha$ 轴上 $\left|\widehat{S}_{x}^{\alpha}(f)\right|$ 存在间隔为 $\Delta f=1/T$ 的谱峰。

图 5-24 为 OFDM 信号循环谱估计结果，OFDM 信号参数为：载波频率 $f_{c}=1\text{kHz}$ ，符号频率 $f_{b}=\Delta f=500\text{Hz}$ ，子载波个数 1024 个，每个子载波的调式均为 QPSK。由图 5-24 可以看出，在不同的频率和循环频率处存在谱峰。

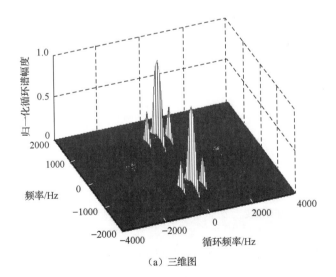

（a）三维图

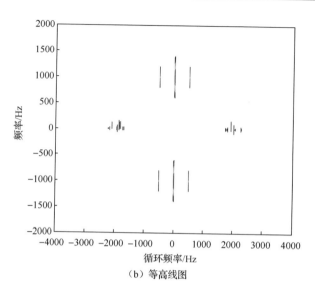

（b）等高线图

图 5-24　OFDM 信号循环谱

　　图 5-25 为 OFDM 信号循环谱函数在 $\alpha = 0$ 处的截面图，可以看出，其峰值位置对应载波频率，与理论分析一致，因此可以通过 $\alpha = 0$ 截面最大值搜索获得 OFDM 信号载波频率估计。

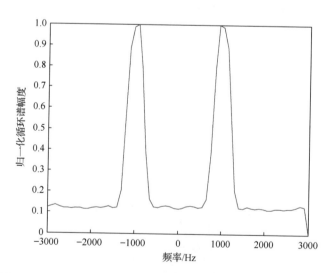

图 5-25　OFDM 信号循环谱函数在 $\alpha = 0$ 处的截面图（SNR=0dB）

　　类似地，取 $f = \pm f_0$ 的截面，如图 5-26 所示，在循环频率为 499.9Hz 处存在谱峰，该值与子载波间隔 $\Delta f$ 一致，因此可以用于估计 OFDM 信号子载波间隔，也就是符号频率，其倒数即为符号周期 $T$。图 5-27 为不同数据长度下 OFDM 信号载波频率与符号频率的估计性能统计图。

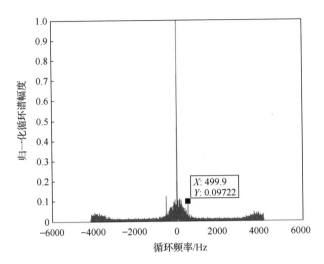

图 5-26　OFDM 信号循环谱函数在 $\alpha = f_0$ 处的截面图（SNR=0dB）

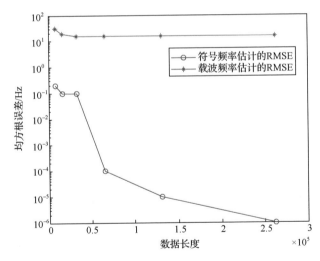

图 5-27　OFDM 信号载波频率与符号频率估计性能图

　　估计出 OFDM 信号的去前缀符号长度 $T_{\mathrm{u}}$（单位为 s）及符号频率 $F_{\mathrm{b}}$（单位为 Hz）后，可对 OFDM 信号子载波个数进行估计。OFDM 通信系统为了使用快速逆傅里叶变换和快速逆傅里叶变换算法实现调制解调，其子载波个数一般均等于 $2^k$，$k$ 为整数，可以得到 OFDM 信号的子载波个数的估计公式为

$$\hat{K} = 2^{\left\lfloor \log_2(T_u F_b) \right\rfloor} \tag{5-28}$$

式中，$\lfloor x \rfloor$ 是指取离 $x$ 最接近的整数。

图 5-28 为不同信噪比下基于式（5-28）估计的子载波个数误差，可以看出该方法在较低信噪比环境中能准确估计出 OFDM 信号子载波个数，且鲁棒性较好。

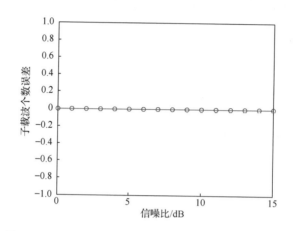

图 5-28　不同信噪比下 OFDM 信号子载波个数估计误差

# 第6章　目标辐射噪声侦察技术

随着减振降噪技术的不断发展，水下目标辐射噪声级持续降低，而海洋环境噪声级持续上升，导致传统基于能量的被动声呐检测方法对水下目标的探测性能急剧下降。水下目标辐射噪声在特征域具有相较能量域更高的信噪比，基于特征的探测现已成为水声目标探测技术的发展趋势。其中，目标辐射噪声特征的有效获取是关键。目标辐射噪声侦察主要解决目标辐射噪声信号及其特征的高保真获取问题，为目标探测提供信息支持。

目前，水声探测大多采用稳健性好的常规阵列处理方法，在对目标进行空间跟踪的基础上完成目标辐射噪声连续谱、功率谱线谱和解调谱线谱等特征提取。但受阵列处理的局限性、多目标干扰等因素的影响，传统基于跟踪波束处理的辐射噪声特征提取方法获取的特征中往往存在特征畸变，且混杂了非跟踪目标的特征，使得用于目标检测和识别的特征不再纯净。因此，如何提高水下目标辐射噪声连续谱、功率谱线谱和解调谱线谱等特征的纯净度和准确性，是目标辐射噪声侦察关注的重点。

## 6.1　目标辐射噪声高保真获取

波束形成是提高目标辐射噪声侦察处理信噪比、从水听器阵列信号中重构源信号、实现多目标分离的常用方法和有效手段[86]。波束形成的性能高低与阵列各阵元之间时延模型的准确性密切相关。但在水声环境中，受限于水声传播、阵列加工及安装等条件限制，波束形成总会出现模型失配的情况。尤其是在水声探测和侦察系统常用的拖曳大孔径线列阵中，阵元位置的误差、平面波的假设以及目标方位角的估计误差等，都可能造成常规波束形成方法跟踪波束输出时出现时延失配，从而造成信号时域波形及功率谱和解调谱等特征方面的畸变。本章后续主要以拖曳线列阵为例，讨论目标辐射噪声信号及特征获取问题。

### 6.1.1　畸变线列阵信号时延模型

如图 6-1 所示，假设均匀间距线阵阵元间距为 $d$，阵元数为 $N$，声速为 $c$，正横方向为 0°，目标方位角度范围是 $[-\pi/2, \pi/2]$，相邻阵元之间信号时延量记为 $\tau = d\sin\theta/c$。

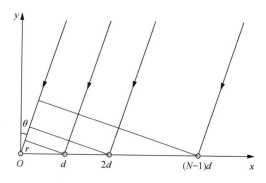

图 6-1　均匀线阵阵形示意图

　　利用常规波束形成，对于窄带信号，假设目标方位角为 $\theta_0$，信号载波频率为 $f$，则归一化后的输出幅度为

$$R(\theta,\theta_0,f)=\frac{\sin\left[\dfrac{N\pi df}{c}(\sin\theta-\sin\theta_0)\right]}{N\sin\left[\dfrac{\pi df}{c}(\sin\theta-\sin\theta_0)\right]} \tag{6-1}$$

　　这是一个类 sinc 函数，当 $\theta=\theta_0$ 时取最大值 1。信号频率越高，主瓣宽度越窄，目标分辨能力越强，但是这也是有限度的，必须满足 $f\leqslant0.5c/d$ 才能避免栅瓣的出现。

　　水听器阵在拖曳过程中受到洋流、风浪、拖船机动等因素的影响会引起阵形畸变，从而影响方位估计性能[87-90]。这里以线列阵为例进行讨论。图 6-2 给出了线列阵阵形畸变示意图。假设以第 1 个阵元位置为原点建立坐标系，$x$ 轴设定为拖船航行方向的后方，相邻两阵元的距离是相等的。在此坐标系下，第 $n$ 个理想阵元的位置为 $(x_n=nd,y_n=0)$，其中 $d$ 为阵元间距。

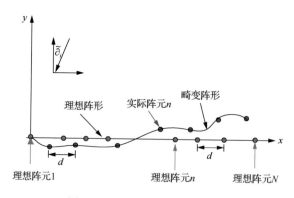

图 6-2　线列阵阵形畸变示意图

假设来自 $\tilde{\vartheta}_i$ 方向的远场目标坐标为 $(\overline{x}_i, \overline{y}_i)$（为了便于分析考虑二维平面，分析结果可以扩展到三维空间），则相邻理想阵元位置接收目标信号距离差为

$$\begin{aligned}\Delta R_{n,n-1} = R_n - R_{n-1} &= \sqrt{(\overline{x}_i - x_n)^2 + \overline{y}_i^2} - \sqrt{(\overline{x}_i - x_{n-1})^2 + \overline{y}_i^2}\\ &\approx d\sin\tilde{\vartheta}_i\end{aligned} \tag{6-2}$$

上述结果利用了远场近似，式中，

$$(\overline{x}_i - x_{n-1})/R_{n-1} \approx \sin\tilde{\vartheta}_i \tag{6-3}$$

$$R_{n-1} = \sqrt{(\overline{x}_i - x_{n-1})^2 + \overline{y}_i^2} \tag{6-4}$$

当阵形发生畸变时，假设第 $n$-1 个阵元的实际位置为 $(\tilde{x}_{n-1}, \tilde{y}_{n-1})$，而第 $n$ 个阵元的实际位置为 $(\tilde{x}_n, \tilde{y}_n)$，则相邻阵元间的接收信号距离差可以写成

$$\begin{aligned}\Delta\tilde{R}_{i,i-1} &= \tilde{R}_n - \tilde{R}_{n-1}\\ &= \sqrt{(\overline{x}_i - \tilde{x}_n)^2 + (\overline{y}_i - \tilde{y}_n)^2} - \sqrt{(\overline{x}_i - \tilde{x}_{n-1})^2 + (\overline{y}_i - \tilde{y}_{n-1})^2}\\ &\approx (\tilde{x}_{n-1} - \tilde{x}_n)\sin\tilde{\vartheta}_i + (\tilde{y}_{n-1} - \tilde{y}_n)\cos\tilde{\vartheta}_i\\ &= d\sin(\tilde{\vartheta}_i + \varphi_{n-1})\end{aligned} \tag{6-5}$$

式中，

$$\sin\tilde{\vartheta}_i = \frac{\overline{x}_i - \tilde{x}_{n-1}}{\tilde{R}_{n-1}} \tag{6-6}$$

$$\varphi_{n-1} = \arctan\frac{\tilde{y}_{n-1} - \tilde{y}_n}{\tilde{x}_{n-1} - \tilde{x}_n} \tag{6-7}$$

$$d = \sqrt{(\tilde{x}_{n-1} - \tilde{x}_n)^2 + (\tilde{y}_{n-1} - \tilde{y}_n)^2} \tag{6-8}$$

$d \ll \tilde{R}_{n-1}$，$\varphi_{n-1}$ 表示第 $n$-1 阵元、第 $n$ 阵元形成的误差角，后续将详细讨论该误差角对波束形成的影响。

式（6-5）给出了在畸变线列阵中相邻阵元的距离差，那么第 $n$ 个阵元和参考阵元之间的距离差可以写成

$$\Delta\tilde{R}_{n,0} = \tilde{R}_n - \tilde{R}_0 = \sum_{i=1}^{n}\Delta\tilde{R}_{i,i-1} \tag{6-9}$$

式中，$\tilde{R}_0$ 为参考阵元到目标的距离。

## 6.1.2　阵形畸变对宽带波束形成的影响

波束形成技术通过将多个水听器的接收信号进行时延叠加来确定目标方位。

考虑到拖曳阵水听器接收信号为舰船辐射噪声信号，$s_i(t)$ 为第 $i$ 个宽带目标源信号，第 $n$ 个阵元的观测信号可表示为

$$x_n(t) = \sum_{i=1}^{K} \gamma_n(\vartheta_i) s_i \left( t - \tau_n(\vartheta_i) \right) + n_n(t) \tag{6-10}$$

式中，$\gamma_n(\vartheta_i)$ 为第 $n$ 个阵元对 $\vartheta_i$ 方向上入射信号的灵敏度；$\tau_n(\vartheta_i)$ 为第 $n$ 个阵元接收到 $\vartheta_i$ 方向的信号对于第 $i$ 个源信号的时延；$n_n(t)$ 为加性噪声；$K$ 为信号源数目，$t = 1, \cdots, T$，其中 $T$ 为观测时间。假设在观测时间内得到 $J$ 个样本数据，对观测数据进行离散傅里叶变换，可以得到：

$$x_n(f_j) = A(f_j) s(f_j) + n_n(f_j) \tag{6-11}$$

式中，

$$A(f_j) = \left[ a_1(f_j), \cdots, a_K(f_j) \right] \tag{6-12}$$

$$a_k(f_j) = \left[ e^{-j2\pi f_j \tau_{1k}}, \cdots, e^{-j2\pi f_j \tau_{nk}}, \cdots, e^{-j2\pi f_j \tau_{Nk}} \right]^{\mathrm{T}} \tag{6-13}$$

式中，$\tau_{nk}$ 为第 $n$ 个阵元对第 $k$ 个方位信号的真实时延；$x_n(f_j)$、$s(f_j)$ 以及 $n_n(f_j)$ 分别表示在频率 $f_j$ 上第 $n$ 个阵元接收数据、源信号以及噪声信号。

利用理想阵元位置进行宽带波束形成，可以得到：

$$L(\vartheta_m) = \sum_{j=1}^{J} \left| h(\vartheta_{jm}) \right|^2 \tag{6-14}$$

$$h(\vartheta_{jm}) = \sum_{n=1}^{N} x_n(f_j) e^{\frac{j2\pi f_j (n-1) d \sin \vartheta_m}{v}} \tag{6-15}$$

式中，$v$ 为声波传播速度；$\vartheta_m$ 为预设的第 $m$ 个方位；$h(\vartheta_{jm})$ 表示第 $j$ 个窄带波束形成输出；$L(\vartheta_m)$ 表示宽带波束形成输出。

式（6-15）的波束形成所使用的导向矢量是基于理想阵元位置构造的，然而对于畸变线列阵，构造的理想时延不能反映真实信号时延，从而导致波束形成性能下降。将时延式（6-5）和式（6-9）代入式（6-15），可以得到：

$$h(\vartheta_{jm}) = \sum_{i=1}^{K} s_i(f_j) e^{\frac{j2\pi f_j d g_{im}}{v}} \tag{6-16}$$

$$g_{im} = \sum_{n=2}^{N} \left[ \sum_{p=2}^{n} \sin(\tilde{\vartheta}_i + \varphi_{p-1}) - (n-1) \sin \vartheta_m \right] \tag{6-17}$$

式中，$g_{im}$ 为两阵元间接收信号距离差异因子，与阵元畸变导致的方位偏移有关；$\tilde{\vartheta}_i$ 为阵形无畸变条件下预设方位的估计值。

两种最常见的阵形畸变模型：一是阵元位置呈圆弧状扰动的阵列；二是各阵元位置是具有一定横向随机误差的类直线阵。具有一定横向随机误差的类直线阵对波束形成的主要影响是主瓣变宽，旁瓣变高，但是不会影响方位估计精度。下面以圆弧状扰动为对象分析阵形畸变对波束形成输出的影响。图 6-3 是圆弧状阵形扰动的示意图。

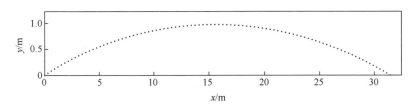

图 6-3　圆弧状阵形扰动示意图

### 1. 仿真实验一

假设拖曳线列阵的阵元间距 $d=0.5$m，阵元数 $N=64$，声速 $c=1500$m/s，信号频率范围 20～1600Hz，目标方位 50°，扰动圆弧拱高 $h=0.1$m，首先计算空间谱如图 6-4 所示。

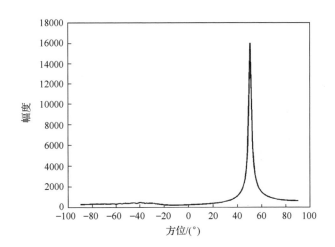

图 6-4　扰动圆弧拱高为 0.1m 时的空间谱

根据空间谱搜索最大值 50°作为目标方位，假设阵形没有发生畸变，计算相应的时延量，并对阵元信号采取时延补偿的方法得到跟踪波束，对比输出信号和原始目标信号的功率谱如图 6-5 所示。

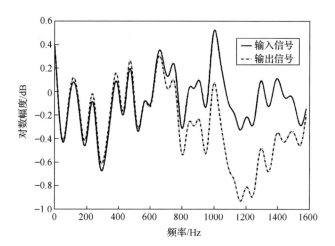

图 6-5 扰动圆弧拱高为 0.1m 时输入输出信号功率谱对比图

## 2. 仿真实验二

目标方位仍为 50°，但是扰动圆弧拱高 $h$=1m，空间谱如图 6-6 所示。

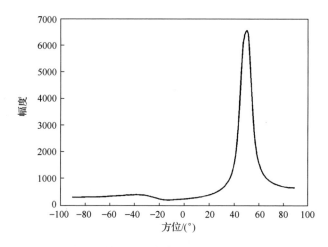

图 6-6 扰动圆弧拱高为 1m 时的空间谱

搜索的目标方位为 51°，得到波束形成输出功率谱与原始信号功率谱对比如图 6-7 所示。

通过实验对比可以得到的结论是圆弧扰动导致空间谱主瓣宽度变大，目标方位估计误差变大，信号中的高频成分受影响的程度大于低频部分。阵形发生畸变后如果仍然按照未发生畸变时的阵形进行波束形成，必然导致信号处理的性能下降。

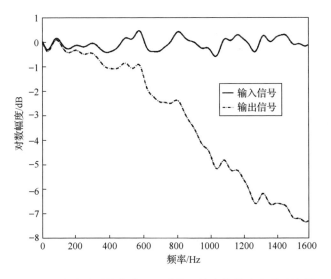

图 6-7　扰动圆弧拱高为 1m 时输入输出信号功率谱对比图

### 6.1.3　测角误差对宽带波束形成的影响

下面通过仿真实验验证测角误差对宽带波束形成输出的影响。

1. 仿真实验一

仍然假设拖曳线列阵的阵元间距 $d$=0.5m，阵元数 $N$=64，声速 $c$=1500m/s，信号频率范围 20～1600Hz，利用前面的阵响应公式，得到不同频率、不同方位信号在测角误差为 1°时的响应（灰度越大响应幅度越小），如图 6-8 所示。

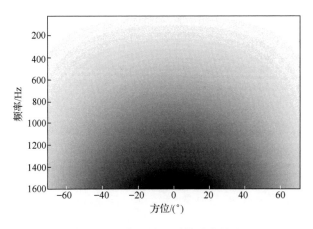

图 6-8　测角误差 1°时的波束输出

## 2. 仿真实验二

为了研究测角误差对各个频率信号的影响，利用高斯白噪声作为目标信号，以求得对该问题一个完整的认识。设定目标方位为 15°，观测时间为 3s，其他参数同上面的假设，功率谱估计利用最小均方误差方法得到，阵元时延采用基于 sinc 函数的高精度时延算法可以减小采样时间量化误差对波束形成的影响[91, 92]，经过常规波束形成后的输出如图 6-9 所示。

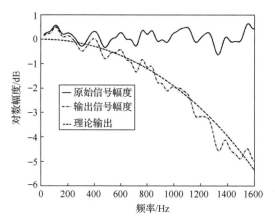

图 6-9　方位误差 1°对 15°目标输出的影响

## 3. 仿真实验三

目标方位为 75°，其他参数同实验二，输出如图 6-10 所示。观察可以看出，频率越低对测角误差的敏感程度越低，方位越大对测角误差的敏感程度越低。

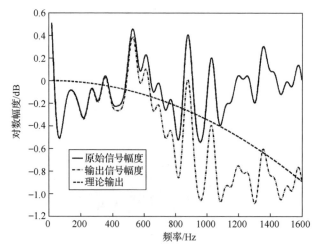

图 6-10　方位误差 1°对 75°目标输出的影响

### 6.1.4　基于阵形校正处理的宽带波束形成

根据 6.1.2 节的分析，当均匀线列阵发生畸变时，波束形成的性能会受到明显的影响。因此，为了提高阵形畸变条件下的线谱特征能力，需要对阵形加以校正。

通过 DFT，将第 $m$ 个水听器处的观测信号 $y_m(t)$ 分解为 $N$ 个窄带分量，各频率点的信号可表达为

$$y_m(f_n) = \sum_{k=1}^{K} \gamma_m(f_n) s_k(f_n) \exp(-\mathrm{j}2\pi f_n \tau_{mk}) + e_m(f_n), \quad n \in 1,2,\cdots,N \qquad (6\text{-}18)$$

式中，$f_n = nf_s/N$，表示在采样频率为 $f_s$ 时的第 $n$ 个频率点；$N = f_s T$，$T$ 为采样时间长度；$\gamma_m(f_n)$ 为 $f_n$ 的频率系数。如果存在频率为 $f_n$ 的强正弦噪声信号，也就是存在频率为 $f_n$ 的线谱时，该频率系数具有较大的值。

式（6-18）通过 DFT 将宽带波束形成变为多个窄带波束形成，假设信号源的来波方向为 $\theta_q$，那么此等间隔拖曳线列阵的导向矢量可以表示为

$$\boldsymbol{w}(f_n,\theta_q) = \left[ 1, \exp\left( \frac{-\mathrm{j}2\pi f_n d\cos\theta_q}{v} \right), \cdots, \exp\left( \frac{-\mathrm{j}2\pi f_n (M-1)d\cos\theta_q}{v} \right) \right]^{\mathrm{T}}, \quad q \in 1,2,\cdots,Q$$

$$(6\text{-}19)$$

式中，$Q$ 为预成波束的扫描角数目。基于式（6-19），可以得到波束形成的结果：

$$\rho(\theta_q) = \sum_{n=1}^{N} |\, \boldsymbol{w}(f_n,\theta_q)^{\mathrm{H}} \boldsymbol{y}(f_n)\,|^2, \quad q \in 1,2,\cdots,Q \qquad (6\text{-}20)$$

式中，$\boldsymbol{y}(f_n) = [y_1(f_n),\cdots,y_M(f_n)]^{\mathrm{T}} \in \boldsymbol{C}^M$，表示第 $n$ 个频点处阵列接收到的信号矢量；H 代表共轭转置。根据式（6-20），基于局部极大值估计出信号源来波方向 $\hat{\theta}_k$，则输出信号可以用 $\hat{\theta}_k$ 表示为

$$\tilde{y}_k(t) = \sum_{m=1}^{M} y_m \left[ t - \frac{(m-1)d\cos\hat{\theta}_k}{v} \right] \qquad (6\text{-}21)$$

式（6-19）～式（6-21）描述的是基本的宽带频域波束形成方法。在拖曳均匀阵列无畸变的理想情况下，式（6-21）中的时延无误差，此时拖曳线列阵的接收信号经过波束形成后，输出信号 $\tilde{y}_k(t)$ 的信噪比可以提高 $M$ 倍。然而，由于拖船的横向运动、海水流动以及水动力效应，拖曳阵列会严重变形，不会保持直线[93, 94]，此时式（6-21）中的时间延迟量与真实情况并不匹配。因此，当实际阵列形状远远偏离理想阵列形状时，波束形成的性能会急剧恶化，基于理想

阵列形状的输出信号 $\tilde{y}_k(t)$ 在失真阵列的情况下性能很差。由发动机和空调系统等机械设备不可避免的振动产生的线谱分量是舰船辐射噪声信号中一个非常重要且有用的成分[16, 95]。通常，线谱分量的功率比其附近连续频谱的功率高 10dB 左右，相对于宽带谱易于检测和识别。这些相对较强的线谱分量的相位包含了从目标到水听器的时延信息，因此可以用来估计不同阵元接收到的辐射噪声信号的时延差。

当频率为 $f_n$ 的线谱存在时，式（6-18）中频率系数 $\gamma_m(f_n)$ 的值会较高。但由于远程传播衰减等因素，单个阵元接收信号的线谱信噪比低，基于单个阵元的线谱检测性能也较差。因此，通常对阵列处理输出的波束信号进行线谱检测。对整个水听器拖曳阵列的输出波束信号 $\tilde{y}_k(t)$ 进行离散傅里叶变换，得到阵列输出的功率谱 $P_{y_k}(f)$，基于该功率谱进行线谱检测。假设线谱检测共检测到 $L_0$ 根线谱，线谱对应位置的频率为 $\hat{f}_l$，$l = 1, 2, \cdots, L_0$，则各个阵元接收信号在线谱位置处的傅里叶变换为

$$z_m(\hat{f}_l) = \int_t y_m(t) \exp(-\mathrm{j}2\pi \hat{f}_l t)\mathrm{d}t, \quad m \in 0, 1, \cdots, M-1 \qquad （6-22）$$

式中，$z_m(\hat{f}_l)$ 携带有第 $k$ 个信号源传播到第 $m$ 个阵元的相位信息。假定第 $m+1$ 个水听器阵元在频率 $\hat{f}_l$ 处相对于参考阵元的相位差为 $\psi_m(\hat{f}_l)$，该水听器阵元相对于参考阵元的时延为 $\tau_{km}$，则相位差与时延之间的关系为

$$\psi_m(\hat{f}_l) = 2\pi \hat{f}_l \tau_{km} \qquad （6-23）$$

那么，根据第 $m$ 个阵元和第 $m+1$ 个阵元的接收信号在该线谱位置处的相位差，这对相邻阵元的时延量可以表示为

$$\Delta \hat{\tau}_{l,km} = \frac{\psi_{m+1}(\hat{f}_l) - \psi_m(\hat{f}_l)}{2\pi \hat{f}_l}, \quad l \in 1, 2, \cdots, L_0 \qquad （6-24）$$

式（6-24）中，相邻阵元的时延是基于第 $l$ 根线谱位置处的相位差估计得出的。所有 $L_0$ 根线谱估计出的时延量可由每根线谱估计值取平均而得[96]

$$\Delta \hat{\tau}_{km} = \frac{1}{L_0} \sum_{l=1}^{L_0} \Delta \hat{\tau}_{l,km}, \quad m \in 1, 2, \cdots, M-1 \qquad （6-25）$$

当估计出相邻阵元间的时延后，易得第 $m$ 个阵元相对于参考阵元的时延量：

$$\Delta \eta_{km} = \sum_{i=1}^{m} \Delta \hat{\tau}_{km} \qquad （6-26）$$

这个时延是数据驱动的,反映了当前的基阵状态。此时,经过修正后的阵列接收信号的表达式为

$$\tilde{y}_k(t) = \sum_{m=1}^{M} y_m(t - \Delta\eta_{km}) \quad (6\text{-}27)$$

至此,就实现了拖曳线列阵畸变条件下的阵形修正与波束形成,与传统的波束形成方法相比,该方法能有效增强畸变线阵列中的线谱特征。

进一步地,对非均匀阵来说,线谱的选取受到阵元间距的严格限制。对于阵元间距为 $d_i$ 的子阵,若使用波长小于 $d_i/2$ 的线谱估计时延,由于存在相位周期性,相位差的真值无法被确定。因此对于每一个子阵,线谱频率的选取不宜过高,波长不宜过小,所选线谱的波长 $\lambda_i$ 需满足 $d_i \leqslant \lambda_i / 2$,易推出线谱 $f_i$ 应满足 $f_i \leqslant \dfrac{v}{2d_i}$。

若选用频率过低的线谱估计时延,低频线谱在相邻阵元间相位变化较小,估计精度不高。特别地,在低信噪情况下估计阵元较为密集的阵形时,时延差值易受到相干噪声影响,导致本方法估计的阵形偏差较大。因此,设定用于估计阵元的真实时延的线谱的频程范围选择为

$$\frac{v}{4d_i} \leqslant f_i \leqslant \frac{v}{2d_i} \quad (6\text{-}28)$$

假设非均匀拖曳线列阵由 $M=80$ 个水听器组成,每 20 个阵元为一组,组内的阵元间距相等,四组阵元间隔分别设置为 3.2m、1.6m、0.8m 和 0.4m,各个子阵的阵元具体间距及相应的工作频率范围如表 6-1 所示。

表 6-1 非均匀拖曳线列阵工作参数表

| 等间距子阵序号 | 阵元编号 | 阵元间距/m | 工作频率/Hz |
|---|---|---|---|
| 1 | 1~20 | 3.2 | 120~240 |
| 2 | 21~40 | 1.6 | 240~500 |
| 3 | 41~60 | 0.8 | 500~950 |
| 4 | 61~80 | 0.4 | 950~1900 |

畸变阵形设置为 $\cos(\pi m/M)$,采样频率 $f_s=16\text{kHz}$,采样时间长度 $T=8\text{s}$,因此总采样点数为 128000。声波在水中的传播速度为 $v=1500\text{m/s}$,水声目标辐射噪声来波方向为 35°。目标辐射噪声共有 4 根线谱分量,线谱频率分别为 203Hz、310Hz、870Hz 和 1300Hz,背景噪声为高斯白噪声,信噪比为-15dB。

基于理想阵元位置计算出相邻阵元的理论时延差,结果如表 6-2 所示。

表 6-2   各阵段理想时延点数表

| 等间距子阵序号 | 阵元编号 | 理论时延点数 |
|---|---|---|
| 1 | 1~20 | -27.96 |
| 2 | 21~40 | -13.98 |
| 3 | 41~60 | -6.99 |
| 4 | 61~80 | -3.50 |

通过分频段估计相位差从而得出相邻阵元的时延点数差的结果如图 6-11 所示。

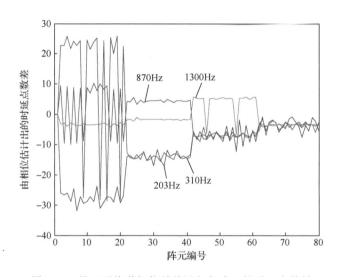

图 6-11   基于强线谱相位差估计相邻阵元的时延点数差

从图 6-11 与表 6-2 可以看出，当估计第 1 子阵阵形时，除 203Hz 外的其他线谱时延差估计都偏离表 6-2 中的理论值；当估计第 4 子阵阵形时，1300Hz 的线谱的时延差估计值与理论值最接近，波动也最小，而 203Hz 线谱的估计效果最差。

图 6-12（a）显示了基于理想阵形的波束形成结果，由于阵列有畸变，真实的时延与理想时延不匹配，因此此时估计的目标方位是 $\hat{\theta}_k = 14.84°$，相对真实方位 35° 存在较大偏差；图 6-12（b）显示了对阵元时延进行校正后的波束形成结果。由图 6-12 可见，经过对畸变阵形的时延校正后，估计出的目标方位 $\hat{\theta}_k = 35°$，与真实目标方位一致。使用估计出的目标方位进行波束形成，并对波束信号进行线谱检测，基于强线谱的相位估算相邻阵元间的时延偏移量。如图 6-13 所示，基于式（6-25）估计出的时间偏移量（星号）围绕相对时延真值波动。时延校正前后所得波束信号的功率谱如图 6-14 所示。

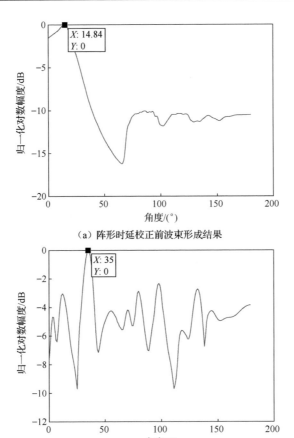

（a）阵形时延校正前波束形成结果

（b）阵形时延校正后波束形成结果

图 6-12　阵形时延校正前后波束形成结果

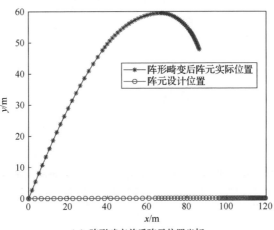

（a）阵形畸变前后阵元位置坐标

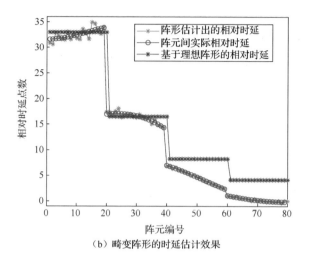

（b）畸变阵形的时延估计效果

图 6-13　阵形畸变前后阵元位置坐标与时延估计效果

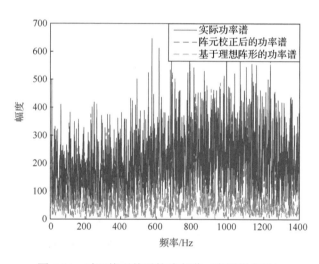

图 6-14　时延校正前后的功率谱（彩图附书后）

　　下面分析阵形畸变条件下目标方位对线谱特征提取性能的影响。假设目标来波方向为从 5°到 175°内均匀选取的 7 个方向，其他参数与上述仿真相同。性能指标选定为不同方向下提取的强线谱幅度相对误差。图 6-15 为阵形时延校正前后线谱估计相对误差对比结果，可以看出，阵形时延校正后得到的幅度相对误差要远小于阵形时延校正前的结果。

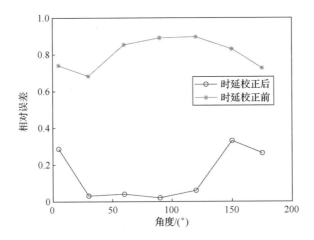

图 6-15　阵形时延校正前后线谱估计相对误差对比

　　下面分析阵形畸变条件下信噪比对线谱特征提取性能的影响，同样用线谱信号的幅度相对误差作为性能指标。仿真结果如图 6-16 所示，由图中可看出，不同信噪比条件下阵形时延校正前线谱幅度误差普遍较大，也反映了阵形畸变时导致的时延失配是线谱幅度估计误差的主要因素。经过阵形时延校正后，线谱幅度估计相对误差明显降低。当信噪比大于-20dB 时，相对误差可低至 0.1 以下。因此，拖曳阵产生阵形畸变条件下，阵形时延校正对于高保真获取辐射噪声线谱特征具有重要的作用。

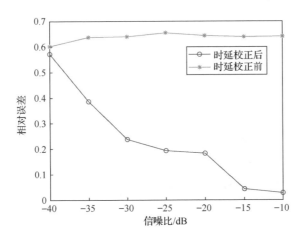

图 6-16　信噪比对时延校正结果的影响对比

　　分别使用阵形时延校正算法与常规波束形成算法对海上试验获取的辐射噪声信号进行线谱特征提取。海上试验过程中，拖船拖曳线列阵接收目标船发射的模拟辐射噪声信号，目标船在距离拖船 12n mile 左右的距离运动，发射的模拟辐射噪声信号包含 97Hz、157Hz、310Hz 和 847Hz 等 4 根线谱。基于标称阵形（阵元间距按设计值计算）进行常规波束形成，获取的目标信号频谱图如图 6-17 所示，根据式（6-28）挑选每根线谱相应的子阵，对该子阵进行时延校正。根据估计的时延进行波束形成，得到的结果如图 6-18 所示，由图可见，经过畸变阵形的时延估计校正，目标信号的 4 根线谱幅度得到显著增强，而干扰线谱虽用于估计畸变阵形的时延，但对齐后其强度得到削弱。

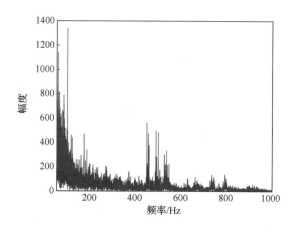

图 6-17　常规波束形成频谱

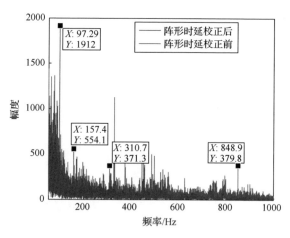

图 6-18　经过阵形时延校正的波束形成结果对比（彩图附书后）

4 根线谱处的局部信噪比随时间的变化情况如图 6-19 所示，通过比对可发现阵形时延校正算法对线谱局部信噪比有明显提升，阵形时延校正算法不仅能让已检测出的强线谱更突出，也能明显增强原始常规波束形成方法中无法显现的弱线谱分量。

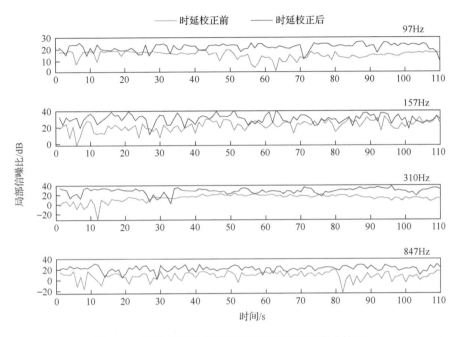

图 6-19　阵形时延校正前后线谱局部信噪比变化情况

# 6.2　辐射噪声连续谱特征提取

根据 2.3 节的分析，辐射噪声的连续谱谱形反映了舰船螺旋桨的空化状态，是目标辐射噪声的重要特征之一。此外，目标辐射噪声的非白特性使得传统复合假设检验中的周期图检测方法无法直接用于线谱特征检测，需要先对辐射噪声连续谱进行估计，完成噪声的预白化后，再进行线谱的有效检测。因此，辐射噪声连续谱特征提取也是稳定线谱提取的基础。

## 6.2.1　辐射噪声连续谱拟合

对辐射噪声信号功率谱进行拟合是常用的预白化方法。多项式拟合基于线性模型，$M$ 阶的多项式拟合结果可以表述如下：

$$p(x_d, \boldsymbol{w}) = \sum_{i=0}^{M} w_i x_d^i \tag{6-29}$$

式中，$M$ 是多项式的阶数；$x_d^i$ 表示 $x$ 的 $i$ 次幂；$w_i$ 为 $x_d^i$ 的系数；$p(x, \boldsymbol{w})$ 是该 $M$ 阶模型在 $x$ 点集处的拟合结果。假设输入数据点集为 $(x_i, y_i), i = 0, 1, \cdots, L$。令 $\boldsymbol{x} = [x_0, x_1, \cdots, x_L]$，多项式系数 $\boldsymbol{w} = [w_0, w_1, \cdots, w_M]^T$，输出的拟合结果为

$$p(\boldsymbol{x}, \boldsymbol{w}) = [p(x_0, \boldsymbol{w}), p(x_1, \boldsymbol{w}), \cdots, p(x_L, \boldsymbol{w})]$$

$$= [\sum_{i=0}^{M} w_i x_0^i, \sum_{i=0}^{M} w_i x_1^i, \cdots, \sum_{i=0}^{M} w_i x_L^i] \tag{6-30}$$

则拟合结果同所给数据点 $(x_i, y_i)$ 的误差为 $e_i = p(x_i, \boldsymbol{w}) - y_i$。误差矢量记为 $\boldsymbol{e} = [e_0, \cdots, e_L]^T$，用误差矢量 $\boldsymbol{e}$ 的 2 范数的平方来表征整体的数据误差 $\boldsymbol{I}$，即

$$\boldsymbol{I} = \boldsymbol{e}^T \boldsymbol{e} = \sum_{i=0}^{L} e_i^2 = \sum_{i=0}^{L} (p(x_i, \boldsymbol{w}) - y_i)^2 = \sum_{i=0}^{L} (\sum_{j=0}^{M} w_j x_i^j - y_i)^2 \tag{6-31}$$

为使整体误差最小，对数据误差 $\boldsymbol{I}$ 求极值，得

$$\frac{\partial \boldsymbol{I}}{\partial w_k} = 2 \sum_{i=0}^{L} (\sum_{j=0}^{M} w_j x_i^j - y_i) x_i^k = 0, \quad k = 0, 1, \cdots, M \tag{6-32}$$

$$\sum_{i=0}^{L} (\sum_{j=0}^{M} x_i^{j+k}) w_j = \sum_{i=0}^{L} x_i^k y_i, \quad k = 0, 1, \cdots, M \tag{6-33}$$

式（6-33）是关于 $w_0, w_1, \cdots, w_M$ 的线性方程组，用矩阵表示为

$$\begin{bmatrix} L+1 & \sum_{i=0}^{L} x_i & \cdots & \sum_{i=0}^{L} x_i^M \\ \sum_{i=0}^{L} x_i & \sum_{i=0}^{L} x_i^2 & \cdots & \sum_{i=0}^{L} x_i^{M+1} \\ \vdots & \vdots & & \vdots \\ \sum_{i=0}^{L} x_i^M & \sum_{i=0}^{L} x_i^{M+1} & \cdots & \sum_{i=0}^{L} x_i^{2M} \end{bmatrix} \begin{bmatrix} w_0 \\ w_1 \\ \vdots \\ w_M \end{bmatrix} = \begin{bmatrix} \sum_{i=0}^{L} y_i \\ \sum_{i=0}^{L} x_i y_i \\ \vdots \\ \sum_{i=0}^{L} x_i^M y_i \end{bmatrix} \tag{6-34}$$

由于式（6-34）系数矩阵为一正定矩阵，因此方程组存在唯一解 $\boldsymbol{w}_e$，则拟合结果为

$$p(x_i) = \sum_{j=0}^{M} w_j x_i^j, \quad i = 0, 1, \cdots, L \tag{6-35}$$

式（6-35）即为多项式拟合的结果。

除了可以用多项式来进行函数拟合，一般函数也能够实现拟合。正交多项式是数值计算中的重要工具，其中离散的正交多项式可以用于数据拟合[97]。离散点

集的正交多项式定义如下，如果多项式组 $\{\varphi_k(x)\}_{k=0,1,\cdots,n}$ 满足：

$$(\varphi_j,\varphi_k)=\sum_{i=0}^{m}w_i\varphi_j(x_i)\varphi_k(x_i)dx=\begin{cases}0, & j\neq k\\ A_k>0, & j=k\end{cases} \tag{6-36}$$

则称 $\{\varphi_k(x)\}_{k=0,1,\cdots,n}$ 是关于点集 $\{x_i\}_{i=0,1,\cdots,m}$ 带权 $\{w_i\}_{i=0,1,\cdots,m}$ 的正交多项式族。

给定点集 $\{x_i\}_{i=0,1,\cdots,m}$ 和权数 $\{w_i\}_{i=0,1,\cdots,m}$，并且点集 $\{x_i\}_{i=0,1,\cdots,m}$ 中至少有 $n+1$ 个互异，则由式（6-37）、式（6-38），可以得出正交多项式族 $\{P_k(x)\}_{k=0}^{n}(n<m)$。

$$\begin{cases}P_0(x)=1\\ P_1(x)=x-\alpha_0\\ P_{k+1}(x)=(x-\alpha_k)P_k(x)-\beta_kP_{k-1}(x), & k=1,2,\cdots,n-1\end{cases} \tag{6-37}$$

式中，

$$\alpha_k=\frac{(xP_k,P_k)}{(P_k,P_k)},\quad \beta_k=\frac{(P_k,P_k)}{(P_{k-1},P_{k-1})} \tag{6-38}$$

其中，$(P_k,P_k)$ 表示 $P_k$ 的加权内积。

为了确定正交多项式族中各分量系数大小，可采用最小二乘方法。对于一组数据 $(x_i,y_i)(i=0,1,\cdots,L)$，为了找出 $\{a_k\}_{k=0}^{n}$，使得式（6-39）的误差函数最小：

$$I(a_0,a_1,\cdots,a_n)=\sum_{i=0}^{L}w_i[\sum_{j=0}^{n}a_j\varphi_j(x_i)-y_i]^2 \tag{6-39}$$

同样根据多元函数极值的必要条件：

$$\frac{\partial I(a_0,a_1,\cdots,a_n)}{\partial a_k}=2\sum_{i=0}^{L}w_i[\sum_{j=0}^{n}a_j\varphi_j(x_i)-y_i]\varphi_k(x_i)=0,\quad k=0,1,\cdots,n \tag{6-40}$$

有

$$\sum_{j=0}^{n}a_j\sum_{i=0}^{L}w_i\varphi_k(x_i)\varphi_j(x_i)=\sum_{i=0}^{L}w_iy_i\varphi_k(x_i),\quad k=0,1,\cdots,n \tag{6-41}$$

取 $\{\varphi_k(x)\}_{k=0,1,\cdots,n}$ 为正交函数族 $\{P_k(x)\}_{k=0}^{n}(n<m)$，则式（6-41）对应的法方程为

$$\begin{bmatrix}(P_0,P_0) & 0 & \cdots & 0\\ 0 & (P_1,P_1) & \cdots & 0\\ \vdots & \vdots & & \vdots\\ 0 & 0 & \cdots & (P_n,P_n)\end{bmatrix}\begin{bmatrix}a_0\\ a_1\\ \vdots\\ a_n\end{bmatrix}=\begin{bmatrix}(y,P_0)\\ (y,P_1)\\ \vdots\\ (y,P_n)\end{bmatrix} \tag{6-42}$$

$$a_k = \frac{(y, P_k)}{(P_k, P_k)} = \frac{\sum_{i=0}^{L} w_i y_i \varphi_k(x_i)}{\sum_{i=0}^{L} w_i \varphi_k(x_i) \varphi_k(x_i)}$$ （6-43）

因此，拟合结果为 $\sum_{k=0}^{n} a_k P_k$。

### 6.2.2　基于统计建模的辐射噪声连续谱特征提取

辐射噪声的统计特性可以用二阶矩来描述，对辐射噪声的建模可以归结为对特定功率谱的模拟。假设辐射噪声信号为 $s(t)$，其功率谱为 $P_s(t, f)$，根据辐射噪声的产生机理，可以将其分成三个部分。

$$P_s(t, f) = P_c(f) + P_l(f) + P_m(t, f)$$ （6-44）

式中，$P_c(f)$ 为平稳连续谱分量；$P_l(f)$ 为线谱分量；$P_m(t, f)$ 为时变调制谱分量，代表平稳连续谱分量所受到的时变调制。式（6-44）的时域形式可表示为

$$s(t) = \left[1 + m(t)\right] c(t) + l(t)$$ （6-45）

式中，$c(t)$ 为平稳连续谱信号分量；$m(t)$ 为调制信号；$l(t)$ 为线谱信号分量。

平稳连续谱在高频部分谱级大约以 6dB/oct 的斜率下降，在低频段则随频率的增大而增大，在 100～1000Hz 的某处存在一个谱峰。当然，只有这些定性的描述是不够的，为了求解 $c(t)$，需要通过几个参数对 $P_c(f)$ 进行定量的描述。功率谱的形状可以通过统计经验公式确定，如 Ross（罗斯）公式或者三参数模型。三参数模型功率谱曲线可以通过三个参数调整功率谱曲线的形状，较好地与实际数据相吻合。大量的实验数据分析及工程应用也证明了三参数模型功率谱曲线的合理性。三参数模型功率谱曲线功率谱谱形模型如式（6-46）[98]所示：

$$P_c(f) = \frac{\sigma^2}{2\pi} \left[ \frac{f_m + \lambda(f + f_0)}{f_m^2 + (f + f_0)^2} + \frac{f_m - \lambda(f - f_0)}{f_m^2 + (f - f_0)^2} \right]$$ （6-46）

式中，$f_0$ 用于控制平稳连续谱谱峰的位置；$f_m$ 用于控制平稳连续谱谱峰的形状；$\lambda$ 用于调整高低频的能量；$\sigma^2$ 用于控制平稳连续谱信号的能量。

从式（6-46）可以看到，在低频部分 $P_c(f)$ 随着 $f$ 的增大而增大，同时上升速度逐渐下降，并在 $f_0$ 附近产生一个谱峰。而在高频部分，由于 $f \gg f_0$，$f \gg f_m$，所以有 $P_c(f) \approx \frac{\sigma^2 f_m}{2\pi f^2}$，$10 \log \frac{P_c(2f)}{P_c(f)} = -6\text{dB}$，这符合螺旋桨空化噪声谱级在高频部分大约以 6dB/oct 的速度下降的特点。

根据指定的 $P_c(f)$ 进行自回归（AR）建模，计算出 $P$ 个 AR 系数，然后利用单位方差的高斯白噪声激励该 AR 模型，输出即为对 $c(t)$ 的逼近。

根据维纳-辛钦定理，$P_c(f)$ 的逆傅里叶变换即为 $c(t)$ 的自相关函数 $r_c(\tau)$。在谱形模型的条件下则有

$$r_c(\tau) = \sigma^2 \exp(-2\pi f_m |\tau|)(\cos 2\pi f_0 \tau + \lambda \sin 2\pi f_0 |\tau|) \tag{6-47}$$

通过计算机进行数值建模时，辐射噪声可用数字信号来表示。虽然舰船辐射噪声是宽频带噪声，但如前所述，在高频部分其谱级随着频率的平方而减小，也就是说只要采样频率足够高，则造成的混叠很小，可以忽略不计。假设以 $f_s$ 为采样频率对 $c(t)$ 进行等间隔采样得到的离散序列为 $c[n]$，其自相关序列 $r_c[k]$ 满足：

$$r_c[k] = \sigma^2 \exp(-2\pi f_m |kT_s|)[\cos(2\pi f_0 kT_s) + \lambda \sin(2\pi f_0 |kT_s|)] \tag{6-48}$$

若令需建模的 AR 滤波器的系统函数为

$$H(z) = \frac{b_0}{1 + \sum_{k=1}^{p} a_p[k]z^{-k}} \tag{6-49}$$

滤波器的参数满足下列方程：

$$\begin{bmatrix} r_c[0] & r_c[1] & \cdots & r_c[p] \\ r_c[1] & r_c[0] & \cdots & r_c[p-1] \\ \vdots & \vdots & & \vdots \\ r_c[p] & r_c[p-1] & \cdots & r_c[0] \end{bmatrix} \begin{bmatrix} 1 \\ a_p[1] \\ \vdots \\ a_p[p] \end{bmatrix} = \begin{bmatrix} b_0^2 \\ 0 \\ \vdots \\ 0 \end{bmatrix} \tag{6-50}$$

对式（6-50）的托普利兹矩阵通常可以采用莱文森-杜宾递归求解[99]。迭代过程如下。

（1）初始化，令

$$a_j[0] = 1, a_j[j+1] = 0(j = 0,1,\cdots,p); \varepsilon_0 = r_x[0] \tag{6-51}$$

（2）对 $j = 0,1,2,\cdots,p-1$ 进行迭代计算：

$$\Gamma_{j+1} = \frac{-\sum_{i=0}^{j} a_j[i]r_x[j+1-i]}{\varepsilon_j} \tag{6-52}$$

$$a_{j+1}[k] = a_j[k] + \Gamma_{j+1}a_j^*[j+1-k], \quad k = 1,2,\cdots,j+1 \tag{6-53}$$

$$\varepsilon_{j+1} = \varepsilon_j(1 - |\Gamma_{j+1}|^2) \tag{6-54}$$

式中，$\Gamma_j$ 称为第 $j$ 个反射系数；$\varepsilon_j$ 为 $j$ 阶建模误差。

求得 AR 滤波器的系数 $a_p[k]$ 之后，$b_0$ 可以根据式（6-55）获得

$$b_0 = \sqrt{r_c[0] + \sum_{k=1}^{p} a_p[k] r_c[k]} \qquad (6\text{-}55)$$

用单位方差高斯白噪声 $v[n]$ 激励该 AR 滤波器，即可得辐射噪声的平稳连续谱分量：

$$c[n] = x[n] = -\sum_{k=1}^{p} a_p[k] x[n-k] + b_0 v[n] \qquad (6\text{-}56)$$

在实际应用中，满足如下条件时，三参数模型的稳定可以得到保证：

$$\begin{cases} f_m > 0 \\ f_0 > 0 \\ f_m > |\lambda| f_0 \end{cases} \qquad (6\text{-}57)$$

上述连续谱分量的模型也称为三参数模型，在工程应用上可以较好地逼近辐射噪声的连续谱分量。因此，辐射噪声的功率谱谱形也可以通过模型的几个参数进行特征表述。由于三参数模型是一个较为复杂的非线性函数，可以通过噪声功率谱曲线对三个参数进行估计，估计方法如下。

（1）利用实测的辐射噪声数据计算功率谱，并对功率谱做拟合处理，提取其变化趋势。

（2）估计参数 $f_0$。由于 $f_0$ 近似等于三参数模型的峰值频率。从噪声谱的极大值频率点即可获得；当整个功率谱随频率递减时，取 $f_0=0$。

（3）联合搜索参数 $f_m$ 和 $\lambda$。估计谱峰的形状，设定曲线形状误差函数，记由实测的辐射噪声数据估计得到的功率谱的变化趋势函数为 $P_s(f)$，则曲线误差可以用 $P_s(f)$ 和 $P_c(f)$ 的均方误差获得。估计误差函数可以定义为

$$m(f_m, \lambda) = \sum_n \left\{ P_s(n\Delta f) / \max[P_s(n\Delta f)] - P_c(n\Delta f) / \max[P_c(n\Delta f)] \right\}^2 \qquad (6\text{-}58)$$

式中，$\Delta f$ 为频率分辨率。此时在 $f_m$-$\lambda$ 平面搜索函数最小值可以获取 $f_m$ 和 $\lambda$。

（4）根据功率谱的幅度，估计参数 $\sigma^2$。

# 6.3　辐射噪声稳定线谱特征提取

在得到辐射噪声连续谱拟合结果之后，可实现辐射噪声的预白化，进而进行线谱检测。对目标探测和识别而言，线谱的有无是至关重要的信息。由于目标辐射噪声线谱产生机理和海洋信道传播的复杂性和时变性，线谱幅度和相位都会发生起伏，基于单帧线谱检测的方法往往会发生漏检。LOFAR 分析反映了线谱在时间维度上的持续性，通过对 LOFAR 谱图的处理，可利用这一信息，提高线谱的检测性能。线谱的起伏特性虽然给线谱检测造成了困难，但也反映了由声源和接收器构成的信道的特性，为目标类别的辨识提供了信息。

## 6.3.1　辐射噪声线谱检测

在一维功率谱数据中，线谱点与噪声点的差异只是幅值大小的不同。因此，对功率谱数据而言，线谱检测可视为一维数据中异常值检测。异常值检测的方法有很多，包括基于统计的异常点检测算法、基于距离的异常点检测算法、基于密度的异常点检测算法、基于深度的异常点检测算法和基于偏移的异常点检测算法等[100]。本节采用的是基于 $3\sigma$ 准则的异常点检测算法。

对于预白化后的功率谱，可以将差值谱（原功率谱的对数与白化后功率谱的对数差值）幅值分布看作高斯的，即其满足高斯分布。因此，可以将异常值检测问题转化为识别位于异常值区域中的观测值问题。对于置信系数 $\alpha(0<\alpha<1)$，正态分布 $N(\mu,\sigma^2)$ 的 $\alpha$ 异常区间定义为

$$R_{\text{out}}(\alpha;\mu,\sigma^2)=\{x:|x-\mu|>z_{1-\alpha/2}\sigma\} \tag{6-59}$$

由高斯分布的特性可知，当 $z_{1-\alpha/2}=3$ 时，即对应正态分布的 $3\sigma$ 异常区间。相应地，$x$ 在 $[\mu-3\sigma,\mu+3\sigma]$ 区间的置信水平为 99.73%。

设定门限 $T=\mu+3\sigma$，其中 $\mu$ 为 $N$ 点差值谱的均值，$\sigma$ 是差值谱的标准差，因此，差值谱 $D(k)$ 中线谱点集可以表示如下：

$$R=\{k\,|\,D(k)\geqslant T\},\quad k=1,2,\cdots,N \tag{6-60}$$

对一组满足同一分布的一维数据而言，采用全局 $3\sigma$ 准则设定门限，可以检测出数据集中的异常点。但辐射噪声功率谱的低频部分与高频部分的波动方差不同，低频部分往往具有更大的波动方差。为了从辐射噪声中更有效地检测线谱，可以将单一全局判决门限改为局部门限，即每个待判断线谱点所比较的门限 $T$ 由其邻域内的功率谱决定，而非全局功率谱确定。

对于频点 $k_m$，差值谱在其 $2M$ 点邻域范围内的数据集表示成 $D_{\text{partial}}=\{D(k)\}_{k=m-M}^{m+M}$，为了确定频点 $k_m$ 是否为线谱点，设定局部门限 $T_m=\mu_{\text{partial}}+3\sigma_{\text{partial}}$，其中 $\mu_{\text{partial}}$ 是 $D_{\text{partial}}$ 的均值，$\sigma_{\text{partial}}$ 是 $D_{\text{partial}}$ 的标准差，若有下式成立：

$$D(k_m)\geqslant T_m \tag{6-61}$$

则 $k_m$ 频率为线谱，否则不是线谱。当 $k_m$ 属于边界点时，其邻域只取 $M$ 点。

使用三参数模型仿真舰船辐射噪声连续谱分量和海洋环境背景噪声，辐射噪声功率谱包含频率分别为 134Hz、250Hz、330Hz 和 492Hz 的 4 根线谱。局部 $3\sigma$ 准则邻域大小 $M=20$。图 6-20 表示差值谱 $D(k)$。图 6-21 表示采用全局 $3\sigma$ 准则和局部 $3\sigma$ 准则时的线谱检测结果。

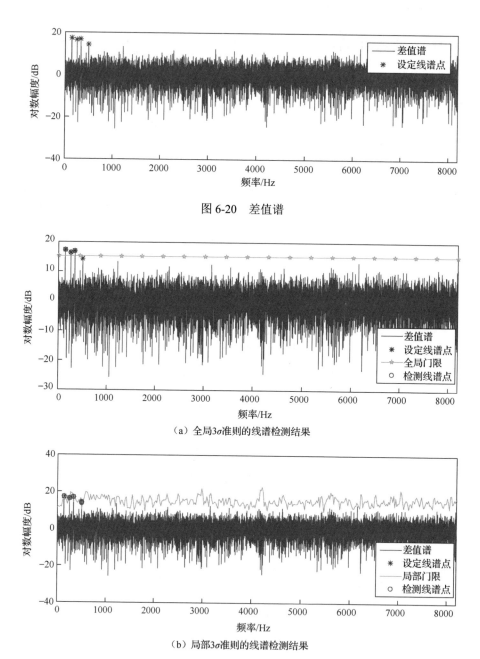

图 6-20　差值谱

（a）全局3$\sigma$准则的线谱检测结果

（b）局部3$\sigma$准则的线谱检测结果

图 6-21　全局 3$\sigma$ 准则和局部 3$\sigma$ 准则的线谱检测结果

从图 6-21 中可以得出以下结论：①从门限的自适应情况来看，局部 3$\sigma$ 准则的门限曲线跟随差值谱波动，而全局 3$\sigma$ 准则门限为一固定值，不具备自适应特性。

②从检测结果来看，全局 $3\sigma$ 准则漏检了位于 492Hz 频点处的线谱，而局部 $3\sigma$ 准则检测出了所有的线谱点。

可以看出局部 $3\sigma$ 准则方法更适合于辐射噪声线谱检测。然而，由于局部 $3\sigma$ 准则需要计算差值谱中所有点的邻域，其算法复杂度高于全局 $3\sigma$ 准则。局部 $3\sigma$ 准则算法复杂度高的主要原因是需要计算差值谱中所有点处的局部门限。但实际上，大量的频点幅值并没有产生异常，所以无须计算这些频点处的局部门限。

考虑对差值谱 $D(k)$ 先设定一较低的全局门限，进行高虚警检测。再对高虚警检测出的频点使用局部 $3\sigma$ 准则，求其局部门限。本章选取全局门限为 $T=\mu+2\sigma$ 进行了仿真分析，对应的高虚警检测结果如图 6-22（a）所示。局部 $3\sigma$ 准则的输入数据使用高虚警检测结果集，得到图 6-22（b）的结果。可以看出，改进后的算法依然可以提取出所有的线谱点，同时，降低了算法的复杂度。

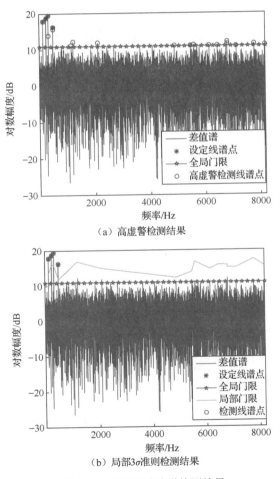

（a）高虚警检测结果

（b）局部 $3\sigma$ 准则检测结果

图 6-22　改进算法线谱检测结果

### 6.3.2　基于图像处理的辐射噪声稳定线谱提取

LOFAR 分析通过对辐射噪声低频段功率谱随时间变化的规律进行显示和分析，可提高弱线谱检测的能力，是被动声呐处理的重要手段之一。传统的 LOFAR 分析需要声呐操作员进行判断。本节主要讨论基于图像处理的辐射噪声稳定线谱提取方法，以充分利用 LOFAR 谱图中线谱连续性信息，实现线谱的自主检测。

#### 1. 序贯聚类的线谱提取处理

利用单帧功率谱线谱检测方法对 LOFAR 谱图的每一行进行线谱检测，可得到多次线谱检测结果，并表示为一个矩阵。该矩阵中，行表示时间，列表示频率。矩阵元素为 1 表示此时间在该频率处存在线谱；如果为 0，则表示不存在线谱。

为了充分利用 LOFAR 谱图时间维度信息，可以考虑采用序贯聚类检测方法。所谓序贯聚类检测方法，是基于朴素的最近邻聚类的思想逐帧对 LOFAR 谱图中各频点进行聚类，两个不同时间帧得到的线谱频率差越小，属于同一根线谱的可能性越大。为了表示相邻时间帧多个线谱点之间的距离关系，引入相邻帧距离矩阵的概念。

##### 1）相邻帧距离矩阵

首先定义"容器"，以存放 LOFAR 谱图中线谱的检测结果。每个容器中存放着一根线谱。对于根据 LOFAR 谱图所得到的线谱 0-1 矩阵，计算其各相邻帧之间的距离矩阵，距离矩阵的定义如下：

$$J_{i-1,i} = \begin{vmatrix} \Delta_{11} & \Delta_{12} & \cdots & \Delta_{1k_i'} \\ \Delta_{21} & \Delta_{22} & \cdots & \Delta_{2k_i'} \\ \vdots & \vdots & & \vdots \\ \Delta_{m_{i-1}1} & \Delta_{m_{i-1}2} & \cdots & \Delta_{m_{i-1}k_i'} \end{vmatrix} \tag{6-62}$$

$$\Delta_{pq} = \left| C_{i-1}^p(l_p) - R_i(q) \right|, \quad i=2,3,\cdots,M; 1 \leqslant p \leqslant m_{i-1}; 1 \leqslant q \leqslant k_i' \tag{6-63}$$

式中，$i$ 为帧号，$m_{i-1}$ 为第 $i-1$ 帧容器个数；$k_i'$ 为第 $i$ 帧线谱集中线谱点的个数；$l_p$ 为容器集中第 $p$ 个容器元素个数；$C_{i-1}^p(l_p)$ 表示第 $i-1$ 帧容器集中第 $p$ 个容器的最后一个元素；$R_i(q)$ 表示第 $i$ 帧线谱集中的第 $q$ 个元素；$\Delta_{pq}$ 表示 $C_{i-1}^p(l_p)$ 与 $R_i(q)$ 差的绝对值。

由于第一帧数据之前不存在任何容器，因此将第一帧中所检测到的线谱点全都创建新的容器。提取距离矩阵 $J_{i-1,i}$ 的第 $r$ 行，记为

$$V_r = \left( \Delta_{r1}, \Delta_{r2}, \Delta_{r3}, \cdots, \Delta_{rk_i'} \right), \quad 1 \leqslant r \leqslant m_{i-1} \tag{6-64}$$

找出 $V_r$ 中的最小值所在的列 $f_{\min}^r$，则第 $i$ 帧第 $r$ 个容器内的元素为

$$C_i^r = C_{i-1}^r + R_i\left(f_{\min}^r\right), \quad i = 1, 2, \cdots, M \tag{6-65}$$

式（6-65）表示第 $i$ 帧第 $r$ 个容器的元素是在第 $i-1$ 帧第 $r$ 个容器的元素后添加线谱点 $R_i\left(f_{\min}^r\right)$。

2）序贯聚类

此处序贯聚类检测方法指的是重新创建一个新容器和结束一个已有容器的过程。计算并处理相邻帧距离矩阵后，需要对新进入容器的元素进行判断，以确定是否需要执行序贯聚类。

（1）生过程。

判断第 $i$ 帧线谱点 $R_i\left(f_{\min}^r\right)$ 与容器 $C_{i-1}^r$ 最后一个元素 $C_{i-1}^r(l_r)$ 的差值是否在设定的频率波动门限 $G$ 之内。如果不在，则执行生过程，重新计算容器 $C_i^r$，并为 $R_i\left(f_{\min}^r\right)$ 创建一个新容器 $C_i^{m_i'+1}$，其中，$m_i'$ 初值为 $m_{i-1}$。计算方法如下：

$$C_i^r = C_{i-1}^r, \quad i = 1, 2, \cdots, M \tag{6-66}$$

$$C_i^{m_i'+1} = R_i\left(f_{\min}^r\right), \quad 1 \leqslant r \leqslant m_{i-1} \tag{6-67}$$

更新 $m_i'$ 为 $m_i'+1$。

（2）灭过程。

判断帧号 $i$ 与容器 $C_{i-1}^r$ 最后一个元素 $C_{i-1}^r(l_r)$ 帧号的差值是否在设定的帧号门限 $K$ 之内。如果不在，结束 $C_{i-1}^r$，并将其作为时频图线谱检测结果保存到聚类线谱集 $\{W\}$ 中，令 $R_i\left(f_{\min}^r\right)$ 作为新的 $C_i^r$，计算方法如下：

$$W^\alpha = C_{i-1}^r \tag{6-68}$$

$$C_i^r = R_i\left(f_{\min}^r\right), \quad i = 1, 2, \cdots, M; 1 \leqslant r \leqslant m_{i-1} \tag{6-69}$$

式中，$\alpha$ 的初始值为 1，每执行一次灭过程加 1。

（3）容器合并。

对于既不需要创建容器也不需要结束容器的线谱点，需要将其与之前的容器进行合并。容器合并的条件是：计算新输入线谱点频率与各容器中最后一个元素的频率差 $\Delta_{f_i}$，若存在 $\Delta_{f_i}$ 小于预设的频率波动门限 $G$，则二者合并。

3）检测线谱优化

经过序贯聚类的处理后，可以从线谱 0-1 矩阵中获取很多的容器，每个容器中都存放着独立的线谱。为了降低虚警的概率，需要对输出的线谱进行优化。通常，线谱信号会存在相当长的一段时间，因此对于序贯聚类提取出的线谱容器，判断其时间帧跨度 $D$ 是否够长，可以对其进行优化。

序贯聚类检测方法流程图及相邻帧生灭方法聚类流程如图 6-23 所示。

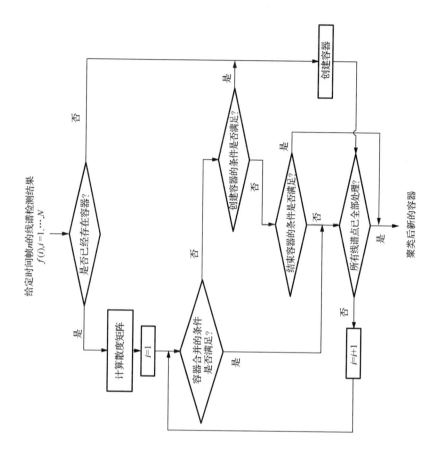

（b）局部流程图

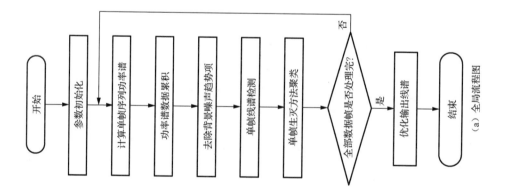

（a）全局流程图

图 6-23　序贯聚类流程图

在图 6-23（a）中，进行功率谱数据累积是为了降低背景噪声波动方差，以提高线谱检测性能。在图 6-23（b）中，为了提高检测的性能，可以将散度矩阵包含频率和幅值两维的数据，最终的散度矩阵表示成频率散度矩阵与幅值散度矩阵的加权和，即

$$
\begin{cases}
\Delta D = [\Delta d_{k,q}]_{K,Q} \\
\Delta d_{k,q} = \sqrt{\Delta \overline{a}_{k,q}^2 + \Delta \overline{f}_{k,q}^2} \\
\Delta \overline{a}_{k,q} = w_a \times \dfrac{\Delta a_{k,q}}{\Delta a_{\max}} \\
\Delta \overline{f}_{k,q} = w_f \times \dfrac{\Delta f_{k,q}}{\Delta f_{\max}}
\end{cases}
\tag{6-70}
$$

式中，$\Delta a_{k,q}$ 和 $\Delta f_{k,q}$ 分别表示幅值散度矩阵和频率散度矩阵中的元素；$w_a$ 和 $w_f$ 分别表示幅值和频率的权重。

序贯聚类算法中涉及的参数一共有三个：创建容器时的频率波动门限 $G$、结束容器时的帧号门限 $K$ 和线谱优化过程中的时间帧跨度 $D$。$G$ 选取得越大，对于剧烈波动信号的检测性能越好。但与此同时，噪声的影响会被放大，虚警概率增大。对于弱信号，进行单线谱检测时，可能存在线谱漏检情况，导致多个时间帧均未出现线谱，此时增大 $K$ 取值，可以提高弱信号的检测概率。设置时间帧跨度 $D$ 可以将断裂的多条线谱合并为一条完整的线谱，通常采用数据关联的方法进行处理。上述三个值一般为经验值，可以按照实际信号的特性进行选取。

### 2. 基于隐马尔可夫模型的线谱提取

在 LOFAR 谱图线谱检测问题中，信号功率谱是观测到的值，而对应的线谱频率则是隐藏状态。因此，线谱检测问题可以转化为已知观测值求隐藏状态的问题。通常，可以考虑采用隐马尔可夫模型（hidden Markov model, HMM）来解决此类问题。

马尔可夫链是一种特定的离散状态随机系统，其后一时刻的状态仅取决于当前状态。假设状态 $s_i$ 和 $s_j$ 是有限状态空间 $S$ 中的元素，状态转移概率表示如下：

$$
a_{ij} = P(X_{k+1} = s_j \mid X_k = s_i), \quad i,j = 1,2,\cdots,N
\tag{6-71}
$$

显然，状态转移概率矩阵的大小应该是 $N \times N$。

HMM 是有限状态齐次马尔可夫链的无记忆概率函数[101, 102]。在 HMM 中，马尔可夫链的状态是不可直接观察的，但每个状态可以生成一个观测，并由此产生了观测的随机序列，称为观测序列，其定义如下：

$$b_i(z_k) = P(z_k \mid x_k = i), \quad i = 1, 2, \cdots, N \tag{6-72}$$

式中，$z_k$ 是时刻 $k$ 马尔可夫链带噪声的观测值。假设观测值一共有 $M$ 种可能，则观测概率矩阵的大小为 $M \times N$。

系统在 $k=1$ 时刻所处的状态称为初始状态，初始状态从 1 到 $N$ 的概率所组成的矢量叫作初始概率矢量。状态转移概率矩阵 $A$、观测概率矩阵 $B$ 以及初始概率矢量 $\pi$，这三个量组成了 HMM 的三要素，即

$$\lambda = (A, B, \pi) \tag{6-73}$$

给定数据块长度为 $K$ 的观测序列 $Z^K = \{z_1, z_2, \cdots, z_K\}$，HMM 模型的三个基本问题可以表示如下。

（1）概率计算问题。

计算在该模型中观测序列出现的概率 $P(Z^K \mid \lambda)$。该问题可以通过前向算法来进行求解。

（2）预测问题。

预测问题也叫作解码问题，确定马尔可夫链中最可能产生该观测序列的状态序列 $\{\hat{x}_1, \hat{x}_2, \cdots, \hat{x}_K\}$，是跟踪问题中的关键，也是本节重点关注的问题。该问题可利用前后向算法和维特比算法来解决。

（3）学习问题。

确定模型参数，使得在该模型参数下观测序列的概率最大，即 $\hat{\lambda} = \underset{\lambda}{\arg\max}\, P(Z^K \mid \lambda)$。该问题是语音信号处理中很重要的问题，但是在检测跟踪中不需要考虑。

1）利用前后向算法的线谱检测

前后向算法是一种离散状态算法，通过计算在时刻 $k$ 的状态概率，利用后验概率给出一系列观测结果，从而形成最佳贝叶斯平滑。前向变量 $\alpha_k(x_k = i)$ 定义为时刻 $k$ 状态为 $s_i$、观测序列为 $\{z_1, z_2, \cdots, z_k\}$ 的概率，对于 $k = 2, 3, \cdots, K$，递推公式如下：

$$
\begin{aligned}
\alpha_k(x_k = i) &= P(x_k = i, z_1, \cdots, z_k) \\
&= \sum_{j=1}^{N} P(x_k = i, x_{k-1} = j, z_1, \cdots, z_k) \\
&= \sum_{j=1}^{N} P(x_k = i \mid x_{k-1} = j) P(x_{k-1} = j, z_1, \cdots, z_{k-1}) P(z_k \mid x_k = i) \\
&= \sum_{j=1}^{N} a_{ji} \alpha_{k-1}(x_{k-1} = j) P(z_k \mid x_k = i)
\end{aligned}
\tag{6-74}
$$

式中，$P(z_k | x_k = i)$ 表示在时刻 $k$ 状态为 $s_i$ 观测结果为 $z_k$ 的概率。后向变量 $\beta(x_k = i)$ 定义为时刻 $k$ 状态为 $s_i$ 观测序列为 $z_{k+1}, \cdots, z_K$ 的概率，对于 $k=K-1, \cdots, 1$，其计算的递推公式如下：

$$
\begin{aligned}
\beta_k(x_k = s_i) &= P(z_{k+1}, \cdots, z_K | x_k = i) \\
&= \sum_{j=1}^{N} P(z_{k+1}, \cdots, z_K, x_{k+1} = s_j | x_k = i) \\
&= \sum_{j=1}^{N} P(x_{k+1} = j | x_k = i) P(z_{k+2}, \cdots, z_K | x_{k+1} = j) P(z_{k+1} | x_{k+1} = j) \\
&= \sum_{j=1}^{N} a_{ij} \beta_{k+1}(x_{k+1} = j) P(z_{k+1} | x_{k+1} = j)
\end{aligned}
\tag{6-75}
$$

最后的状态序列是通过结合前向和后向变量来计算的，以获得给定整个观测序列的 $x_k$ 的后验概率。归一化后，后验概率如下：

$$
\gamma_k = P(x_k = i | z_1, \cdots, z_K) = \frac{\alpha_k(x_k = i) \beta_k(x_k = i)}{\sum_{i=1}^{N} \alpha_k(x_k = j) \beta_k(x_k = j)}
\tag{6-76}
$$

为了获取各观测时刻所对应的状态，可以选择具有最大后验概率的状态：

$$
\hat{x}_k = \arg\max_i P(x_k = i | z_1, \cdots, z_K)
\tag{6-77}
$$

或者，也可以使用以下条件平均估计来计算最佳状态：

$$
\hat{x}_k = E[x_k | z_1, \cdots, z_K] = \sum_{i=1}^{N} i P(x_k = i | z_1, \cdots, z_K)
\tag{6-78}
$$

综上所述，可以得到前后向算法的流程如下。

（1）初始化所有状态的前后向概率初值。

$$
\begin{cases}
\alpha_1(x_1 = i) = \pi_i P(z_1 | x_1 = i) \\
\beta_K(x_K = i) = 1
\end{cases}, \quad i = 1, \cdots, N
\tag{6-79}
$$

式中，$z_1$ 表示初始测量值；$\pi_i$ 表示初始状态为 $i$ 的概率。

（2）递推前向算法过程。

对于 $k=2, \cdots, K$，计算所有状态的前向概率：

$$
\alpha_k(x_k = i) = \sum_{j=1}^{N} a_{ji} \alpha_{k-1}(x_{k-1} = j) P(z_k | x_k = i), \quad i = 1, \cdots, N
\tag{6-80}
$$

（3）递推后向算法过程。

对于 $k=K-1,\cdots,1$，计算所有状态的后向概率：

$$\beta_k(x_k=i)=\sum_{j=1}^{N}a_{ij}\beta_{k+1}(x_{k+1}=j)P(z_{k+1}\,|\,x_{k+1}=j),\ i=1,\cdots,N \tag{6-81}$$

（4）计算 $k$ 时刻估计的状态。

$$\gamma_k=\arg\max_i P(x_k=i\,|\,z_1,\cdots,z_K) \tag{6-82}$$

或者

$$\gamma_k=E[x_k\,|\,z_1,\cdots,z_K]=\sum_{i=1}^{N}iP(x_k=i\,|\,z_1,\cdots,z_K) \tag{6-83}$$

式中，

$$P(x_k=i\,|\,z_1,\cdots,z_K)=\frac{\alpha_k(x_k=i)\beta_k(x_k=i)}{\sum_{i=1}^{N}\alpha_k(x_k=j)\beta_k(x_k=j)} \tag{6-84}$$

具体到线谱检测，HMM 三要素的设定方法如下[103]。

（1）初始概率矢量 $\boldsymbol{\pi}$。

由于缺乏先验信息，将初始概率设为均匀分布，即各状态的初始概率相同：

$$\pi_i=\frac{1}{N} \tag{6-85}$$

（2）状态转移概率矩阵 $\boldsymbol{A}$。

假设状态转移概率满足高斯分布 $\mathcal{N}(x;0,\sigma_x^2)$，其中 $\sigma_x^2$ 表示高斯过程噪声，当线谱较为稳定时，$\sigma_x^2$ 取值较小；反之，$\sigma_x^2$ 则较大。第 $i$ 个频率区间表示如下：

$$[f_i,f_{i+1}],\quad i=1,\cdots,N \tag{6-86}$$

其中心频率为

$$\tilde{f}_i=\frac{f_i+f_{i+1}}{2} \tag{6-87}$$

因此，根据以上假设，频率从第 $i$ 个单元转移到第 $j$ 个单元的概率为

$$g_{ij}=\frac{1}{\sqrt{2\pi}\sigma_x}\int_{f_j}^{f_{j+1}}\mathrm{e}^{-\frac{(f-f_i)^2}{2\sigma_x^2}}\,\mathrm{d}f,\quad i,j>0;|i-j|\leqslant M \tag{6-88}$$

式中，$M$ 指的是状态 $i$ 的最大偏移范围，超过该范围的概率统一置零。为了保证状态转移概率矩阵中每一行的和为 1，需要进行归一化处理：

$$a_{ij} = \frac{g_{ij}}{\sum_{k=1}^{N} g_{ik}}, \quad i, j = 1, \cdots, N \tag{6-89}$$

但是，经过归一化后的状态转移概率矩阵存在对角线元素不平衡的问题。例如，当 $N=5$，$M=2$，$\sigma_x=0.5$ 时，按上述方法可以得到状态转移概率矩阵：

$$A = \begin{bmatrix} 0.6296 & 0.3259 & 0.0445 & 0 & 0 \\ 0.2458 & 0.4748 & 0.2458 & 0.0336 & 0 \\ 0.0325 & 0.2378 & 0.4594 & 0.2378 & 0.0325 \\ 0 & 0.0336 & 0.2458 & 0.4748 & 0.2458 \\ 0 & 0 & 0.0445 & 0.3259 & 0.6296 \end{bmatrix} \tag{6-90}$$

可以看出，不同状态 $i$ 对应的 $a_{ii}$ 不相同，处于边缘位置的状态有更大的概率转移到自身。当高斯过程噪声 $\sigma_x$ 较小时，对角线元素不平衡问题的影响较小，但当 $\sigma_x$ 较大时，则会对结果造成很大影响。为了克服该问题，采用递归的方法对状态转移概率矩阵进行优化。定义：

$$a_{\min} = \min_{1 \leqslant i \leqslant N} a_{ii} \tag{6-91}$$

对于 $\forall i > 0$，状态转移概率矩阵 $A$ 的第 $i$ 行元素 $\{a_{i1}, \cdots, a_{iN}\}$ 可以从矢量 $\tilde{c} = \tilde{a}_{i1}, \cdots, \tilde{a}_{iN}$ 中导出。

第一步：将元素 $a_{ii}$ 替换成 $a_{\min}$，并对其余的 $N-1$ 个元素 $\tilde{c} = (a_{i1}, \cdots, a_{i(i-1)}, a_{i(i+1)}, \cdots, a_{iN})$ 进行归一化处理，得到的新矢量记为 $c_k$，$k=1$。

第二步：判断 $c_k$ 中是否有元素的值超过 $a_{\min}$。若没有，则过程结束，矢量 $c_k$ 即为状态转移概率矩阵 $A$ 中第 $i$ 行元素；若有，将 $\{a_{i(i-k)}, \cdots, a_{ii}, \cdots, a_{i(i+k)}\}$ 替换为 $a_{\min}$，并对其余的 $N-(2k+1)$ 个元素进行归一化处理，得到的新矢量记为 $c_k$，$k=k+1$。

第三步：重复第二步，直到过程结束。经过以上过程，可以得到矩阵 $\tilde{A}$ 对应的优化后状态转移概率矩阵 $A$ 为

$$A = \begin{bmatrix} 0.4594 & 0.4594 & 0.0812 & 0 & 0 \\ 0.2530 & 0.4594 & 0.2530 & 0.0346 & 0 \\ 0.0325 & 0.2378 & 0.4594 & 0.2378 & 0.0325 \\ 0 & 0.0346 & 0.2530 & 0.4594 & 0.2530 \\ 0 & 0 & 0.0812 & 0.4594 & 0.4594 \end{bmatrix} \tag{6-92}$$

（3）观测概率矩阵 $\boldsymbol{B}$。

当信噪比已知时，观测概率矩阵可以由式（6-93）计算得到：

$$\Pr(z_k \mid x_k = i) = b_i(z_k) = \frac{I_0\left(\sqrt{\dfrac{4\rho_k M z_{k,i}}{\sigma_\varepsilon^2}}\right)}{\sum\limits_{l=1}^{N} I_0\left(\sqrt{\dfrac{4\rho_k M z_{k,l}}{\sigma_\varepsilon^2}}\right)} \tag{6-93}$$

式中，$I_0$ 表示零阶贝塞尔函数。当信噪比未知时：

$$\Pr(z_k \mid x_k = i) = \hat{b}_i(z_k) = \frac{P(k,i)}{\sum\limits_{j=1}^{N} P(k,j)} \tag{6-94}$$

对前后向算法而言，各观测概率的比值相同则最终的结果相同，所以有

$$\frac{\hat{b}_i(z_k)}{\hat{b}_j(z_k)} = \frac{\sum\limits_{m=1}^{N} P(k,m) b_i(m)}{\sum\limits_{m=1}^{N} P(k,m) b_j(m)} \approx \frac{P(k,i)}{P(k,j)} \tag{6-95}$$

考虑到高斯分布的特性和状态转移的有限程度，最后结果可以近似表示为功率谱在两点处的比值。在实际情况中，一般信噪比是未知的，所以选取式（6-94）作为观测概率矩阵的生成公式。

2）利用维特比算法的线谱检测

维特比算法与前后向算法类似，都可以计算出系统的内在状态，所不同的是，前后向算法所取的是每帧中的最优解，即局部最优，而维特比算法所获取的是全局最优解。因此，相对于前后向算法，维特比算法拥有更好的抗噪性能。

与前后向算法一样，维特比算法也是针对离散数据而言的，并且通常用于获取全局最大似然估计的目标轨迹。该算法中使用到了动态规划的思想，在跟踪的背景下，动态规划背后的思想可以表达如下：如果已知两点 $A$ 和 $C$ 之间的最佳路径通过点 $B$，则这条路径是 $A$ 和 $B$ 之间的最佳路径，也是从 $B$ 到 $C$ 的最佳路径。基于此原理，一个大问题可以有效地减少到几个较小的子问题，并且可以使用递归来实现。

为了获取最有可能的状态序列，首先导入两个变量 $\delta$ 和 $\theta$。定义在时刻 $k$ 状态为 $i$ 的所有单个路径中概率最大值为

$$\begin{aligned}
\delta_k(i) &= \delta_k(x_k = i) \\
&= \max P(x_k = i, x_{k-1}, \cdots, x_1, z_k, \cdots, z_1 \mid \lambda), \quad i = 1, \cdots, N
\end{aligned} \tag{6-96}$$

其递推公式为

$$\begin{aligned} \delta_{k+1}(i) &= \max P(x_{k+1}=i, x_k, \cdots, x_1, z_{k+1}, \cdots, z_1 \mid \lambda) \\ &= \max \left[ \delta_k(j) a_{ji} \right] P(z_{k+1} \mid x_{k+1}=i), \qquad i=1,\cdots,N; k=1,\cdots,K-1 \end{aligned} \qquad (6\text{-}97)$$

为了产生最终的状态序列，定义在时刻 $k$ 状态为 $i$ 的所有单条路径中概率最大的路径的第 $k$-1 个节点为

$$\theta_k(i) = \arg\max_{1 \leqslant j \leqslant N} \left[ \delta_{k-1}(j) a_{ji} \right], \qquad i=1,2,\cdots,N \qquad (6\text{-}98)$$

维特比算法在任何给定时间帧 $k$ 计算观测序列 $z_1, \cdots, z_k$ 对应的状态序列概率，同时保留一个反向指针 $\theta_k$，用以指示如何达到当前状态。它在实现上与前后向算法的前向过程相似，只是它用取最大值的方式代替了前向算法中的求和。此外，维特比算法还具有回溯步骤，以找到全局最佳状态序列。

维特比算法的优点是考虑到状态序列的联合分布，保证了最终解是一个有效的目标路径。然而，维特比算法只返回最佳路径，所有其他接近最佳路径的路径都将被忽略，所以维特比算法是一个单一的目标检测器。对于多目标跟踪，需要多次使用维特比算法用以获取所有路径。维特比算法的具体实现流程如下[104, 105]。

（1）初始化状态空间中所有状态对应的变量 $\delta$ 和 $\theta$。

$$\delta_1(i) = \pi_i P(z_1 \mid x_1 = 1), \qquad i=1,2,\cdots,N \qquad (6\text{-}99)$$

$$\theta_1(i) = 0, \qquad i=1,2,\cdots,N \qquad (6\text{-}100)$$

（2）向后递推。对于 $k$=2,3,$\cdots$,$K$ 时刻的每一个状态 $j$，计算 $\delta_k(j)$，即从 $k$-1 时刻状态为 $i$ 到 $k$ 时刻状态为 $j$ 所对应的最大概率，并存储其前一个状态。

$$\delta_k(j) = \max_{1 \leqslant i \leqslant N} \left[ \delta_{k-1}(i) a_{ij} \right] P(z_k \mid x_k = j), \qquad j=1,2,\cdots,N \qquad (6\text{-}101)$$

$$\theta_k(j) = \arg\max_{1 \leqslant i \leqslant N} \left[ \delta_{k-1}(i) a_{ij} \right], \qquad j=1,2,\cdots,N \qquad (6\text{-}102)$$

（3）完成后，通过最大化 $\delta_K(j)$ 找到在时刻 $K$ 的状态估计，并通过存储在 $\theta_K$ 中的后向指针将最终状态的路径追溯到初始时刻。

$$P^* = \max_{1 \leqslant j \leqslant N} \delta_K(x_K = j) \qquad (6\text{-}103)$$

$$i_K^* = \arg\max_{1 \leqslant j \leqslant N} \left[ \delta_K(j) \right] \qquad (6\text{-}104)$$

（4）最优路径回溯。计算 $i_k^*$：

$$i_k^* = \theta_{k+1}(i_{k+1}^*) \qquad (6\text{-}105)$$

求得最优路径 $\boldsymbol{I}^* = \left( i_1^*, i_2^*, \cdots, i_K^* \right)$。

维特比算法同样需要设定三要素，维特比算法三要素 $A,B,\pi$ 与前后向算法相同。

## 6.3.3　辐射噪声线谱起伏特性分析

声传播的起伏从本质上来说源于海洋中的不均匀体的运动，这包括声源和接收器的运动，以及海洋本身的运动，如海面波浪或海洋体中的湍流等。在浅海中，声传播的多径问题是非常严重的。本节主要考虑由目标深度变化和粗糙海面导致的声传播起伏[106]。

### 1. 粗糙海面引起的声传播起伏

理想平滑的海面是一个几乎理想的声反射体，声线与平滑海面碰撞后几乎不产生损失，只是声信号的相位发生了180°的变化。在风力的作用下，海面变得起伏不平，其反射损失不再近似为零，声线的多路径结构也会发生变化。

海面的粗糙程度可以用波高 $H$ 来表示，常用的波高描述量有三个：三分之一有效波高 $H_{1/3}$、均方波高 $H_{ms}$ 和平均波高 $H_{avg}$。三分之一有效波高的计算公式如下：

$$H_{1/3} = 0.566 \times 10^{-2} V^2 \tag{6-106}$$

式中，$V$ 表示风速，单位为 km。均方波高、平均波高与三分之一有效波高有如下关系：

$$H_{ms} = 0.704 H_{1/3} \tag{6-107}$$

$$H_{avg} = \frac{\sqrt{\pi}}{2} H_{ms} = 0.886 H_{ms} \tag{6-108}$$

设粗糙海面的高度 $h$ 为距离 $r$ 的函数：

$$h(r) = \sqrt{2} H_{ms} \sin\left[ (2\pi/\lambda)r + \alpha_0 \right] \tag{6-109}$$

式中，$\lambda$ 为水面波浪的波长；$\alpha_0$ 为随机相位。取 $H_{ms}$=0.4m，$\lambda$=100m，信号频率 $f$=300Hz，声源深度 5m，接收器深度 20m，使用 BELLHOP 模型画出海面光滑和波动时的本征声线如图 6-24 所示，海面的波动情况一并画在图中。

对比图 6-24（a）、（b）可以看出，在海面波动时，声线的到达结构有着明显的区别。在平滑海面情况时，共有 25 条本征声线到达接收器，如图 6-25 所示；而在粗糙海面情况时，共有 43 条本征声线到达接收器，如图 6-26 所示。

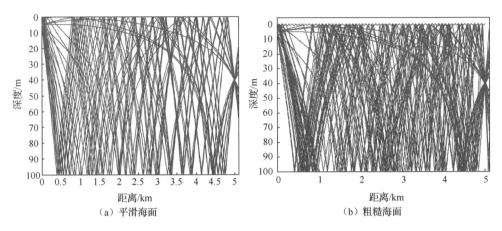

（a）平滑海面　　　　　　　　　　　　　（b）粗糙海面

图 6-24　平滑海面和粗糙海面情况时的本征声线示意图

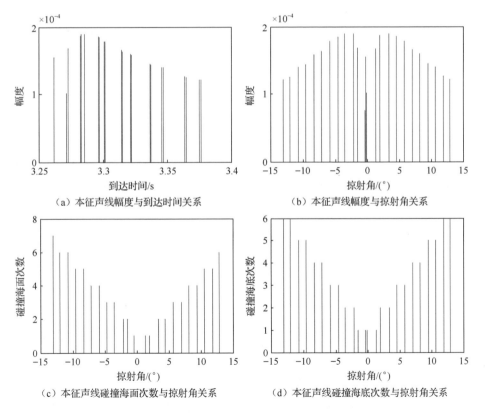

（a）本征声线幅度与到达时间关系　　　　　　（b）本征声线幅度与掠射角关系

（c）本征声线碰撞海面次数与掠射角关系　　　　（d）本征声线碰撞海底次数与掠射角关系

图 6-25　平滑海面本征声线情况

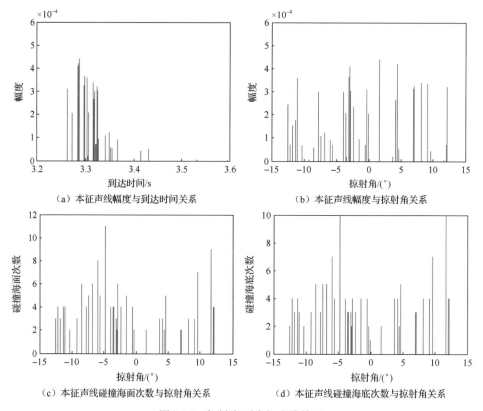

（a）本征声线幅度与到达时间关系

（b）本征声线幅度与掠射角关系

（c）本征声线碰撞海面次数与掠射角关系

（d）本征声线碰撞海底次数与掠射角关系

图 6-26 粗糙海面本征声线情况

为了进一步考察粗糙海面对声传播的影响，进行以下仿真实验。

仿真实验一：声源深度 5m，信号频率 $f$=300Hz，接收器深度 40m，声源接收器距离 5km；海底声速 1690m/s，海底密度 1.8g/cm³，海底每波长级差衰减 0.8dB，$H_{ms}$=0.4m，$\lambda$=100m。图 6-27 为水面声源本征声线示意图与声线到达结构，其中 S 为声源位置，R 为接收器位置。

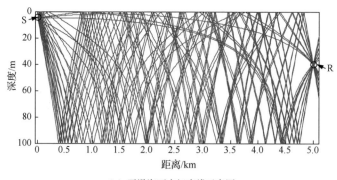

（a）平滑海面本征声线示意图

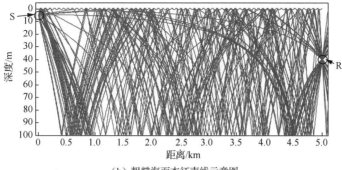

（b）粗糙海面本征声线示意图

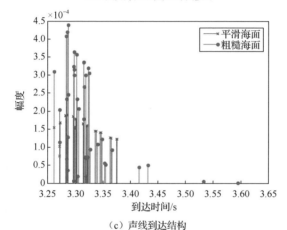

（c）声线到达结构

图 6-27　水面声源本征声线示意图与声线到达结构

仿真实验二：声源深度 30m，信号频率 $f$=300Hz，接收器深度 40m，声源接收器距离 5km；海底声速 1690m/s，海底密度 1.8g/cm³，海底每波长级差衰减 0.8dB，$H_{ms}$=0.4m，$\lambda$=100m。图 6-28 为水下声源本征声线示意图与声线到达结构，其中 S 为声源位置，R 为接收器位置。

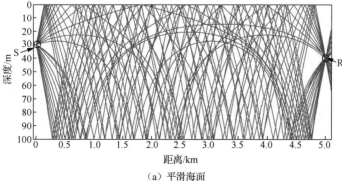

（a）平滑海面

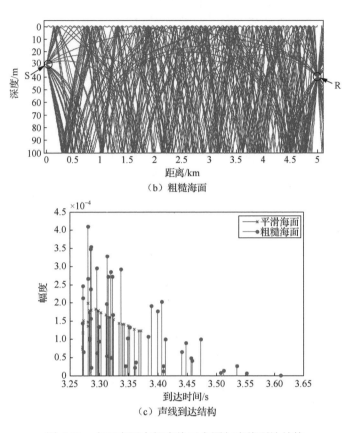

（b）粗糙海面

（c）声线到达结构

图 6-28　水下声源本征声线示意图与声线到达结构

对比以上两个仿真实验的结果，可以得出以下结论。

在浅海波导中，无论声源是在水面还是在水下，粗糙的水面都会对声传播产生影响，直观的表现就是本征声线增多，到达结构变得更加复杂。从信号处理的角度来说，本征声线的增多意味着多径结构的变化，从而导致海洋波导这一信道传递函数的变化。

由于浅海声速分布的负梯度，声线在从声源到接收器的传播过程中将向海底弯曲，因此声源在水下时，将有更多的本征声线没有触碰海面而到达接收器，这一点从图 6-27 和图 6-28 中可以看出。从这一点上来说，水下声源相对于水面声源来说更不易受到粗糙海面波动的影响。

在射线模型的条件下，根据第 3 章的分析，海洋多径信道的冲激响应函数可以用式（3-35）表示，相应信道的频率响应为

$$H(f;t) = \sum_{i=0}^{N-1} A_i(t) \exp[\mathrm{j}2\pi f \tau_i(t)] \qquad （6\text{-}110）$$

由于各种原因，$N$、$A_i$ 和 $\tau_i$ 都是随机时变的，这里主要讨论海面的随机起伏对海洋多径信道传递函数的影响。

仿真实验三：设粗糙海面高度服从式（6-109），其中，随机相位 $\alpha_0$ 服从 $[-\pi, \pi]$ 的均匀分布；$H_{ms}=0.4\text{m}$；$\lambda = 100\text{m}$；声源深度分别为 5m 和 30m；信号频率 $f=300\text{Hz}$；接收器深度 40m，声源接收器距离 5km；海底声速 1690m/s，海底密度 1.8g/cm$^3$，海底每波长级差衰减 0.8dB。使用 BELLHOP 模型和蒙特卡罗方法仿真声线到达结构，蒙特卡罗仿真次数为 200 次。声线到达结构的瀑布图如图 6-29 所示，本征声线数变化情况如图 6-30 所示。

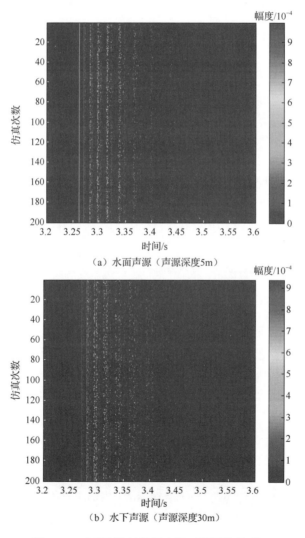

（a）水面声源（声源深度5m）

（b）水下声源（声源深度30m）

图 6-29　声线到达结构瀑布图（彩图附书后）

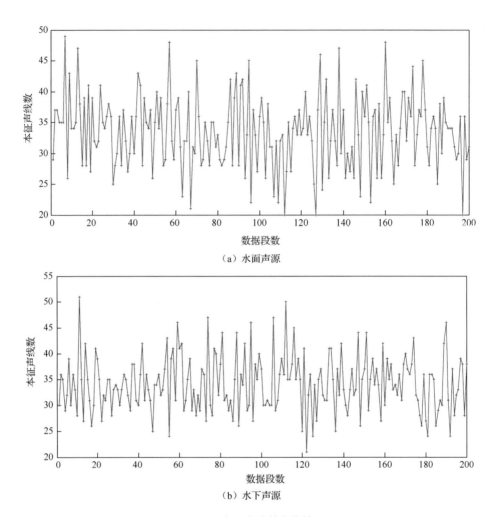

（a）水面声源

（b）水下声源

图 6-30 本征声线数变化情况

以时延最短的到达路径作为"首达"路径，设其达到接收器的时延为 $\tau_0$，其余声线到达接收器相对时延定义为

$$\tau_i' = \tau_i - \tau_0 \tag{6-111}$$

并且令

$$n_i = \left[ \tau_i' \times f_s \right] \tag{6-112}$$

式中，$f_s$ 为采样频率；[·]表示取整。则海洋多径信道模型可建模为一有限冲激响应（finite impulse response, FIR）滤波器，其传递函数的 $z$ 变换为

$$H(z) = b_0 + b_1 z^{-n_1} + \cdots + b_{N-1} z^{-n_{N-1}} \tag{6-113}$$

$$b_i = A_i / A_{\max}, \qquad i = 0, 1, \cdots, N-1 \tag{6-114}$$

画出 $H(z)$ 的频率响应，图 6-31 是某次蒙特卡罗仿真中多径信道的到达时间结构和对应的频率响应。

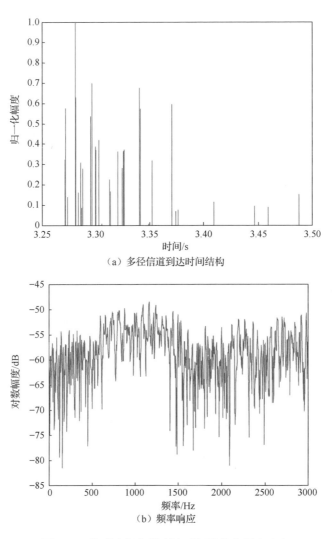

（a）多径信道到达时间结构

（b）频率响应

图 6-31　海洋多径信道到达时间结构和频率响应

　　由于粗糙海面是随机变化的，所以多径信道的结构也是时变的，这将对应于一个时变的多径信道，这一点从图 6-29 中可以很明显地看出。分别取信号频率为 100Hz、300Hz 和 500Hz，仿真信道频率响应的波动情况如图 6-32～图 6-34 所示，其波动的方差如表 6-3 所示。

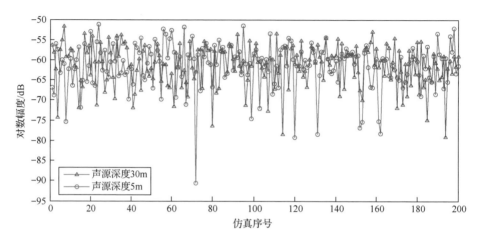

图 6-32　粗糙海面情况下的信道频率响应波动情况（$f = 100\text{Hz}$）

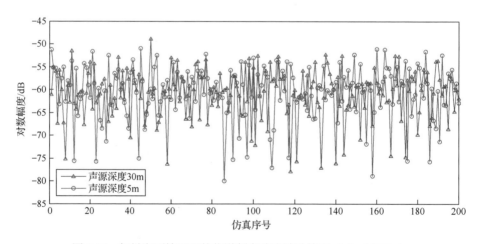

图 6-33　粗糙海面情况下的信道频率响应波动情况（$f = 300\text{Hz}$）

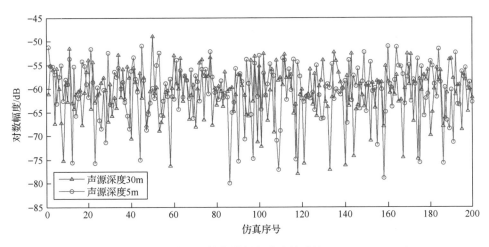

图 6-34　粗糙海面情况下的信道频率响应波动情况（ $f = 500\text{Hz}$ ）

**表 6-3　信道频率响应波动方差**

| 频率/Hz | 幅频响应波动方差 | |
| --- | --- | --- |
| | 水下声源（30m） | 水面声源（5m） |
| 100 | 21.7 | 27.9 |
| 300 | 28.1 | 31.0 |
| 500 | 29.6 | 33.9 |

　　由仿真结果可见，由水面的随机波动对水面目标造成的声信号的波动要明显高于对水下目标的波动，且波动的方差随信号频率的升高而变大。

### 2. 目标深度变化引起的辐射噪声起伏

　　水面目标在行驶的过程中，由于海面波浪的影响，其吃水深度也会随水面波浪的起伏发生起伏；同样，水下目标的深度也会受内波的影响发生波动。声压与声源深度、接收器深度也有着密切的关系。因此，在接收器深度相对稳定的情况下，声源的垂直运动也是导致声传播起伏的重要原因之一。

　　考虑等速的情况，则有

$$p(r,z) \simeq \frac{\text{j}}{D\sqrt{2\pi r}} e^{-\text{j}\pi/4} \sum_{m=1}^{N} \sin(k_{zm}z_s)\sin(k_{zm}z_r)\frac{e^{\text{j}k_{rm}r}}{\sqrt{k_{rm}}} \tag{6-115}$$

声强 $I$ 可以写为

$$
\begin{aligned}
I(r,z) &\simeq \left| \frac{1}{D\sqrt{2\pi r}} \sum_{m=1}^{N} \sin(k_{zm}z_s)\sin(k_{zm}z_r) \frac{\mathrm{e}^{jk_{rm}r}}{\sqrt{k_{rm}}} \right|^2 \\
&= \frac{1}{2\pi r D^2} \left[ \left( \sum_{m=1}^{N} \frac{\sin(k_{zm}z_s)\sin(k_{zm}z_r)}{\sqrt{k_{rm}}} \cos(k_{rm}r) + j\sum_{m=1}^{N} \frac{\sin(k_{zm}z_s)\sin(k_{zm}z_r)}{\sqrt{k_{rm}}} \sin(k_{rm}r) \right) \right]^2 \\
&= \frac{1}{2\pi r D^2} \left[ \sum_{m=1}^{N} B_m^2 + 2 \sum_{m,n=1,m\neq n}^{N} B_m B_n \cos(\Delta k_{rmn}r) \right]
\end{aligned}
$$

$$\text{(6-116)}$$

式中，$B_m = \dfrac{\sin(k_{zm}z_s)\sin(k_{zm}z_r)}{\sqrt{k_{rm}}}$；$\Delta k_{rmn} = k_{rm} - k_{rn}$。

由式（6-116）可见，目标和接收器的深度变化所导致的 $z_s$ 和 $z_r$ 变化，以及垂直波数和水平波数的变化，都会造成 $I$ 的波动。当水声波导的深度以及声速分布不变时，根据简正波理论，在波导中传播的模式是一定的，即垂直波数和水平波数是不变的，此时目标和接收器深度的变化将是导致声强波动的主要原因。

图 6-35 为在浅海波导中传播的简正波幅度示意图。对于具有压力释放表面的波导，靠近水面处所有的模式激励函数均为零；而对于较深的深度处，总有一阶简正波模式能够取到最大值。由于水面波浪和内波的影响，目标的深度会随波浪的起伏发生随机的变化。对于处在水面处的目标，由于水面处为模式激励函数的过零点，导数最大，因此模式激励函数的取值变化剧烈；而对于处于较大深度的水下目标，存在某一种模式使得模式激励函数处于最大值处，导数为零，因此模式激励函数的取值变化较小。

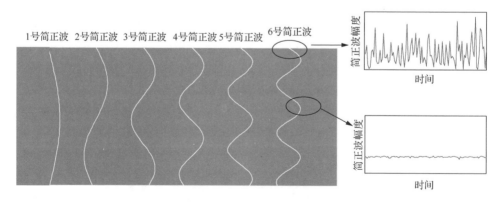

图 6-35　浅海波导中传播的简正波幅度示意图

　　考虑等声速的情况。设目标的深度随波浪起伏发生随机变化，则目标深度 $z_s$ 可以表示成为确定分量 $z_{s0}$ 和随机分量 $\Delta z$ 的和，$\Delta z$ 为深度的变化量。设 $\Delta z$ 服从均值为 0、方差为 1 的高斯分布，则有

$$
\begin{aligned}
\Psi_m(z_s) &= C\sin\left[k_{zm}(z_{s0}+\Delta z)\right] \\
&= C\sin(k_{zm}z_{s0})\cos(k_{zm}\Delta z) + C\cos(k_{zm}z_{s0})\sin(k_{zm}\Delta z)
\end{aligned}
\tag{6-117}
$$

由于多数情况下 $k_{zm}=\sqrt{(\omega/c)^2-k_{rm}^2}\ll 1$，则

$$
\Psi_m(z_s) \approx C\left[\sin(k_{zm}z_{s0}) + \cos(k_{zm}z_{s0})k_{zm}\Delta z\right]
\tag{6-118}
$$

因此 $\Psi_m(z_s)$ 服从均值为 $C\sin(k_{zm}z_{s0})$、方差为 $\left[C\cos(k_{zm}z_{s0})k_{zm}\right]^2$ 的高斯分布。设

$$
h_m(z_s) = Ae^{-j\omega t}\Psi_m(z_s)\frac{e^{jk_{rm}r}}{\sqrt{k_{rm}r}}
\tag{6-119}
$$

将式（6-118）代入式（6-119），并令 $AC/\sqrt{k_{rm}r}=\alpha$，可得

$$
|h_m(z_s)|^2 = \left[\sin(k_{zm}z_{s0}) + \cos(k_{zm}z_{s0})k_{zm}\Delta z\right]^2\alpha^2
\tag{6-120}
$$

不难得到 $|h_m(z_s)|^2$ 的均值和方差为

$$
E\left[|h_m(z_s)|^2\right] = \alpha^2\sin^2(k_{zm}z_{s0}) + \alpha^2\cos^2(k_{zm}z_{s0})k_{zm}^2
\tag{6-121}
$$

$$
\begin{aligned}
\mathrm{Var}\left[|h_m(z_s)|^2\right] &= E\left[\left(|h_m(z_s)|^2 - E\left[|h_m(z_s)|^2\right]\right)^2\right] \\
&= 4\alpha^4\sin^2(k_{zm}z_{s0})\cos^2(k_{zm}z_{s0})k_{zm}^2 + 2\alpha^4\cos^4(k_{zm}z_{s0})k_{zm}^4
\end{aligned}
\tag{6-122}
$$

　　定义修正模式闪烁指数 $\mathrm{SI}_m$：

$$
\begin{aligned}
\mathrm{SI}_m &= \frac{\mathrm{Var}\left[|h_m(z_s)|^2\right]}{E\left[|h_m(z_s)|^2\right]^2} \\
&= \frac{4\sin^2(k_{zm}z_{s0})\cos^2(k_{zm}z_{s0})k_{zm}^2 + 2\cos^4(k_{zm}z_{s0})k_{zm}^4}{\left[\sin^2(k_{zm}z_{s0}) + \cos^2(k_{zm}z_{s0})k_{zm}^2\right]^2}
\end{aligned}
\tag{6-123}
$$

$\mathrm{SI}_m$ 只与目标声源的深度有关，而与其声源级和距离无关。

　　仿真实验四：若声速 $c_0=1500\mathrm{m/s}$，深度 $D=100\mathrm{m}$，声源频率为 200Hz，这时等速问题共有 27 个传播模式，画出前 10 个模式的修正模式闪烁指数，如图 6-36 所示。可以看出，在水面附近各阶简正波模式都有比较大的修正模式闪烁指数，而在其他的深度上，总存在某一个简正波模式使得其修正模式闪烁指数取比较小的值。

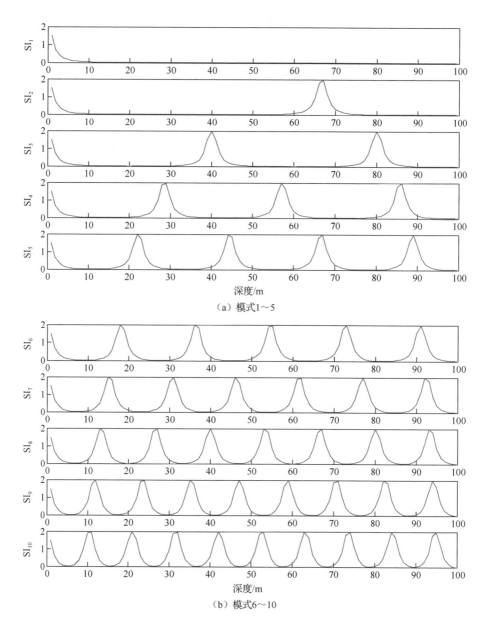

（a）模式1～5

（b）模式6～10

图 6-36　等速问题前 10 个模式的修正模式闪烁指数

仿真实验五：信号频率 $f$=300Hz，接收器深度 40m，声源接收器距离 10km；海底声速 1690m/s，海底密度 1.8g/cm$^3$，海底每波长级差衰减 0.8dB。分别取声源深度为 5m 和 30m，深度波动 $\Delta z$ 服从均值为 0、方差为 1 的高斯分布。使用 KRAKEN（克拉肯）模型计算可得 13 种传播模式，如图 6-37 所示。

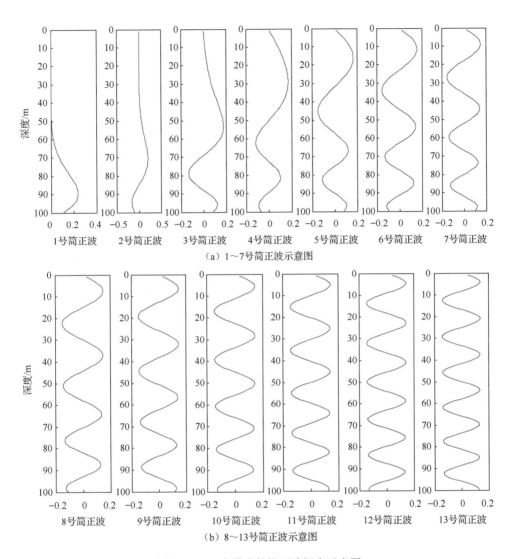

（a）1~7号简正波示意图

（b）8~13号简正波示意图

图 6-37 13 个模式的简正波幅度示意图

由式（6-116）可得

$$I(r,z) \simeq \left| \frac{1}{D\sqrt{2\pi r}} \sum_{m=1}^{N} \Psi_m(z_s) \Psi_m(z_r) \frac{\mathrm{e}^{jk_{rm}r}}{\sqrt{k_{rm}}} \right|^2 \tag{6-124}$$

将 KRAKEN 模型计算得到的特征函数值 $\Psi_m$ 代入式（6-124）可以得到声强的波动情况，如图 6-38 所示，可见水面声源的声强波动大于水下声源的声强波动。

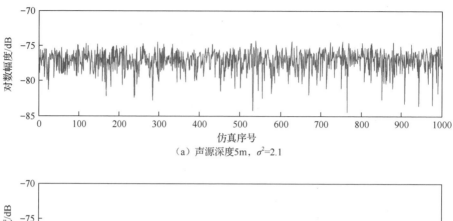

（a）声源深度5m，$\sigma^2=2.1$

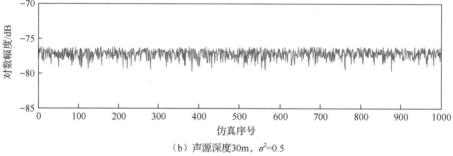

（b）声源深度30m，$\sigma^2=0.5$

图 6-38　声强波动情况

**3. 实测舰船辐射噪声数据线谱起伏分析**

前面分别从水声传播的射线模型和简正波模型两个角度分析了粗糙海面的起伏、声源的深度变化对声传播的影响，这两种因素都会导致海洋信道中的声传播起伏，并且这些因素对水面声源的影响要大于对水下声源的影响。

辐射噪声的线谱是舰船目标较"稳定"的特征之一。这里稳定的含义指：①不同的目标一般具有不同的线谱特征；②辐射噪声的线谱不容易为环境噪声所掩盖；③辐射噪声中的低频线谱特征一般很难避免。即使如此，辐射噪声中的线谱强度仍然会受到声传播起伏的影响，发生强度上的波动，根据线谱强度波动的情况可以对目标的类别加以判别。图 6-39 为某实测水面目标的 LOFAR 谱图，从图中可以看出三条比较明显的特征线谱轨迹。

选取海上试验获取的 20 个水面声源的 29 个样本的 36 根线谱，6 个水下声源的 18 个样本的 18 根线谱，对该 54 根线谱进行线谱能量序列方差的统计，结果如图 6-40 所示。对每帧数据进行功率谱估计，计算稳定线谱处的信号能量，得出线谱能量序列。

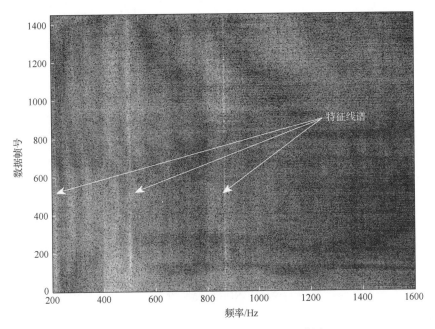

图 6-39　某实测水面目标的 LOFAR 谱图

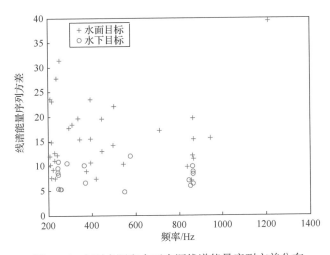

图 6-40　水面声源和水下声源线谱能量序列方差分布

　　由图 6-40 可见，水面声源和水下声源的线谱能量波动有着比较明显的差别，水面声源线谱的波动方差大于水下声源线谱的波动方差。Wagstaff（瓦格斯塔夫）根据信号幅度的波动情况将单频信号分为低幅度波动谐波信号和高幅度波动谐波信号，并提出了改进的瓦格斯塔夫求积分抑制求和处理器（advanced Wagstaff's integration silencing processor summation, AWSUM）[107]，用来区分多波

束信号中的水面目标和水下目标。设 $X_i$ 为线谱能量序列，定义 $\text{AWSUM}_Z$ 为

$$\text{AWSUM}_Z = \left[ \frac{1}{N} \sum_{i=1}^{N} X_i^{-Z} \right]^{-1/Z} \tag{6-125}$$

当 $Z=-1$ 时，AWSUM 也称为平均功率处理器（average power processor，AVGPR）：

$$\text{AVGPR} = \text{AWSUM} - 1 = \frac{1}{N} \sum_{i=1}^{N} X_i \tag{6-126}$$

当 $Z=1$ 时，AWSUM 也称为瓦格斯塔夫积分抑制处理器（Wagstaff's integration silencing processor，WISPR）：

$$\text{WISPR} = \text{AWSUM}_1 = \left[ \frac{1}{N} \sum_{i=1}^{N} X_i^{-1} \right]^{-1} \tag{6-127}$$

分别定义统计量 $\varDelta$、$A_{1,4}$、$A_{-1,4}$ 为

$$\varDelta = \text{AVGPR}/\text{WISPR} \tag{6-128}$$

$$A_{1,4} = \text{WISPR}/\text{AWSUM}_4 \tag{6-129}$$

$$A_{-1,4} = \text{AVGPR}/\text{AWSUM}_4 \tag{6-130}$$

设 $X_i$ 为线谱能量序列，且服从均值为 SL、方差为 $\sigma^2$ 的高斯分布。若取 SL=130dB，分别计算出 $X_i$ 取不同值时的 $\varDelta$、$A_{1,4}$、$A_{-1,4}$ 统计量，如图 6-41 所示。从仿真结果可以看出：①随着 $\sigma^2$ 的增大，$\varDelta$、$A_{1,4}$、$A_{-1,4}$ 三种统计量都逐渐增大，即波动大的序列表现出大的统计量；②随着 $\sigma^2$ 的增大，$A_{-1,4}$ 表现出比 $\varDelta$ 和 $A_{1,4}$ 更好的区分度。

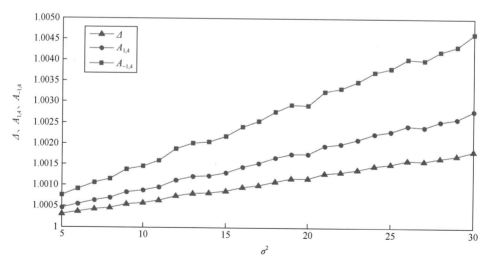

图 6-41　$\varDelta$、$A_{1,4}$、$A_{-1,4}$ 随序列方差的变化情况

对 54 根海上试验获取的水面和水下声源线谱的能量序列分别计算 $\Delta$、$A_{1,4}$、$A_{-1,4}$ 统计量，如图 6-42～图 6-44 所示。由图可见 $\Delta$、$A_{1,4}$、$A_{-1,4}$ 三种统计量有着比线谱能量序列方差更好的区分度，并且 $A_{-1,4}$ 对目标深度的二元分类性能最佳，其水面目标与水下目标的重叠区域最小。

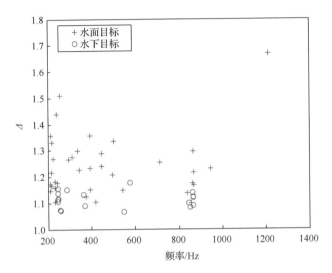

图 6-42　水面和水下声源线谱的 $\Delta$ 统计量分布

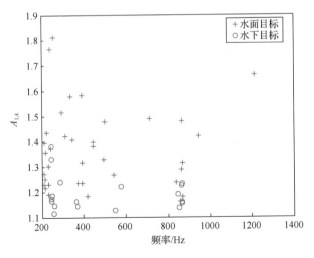

图 6-43　水面和水下声源线谱的 $A_{1,4}$ 统计量分布

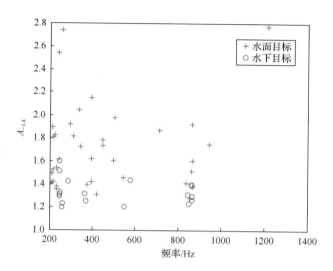

图 6-44　水面和水下声源线谱的 $A_{-1,4}$ 统计量分布

# 6.4　辐射噪声解调谱特征提取

　　辐射噪声信号的解调制处理，就是将辐射噪声信号输入检波器，利用其非线性特性恢复出低频调制信号分量，这个低频分量里就含有螺旋桨的轴叶频信息[108]。用与功率谱线谱提取相似的方法在解调获取的谱图中提取出一组线谱，利用线谱间的相互关系得到螺旋桨的轴频频率和叶频频率，由此就可以对目标的螺旋桨转速和叶片数目进行分析，从而对目标的类型进行判决。

## 6.4.1　辐射噪声调制特性分析

　　螺旋桨噪声中蕴含着丰富的周期性调制成分，反映了螺旋桨类型、桨数、叶片数、转速、空化程度及不均匀流场分布等信息，是水声目标识别的主要信息源之一[95]。解调谱分析是提取水声目标周期调制特征的有效手段。

　　目标噪声信号中的低频调制信号分量含有轴叶频信息。螺旋桨的调制在信号频带上并不是均匀的，因此在不同频段得到的解调谱的效果也有所差别。相对于对信号直接进行宽带解调处理，分频段解调将信号带通滤波后进行不同频段的解调处理。

　　DEMON 分析是最常用的调制特性分析手段。DEMON 分析主要进行如下的处理：①带通滤波，滤除宽带调制信号有效频段外的信息，提高宽带调制信号的信噪比；②包络检波，用函数的非线性特性将宽带信号中的乘性幅度包络调制成分转换为加性周期信号；③低通滤波，舰船辐射噪声的调制信号通常在几十赫兹以内，包络检波得到信号包络成分后还会产生载波的高次谐波成分，需根据先验信息滤除载频的高次谐波；④谱分析，对于噪声中的单频信号，有效的检测方法是谱分析；⑤线谱检测，调制线谱的检测实际上是一个多元假设问题，需要在不同的频点上进行信号有无的判决；⑥轴频估计，估计线谱簇的基频频率，该频率对应着目标螺旋桨的转速，具有明确的物理含义。更进一步，通过基频的各次谐波强度可以辅助地判别目标的螺旋桨叶片数。图 6-45 给出了 DEMON 分析的处理流程。

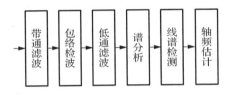

图 6-45　DEMON 分析处理流程

从图 6-45 中可以看到，DEMON 分析的处理流程中，采集的舰船辐射噪声信号依次通过带通滤波、包络检波、低通滤波、谱分析、线谱检测和轴频估计这六个处理模块。每个处理模块的输出效果都将影响后续处理及整体 DEMON 分析的性能。

## 6.4.2　基于先验信息的辐射噪声宽带解调

传统的 DEMON 处理中线谱检测和轴频的估计是分别考虑的。处理流程中，首先进行 DEMON 线谱的检测，当检测器判决线谱存在时，再估计轴频。这种结构下，检测器和估计器之间缺乏信息的交互。检测器不能利用估计器的结果，而估计器从检测器获得的也仅仅是一个信号有无的二元开关量。这种信息交互上的缺失，带来检测和估计的性能损失，对微弱螺旋桨辐射噪声进行线谱检测和轴频估计时存在线谱缺失和轴频可靠性低的问题。

为了充分利用调制谱中的信息，本节基于多元复合假设检验模型，将谐波信号的闭环检测和估计算法应用于 DEMON 线谱的提取，基于联合检测与估计的 DEMON 算法（JDEMON）设计 DEMON 线谱检测和轴频估计之间的耦合机制，利用 DEMON 线谱的谐波特性，构建轴频检测统计量[109]。处理过程中，首先假设一个轴频的先验分布，利用谱分析进行线谱检测和轴频估计，估计器的输出结果对先验的轴频分布信息迭代修正，形成闭环检测，从而提高了线谱检测和轴频估计性能。仿真数据和实测螺旋桨噪声数据的分析表明，相比传统方法，该方法提高了对螺旋桨噪声的轴频估计精度和线谱检测概率。

1. 谐波检测概述

在辐射噪声的调制分析中，人们对信号的非线性变换（平方检波，绝对值检波等）中是否存在谐波族、谐波信号的基频频率参数等问题非常感兴趣。更进一步地，人们还希望获得各次谐波信号的幅度信息，用于判别螺旋桨的桨叶特征。基于傅里叶变换的周期图分析是谐波检测的基本工具。如果噪声方差已知，谐波检测存在一致最大势检验，该检验可为同类算法提供检测性能上界。Kay 等[110]深入讨论了噪声方差未知条件下的局部最大势不变检验和广义似然比检验，并仿真分析了它们与一致最大势检验之间的性能差异。

在声呐信号检测问题中，虚警概率是重要的性能指标。高虚警概率会给信号检测系统带来大的运算负担，也会增加操作人员的工作强度。对声呐信号处理系统的设计往往都期望在能够忍受的虚警概率范围内尽可能地提高检测概率，即纽曼-皮尔逊准则。在很多场合中，对虚警概率有着决定性作用的噪声方差通常是未知的，而且极有可能是时变的。实时估计噪声方差并自适应地调整判决门限成了很多检测算法的首要选择[111, 112]。获取恒虚警概率的另一种方法是采用所谓的非参量检测，由于未能利用噪声的全部先验信息，此类算法的性能通常劣于其他算法。

相对于参数未知条件下的复合假设检验，噪声分布类型未知条件下的检测更为困难。在有些应用中，信号的背景噪声可能是非高斯分布，其功率谱也可能呈现未知的频谱特性[113-115]。Kay 等[113]假设噪声协方差矩阵模型已知，并在 $H_0$ 条件下应用最大似然原理估计出模型参数，从而得到一种具备恒虚警检测特性的检测算法。Wan 等[115]在 $H_0$ 条件下通过双通分离窗算法或顺序截断算法（order-truncate-algorithm, OTA）估计有色噪声的功率谱也能达到同样的目的。

高斯白噪声中单频谐波的信号模型为

$$x(n) = A\mathrm{e}^{\mathrm{j}(\omega n + \varphi)} + z(n), \quad n = 0, 1, \cdots, N-1 \qquad (6\text{-}131)$$

式中，$A$、$\omega$ 和 $\varphi$ 均为未知的确定性参数，分别表示单频谐波的幅度、数字角频率和初相位；$z(n)$ 表示零均值的复高斯白噪声，其实部和虚部彼此独立，方差均为 $\sigma^2/2$。Rife 等[116]推导并给出了 $\omega$ 的最大似然估计：

$$\hat{\omega}_{\mathrm{ML}} = \arg\max_{\omega'} \left| \sum_{n=0}^{N-1} x(n)\mathrm{e}^{-\mathrm{j}\omega'n} \right|^2 \qquad (6\text{-}132)$$

当信号和噪声的功率比 SNR=$A^2/\sigma^2$ 足够大时，$\hat{\omega}_{\mathrm{ML}}$ 是无偏估计，其均方误差

能达到理论上的最小值，即克拉默-拉奥界（Cramer-Rao bound, CRB）：

$$MSE(\hat{\omega}_{ML}) = \frac{6}{(A^2/\sigma^2)N(N^2-1)} \tag{6-133}$$

如果约定 $\omega$ 在以下离散频点上取值：

$$\omega = 2k\pi/N, \quad k = 0,1,\cdots,N-1 \tag{6-134}$$

可以得到基于最大似然原理的近似估计 $\hat{\omega}_{DFT}$。由于频率分辨率的限制，$MSE(\hat{\omega}_{DFT}) \geqslant \pi^2/(3N^2)$。该性能一般无法满足应用需要。常见的改进算法包括利用 $\hat{\omega}$ 附近若干频率抽头进行插值[117-119]。

频率估计 $\hat{\omega}_{ML}$ 的均方误差不会随频率出现周期波动，具有很好的频率一致性，且适用于 $(-\pi,\pi]$ 范围内的所有频率，并不是所有的算法都具有这些优点。如同其他非线性估计，$\hat{\omega}_{ML}$ 存在门限效应，即当 SNR 小于某个特定值时，$\hat{\omega}_{ML}$ 的均方误差将迅速增加。

迄今为止，严格意义上的最大似然估计是无法实现的。在序列 $x(n)$ 后填充足够数量的零值序列并借助快速傅里叶变换可得到近似意义上的最大似然估计，可惜的是，即便采用了快速算法，这一方法的运算量仍然无法接受。

MLE 具有最低的噪声门限，最小的均方误差，最宽的频率适用范围和良好的频率一致性，这使得它自然而然地成了同类算法衡量自身性能的参考基准，因此该算法的理论指导意义远大于其工程应用价值。

Tretter[120] 对解绕之后的相位运用线性回归得到一种运算量较低的频率估计算法，该算法在较高信噪比时同样可以达到 CRB。与 Tretter 不同，Kay[121] 将单音谐波频率估计转化为已知类型有色噪声中的信号均值估计问题，即

$$\begin{aligned}\delta(n) &= \arg\left[x(n+1)x^*(n)\right] \\ &= \omega + z^*(n)\end{aligned} \tag{6-135}$$

如果 $A^2/\sigma^2 \gg 1$，$z^*(n)$ 可视为移动平均系数为 $(1,-1)$ 的有色高斯过程，此时 $\omega$ 的 MLE、最小方差估计和最小二乘估计统一为

$$\hat{\omega}_{Kay} = \sum_{n=0}^{N-2} w_N(n)\delta(n) \tag{6-136}$$

式中，$w_N(n)$ 是加权系数：

$$w_N(n) = \frac{1.5N}{N^2-1}\left\{1 - \left[\frac{n-(0.5N-1)}{0.5N}\right]^2\right\} \tag{6-137}$$

Tretter（特雷特）算法和 Kay（凯）算法的原理相仿，Lang 等[122]指出，Kay

算法采用的加权系数 $w_N(n)$ 是 Tretter 算法系数的部分和，二者的关系由此可窥见一斑。这两个算法的噪声门限高出 MLE 很多，而且不会随着数据长度 $N$ 的增加而改善。此外，当 $\omega$ 接近 $-\pi$ 或 $\pi$ 时，均方误差会迅速恶化。

Kim 等[123]采用矩形窗滤波器抑制噪声能量，达到了降低噪声门限的目的。他们同时指出，滤波器带宽越窄越有利于降低噪声门限；如果信号落在滤波器通带以外，算法完全失效的风险也会由此增加；换言之，算法的频率适用范围变窄。即便如此，该方法降低噪声门限的手段仍被同类的其他算法普遍采用。

Umesh 等[124]借助离散傅里叶变换构造滤波器组，通过比较各滤波器输出序列的平均功率，以最大值所在滤波器的中心频率作为粗估计，并对其输出序列采用 Kay 算法得到精细估计，粗估计和精细估计之和就是最终的结果。Umesh 算法降低了噪声门限，且不会显著缩小算法频率适用范围，只是频率一致性欠佳。

Fowler 等[125]采用级联的四通道高重叠滤波器组同样扩展了算法的频率适用范围。由于降低了对落在滤波器中心频率之间的信号幅度衰减，其频率一致性优于 Umesh 算法，不过其噪声门限仍然较高。

基于自相关序列的频率估计算法中最简单的就是所谓的线性预测算法[126]：

$$\hat{\omega}_{\mathrm{LP}} = \arg\left[\sum_{l=0}^{N-2} x(l+1)x^*(l)\right] \tag{6-138}$$

该算法没有明显的噪声门限，频率适用范围也较大，可即便是在高信噪比的条件下，其均方误差距离 CRB 也有一定差距。Brown（布朗）迭代运用线性预测、数字外差和滤波抽取等处理，逐步精确估计频率，增加噪声衰减程度，并最终将原数据抽取至有限的 3 个或 4 个样点，得到一种较高性能的所谓迭代线性预测算法[127]。该算法的均方误差距离 CRB 约 0.5~0.74dB（取决于数据长度），噪声门限仅高出 MLE 约 1dB，频率适用范围接近 $\pm\pi$，而且具有很好的频率一致性、较低的运算复杂度，是目前同类算法中性能比较突出的。

四阶累积量切片可用于估计有色噪声条件下谐波信号的频率[128-131]。这一类方法通过求解四阶累积量切片矩阵，根据特征值大小划分出信号子空间和噪声子空间，进而给出具有较高分辨率的频率估计结果。

2. DEMON 谱的轴频提取

对于受到一组谐波信号调制的宽带噪声信号，信号可以表示为

$$\begin{aligned}
x(t) &= [1+m(t)]s(t)+g(t) \\
&= \left[1+\sum_{i=1}^{N} A_i\cos(i\omega_s t+\theta_i)\right]s(t)+g(t)
\end{aligned} \tag{6-139}$$

式中，$\omega_s$ 为轴频；$\theta_i$ 为轴频调制的初相位；$s(t)$ 和 $g(t)$ 分别为受调制的宽带噪声和环境噪声；$m(t)$ 为周期调制信号。在假定 $s(t)$ 和 $g(t)$ 均为零均值高斯白噪声的条件下，线谱的最大似然检测器通过式（6-140）得到：

$$\ln[pX(x/\omega_k)] = K_{DC} + \frac{2}{KN_0^2}\sum_{n=1}^{\infty}[x^2(t_i)\exp(-jn\omega_k t_i)]^2 \qquad (6\text{-}140)$$

式中，$N_0/2$ 为 $g(t)$ 的方差；$K$ 为观测窗长度。当 $K$ 大于调制周期时，$K_{DC}$ 为常量。使式（6-140）取最大值时的 $\omega_k$ 即为轴频。

### 3. DEMON 处理的改进策略

传统的 DEMON 处理中，先将噪声数据进行检波和特征变换，得到 DEMON 谱数据，并对 DEMON 谱数据进行线谱检测，若检测器判决 $H_1$ 即认为线谱成分存在，检测到的多个线谱经过估计器估计基频频率，即螺旋桨轴频。传统 DEMON 的处理流程如图 6-46 所示。

图 6-46　传统 DEMON 处理流程

从图 6-46 可见，DEMON 处理流程为顺序结构，特征变换、线谱检测和轴频估计均利用上一级的输出结果。各个模块处理的时候并不能利用后续的处理结果带来的信息。JDEMON 处理则在 DEMON 处理流程中引入信息反馈的机制，以期改善 DEMON 处理的总体性能。

记被检验的假设为：零假设 $H_0$ 和备择假设 $H_1$，$H_0$ 代表该频点只有噪声，$H_1$ 代表该频点有线谱。

$$\begin{cases} H_0 : x[n] = w[n] \\ H_1 : x[n] = s[n;\boldsymbol{\theta}] + w[n] \end{cases}, \quad n = 0,1,\cdots,N-1 \qquad (6\text{-}141)$$

式中，$w[n]$ 是噪声序列；$s[n;\boldsymbol{\theta}]$ 是信号序列，且由一组未知参数 $\boldsymbol{\theta}=[\theta_1,\theta_2,\cdots,\theta_M]$ 确定。线谱检测是根据一组观测数据推断 $H_0$ 和 $H_1$，参数估计则是根据一定的最佳准则获得关于未知参数 $\boldsymbol{\theta}$ 的估计 $\hat{\boldsymbol{\theta}}(X)$。JDEMON 进行处理时，根据先验信息猜测一个先验分布 $\pi(\boldsymbol{\theta})$ 和先验概率 $P(H_1)$。在处理过程中，利用估计器的输出 $\hat{\boldsymbol{\theta}}$ 使得最初猜测的 $\pi(\boldsymbol{\theta})$ 变得更加确切，同时利用处理中获得的后验概率 $P(H_1|X)$ 对 $P(H_1)$

加以修正，并回代进行下一轮的检测和估计。此外，检测器提供给估计器的是复合似然比 $\Lambda(X)$ 而不是二元开关量，因此包含更多的信息量，有助于估计进行。JDEMON 的处理流程如图 6-47 所示。

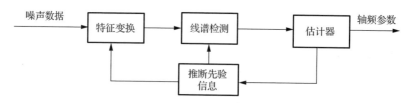

图 6-47　JDEMON 处理流程

与传统方法一次性获得最佳解不同，闭环算法的最佳解是通过迭代方法逐步逼近的。系统在运行中，根据实时计算的复合似然比 $\Lambda(X)$ 和参数估值 $\hat{\boldsymbol{\theta}}$ 迭代地修正 $\pi(\boldsymbol{\theta})$ 和 $P(H_1)$，直到收敛或达到满意的结果。

### 4. JDEMON 线谱检测及轴频估计算法

JDEMON 线谱检测利用谐波检测算法。

$$\begin{cases} H_0 : x[n] = w[n] \\ H_1 : x[n] = \sum_{i=1}^{L} \sin\left(2\pi f_i n\right) + w[n] \end{cases}, \quad n = 0, 1, \cdots, N-1 \qquad (6\text{-}142)$$

式中，$w[n]$ 是高斯白噪声序列，均值为 0，方差为 $\sigma^2$，且 $E\{x[m]x[n]\} = \sigma^2 \delta_{mn}$；谐波频率 $f = [f_1, f_2, \cdots, f_L]$ 为未知参量，且服从先验分布 $\pi(f)$；$L$ 是谐波阶数，亦是未知的，假设 $L \leqslant P$ 而且已知 $P$。通过一组观测 $X$ 推断信号的阶数 $L$ 并估计其频率时，问题可以转化为一个 $P+1$ 元复合假设检验问题：

$$\begin{cases} H_0 : x[n] = w[n] \\ H_1 : x[n] = \sin\left(2\pi f_i n\right) + w[n] \\ \qquad \cdots \cdots \\ H_p : x[n] = \sum_{i=1}^{L} \sin\left(2\pi f_i n\right) + w[n] \end{cases}, \quad n = 0, 1, \cdots, N-1 \qquad (6\text{-}143)$$

当给定某一假设 $H_m(m=0,1,\cdots,p)$ 和频率 $f$ 时，观测 $X$ 的条件 PDF 为

$$f(X \mid f; H_m) = (2\pi\sigma)^{-\frac{N}{2}} \exp\left\{ \frac{\sum_{n=0}^{N-1}\left[ x[n] - \sum_{n=0}^{m} \sin\left(2\pi f_l n\right) \right]^2}{2\sigma^2} \right\} \qquad (6\text{-}144)$$

根据贝叶斯理论，定义复合似然比如下：

$$\Lambda_m(X) = \frac{\int_\theta f(X\mid f; H_m)\pi(f)\mathrm{d}f}{f(X\mid H_0)}$$

$$= \int_\theta \exp\left\{\frac{\sum_{n=0}^{N-1}\sum_{i=1}^{m}x[n]\sin\left(2\pi f_l n\right)}{\sigma^2} - \frac{\sum_{n=0}^{N-1}\left[\sum_{i=1}^{m}x[n]\sin\left(2\pi f_l n\right)\right]^2}{2\sigma^2}\right\}\prod_{l=1}^{P}\pi(f_l)\mathrm{d}f$$

$$(6\text{-}145)$$

再计算出假设 $H_m$ 的复合似然比，其相应后验概率为

$$\begin{cases} P(H_m\mid X) = \dfrac{\Lambda_m(x)}{1+\displaystyle\sum_{i=1}^{P}\Lambda_i(x)}, \quad m=1,2,\cdots,P \\[4mm] P(H_0\mid X) = \dfrac{1}{1+\displaystyle\sum_{i=1}^{P}\Lambda_i(x)} \end{cases}$$

$$(6\text{-}146)$$

可以根据最大后验准则，取后验最大的假设 $H_m$ 作为检测器的判决结果，即

$$M = \arg\max_{m=0,1,\cdots,P}\left[P(H_m\mid X)\right]$$

$$(6\text{-}147)$$

然后在该假设下进行频率估计。

实际上，谐波信号的初相位和各次谐波的幅度是未知的。考虑这两个因素，观测的条件概率密度函数重写如下：

$$\Lambda_m(X) = \exp\left\{\frac{\sum_{n=0}^{N-1}x[n]\left[\sum_{l=1}^{m}A_l\sin(2\pi f_l n+\varphi_l)\right]}{\sigma^2} - \frac{\sum_{n=0}^{N-1}\left[\sum_{l=1}^{m}A\sin(2\pi f_l n+\varphi_l)\right]^2}{2\sigma^2}\right\}$$

$$\approx \exp\left\{\frac{\sum_{n=0}^{N-1}\sum_{l=1}^{m}x[n]A_l\sin(2\pi f_l n+\varphi_l)}{\sigma^2} - \frac{N\sum_{n=0}^{N-1}A_l^2}{4\sigma^2}\right\}$$

$$= \prod_{l=1}^{P}\exp\left\{-\frac{N\sum_{n=0}^{N-1}A_l^2}{4\sigma^2}\right\}\exp\left\{\frac{\sum_{n=0}^{N-1}\sum_{l=1}^{m}x[n]A_l\sin(2\pi f_l n+\varphi_l)}{\sigma^2}\right\}$$

$$(6\text{-}148)$$

可以得到最大似然估计为

$$J(A,f,\varphi) = -\frac{N\sum_{n=0}^{N-1}A_l^2}{4\sigma^2} + \frac{\sum_{l=0}^{m}A_l\sum_{n=1}^{N-1}x[n]\sin(2\pi f_l n+\varphi_l)}{\sigma^2}$$

$$(6\text{-}149)$$

参照周期图谱估计，构建谐波检测统计量：

$$S(f) = \frac{1}{N} \sum_{i=0}^{P} A_i \left| \sum_{n=1}^{N-1} x[n] \exp(-j2\pi i f n) \right|^2 \tag{6-150}$$

取 $\hat{f} = \arg\max_f [S(f)]$，即 $H_m$ 假设下的最大似然（maximum likelihood, ML）轴频频率估计，式（6-150）中的周期图可以通过快速傅里叶变换计算。

假设谐波信号频率的先验分布 $\pi(f)$ 未知，此时，无法直接使用贝叶斯方法。但可以根据经验合理假设一个 $\hat{\pi}_0(f)$，并且在迭代过程中，利用估计器的输出 $\hat{f}$ 使得 $\hat{\pi}(f)$ 逐步精确化。为简化起见，处理过程中设 $A_i=1$。具体步骤如下。

（1）假设 $\pi(f)$ 的初始分布是以 $\hat{f}$ 为中心、宽度为 $\Delta l_0$ 的均匀分布，即 $\hat{\pi}_0(f) = U\left( \hat{f}_0 - \frac{\Delta l_0}{2}, \hat{f}_0 + \frac{\Delta l_0}{2} \right)$，$\Delta l_0$ 初始可以取谱分析的频率分辨率 $\Delta f$。

（2）对观测数据 $X$ 包络检波数据取 $N_k$ 点作功率谱分析，得到每个频点功率谱估计 $h_i$，此时谱的分辨率为 $\Delta f_k$。

（3）对轴频分布区间内每一频点，计算轴频统计量。

$$S(j) = \sum_{n=1}^{P} \left\{ \max\left[ h_j \mid n \cdot k - \frac{(n-1)\Delta l_k}{2\Delta f_k} \leqslant j \leqslant n \cdot k + \frac{(n-1)\Delta l_k}{2\Delta f_k}, j \in N \right] \right\} \tag{6-151}$$

取 $l = \arg\max_j [S(j)]$，可以得到轴频的初始估计 $\hat{f}_k = l \cdot \Delta f_k$。

（4）利用 $\hat{f}_k$ 对应的各次谐波峰值频率修正轴频，得到轴频修正估计 $\hat{f}_k'$，并更新 $\Delta l_{k+1} = \frac{\Delta l_k}{1 + \alpha \zeta_l}$，其中 $\alpha \in [0,1]$，根据经验选取，则 $\hat{\pi}_k(f) = U\left( \hat{f}_k' - \frac{\Delta l_k}{2}, \hat{f}_k' + \frac{\Delta l_{k+1}}{2} \right)$；易见，修正后的 $\Delta l$ 变窄，$f_l$ 的先验分布更加确切。随着迭代次数的增加，有渐近分布 $\hat{\pi}_k(f) \to \delta(f_l - \hat{f}_l)$。

（5）将修正后的 $\hat{\pi}_k(f)$ 回代，重复步骤（2）～（4）。

（6）当迭代到一定次数或轴频估计趋于稳定时，依 MAP 准则，取后验概率 $P(H_m|X)$ 最大的假设 $H_m$ 为检测器的输出。

在上述过程中，检测器使用复合似然比 $\Lambda_m(X)$ 和估计器输出 $\hat{f}_l$ 来修正轴频 $f_l$ 的 PDF。关于估计准则的选择，MAP 估计和最小均方误差（minimum mean square error, MMSE）估计都可以利用关于参数的统计信息。由于先验信息获取困难，可采用更简单的 ML 估计准则，选择 DFT 作频率估计，这是一种近似的 ML 频率估计，但注意此时并未利用参数的先验分布信息。

上述过程中，先验信息指的仅是先验分布 $\pi(f)$。然而先验概率 $P(H_m)$ 对后验概率 $P(H_m|X)$ 亦有着很大的影响，在更完整的校正准则中应该考虑到。

为了验证 JDEMON 算法的正确性和有效性，分别进行以下仿真实验和实测实验。

1）仿真实验

信号调制频率为 3.04Hz、6.08Hz、9.12Hz 和 12.16Hz，调制深度分别为 0.2、0.2、0.3 和 0.3。宽带载频信号和噪声均为高斯白噪声，信噪比为-12dB。处理结果如图 6-48 所示。

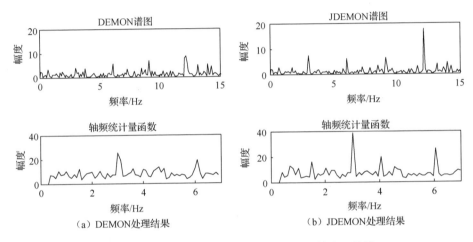

图 6-48　仿真数据 DEMON 和 JDEMON 的处理结果

从图 6-48 中可以发现 JDEMON 谱中轴频线谱及谐波线谱得到了明显的加强，轴频统计量的峰值也有所增强。仿真数据 DEMON 和 JDEMON 的处理结果如表 6-4 所示。

表 6-4　仿真数据 DEMON 和 JDEMON 的处理结果

| 仿真参数 | | DEMON [$s(f)_{max}$=33.61] | | JDEMON [$s(f)_{max}$=44.42] | |
|---|---|---|---|---|---|
| 频率/Hz | 调制深度 | 频率/Hz | 幅度 | 频率/Hz | 幅度 |
| 3.04 | 0.20 | 3.00 | 3.97 | 3.04 | 7.57 |
| 6.08 | 0.20 | 6.10 | 5.63 | 6.08 | 6.19 |
| 9.12 | 0.30 | 9.10 | 6.83 | 9.12 | 6.58 |
| 12.16 | 0.30 | 12.20 | 8.83 | 12.15 | 17.82 |

由表 6-4 可见，仿真数据处理中，JDEMON 处理方法提高了轴频估计的精度

并提升了轴频检测统计量的峰值。采用蒙特卡罗方法模拟轴频处的线谱检测性能，检测器的工作特性曲线如图 6-49 所示。可见，采用 JDEMON 处理方法后，轴频处的线谱检测性能得到了提升。

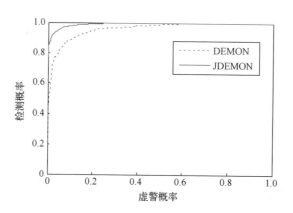

图 6-49　轴频处线谱检测器工作特性曲线

2）实测实验

利用螺旋桨噪声实测数据进行分析，螺旋桨以 400r/min 的速度旋转。对采集的数据进行 DEMON 和 JDEMON 分析，结果如图 6-50 所示。

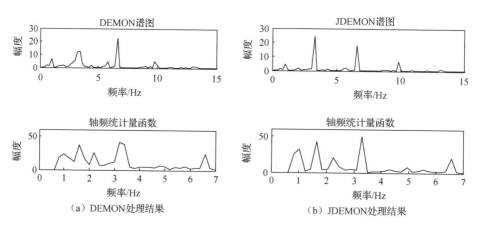

（a）DEMON处理结果　　　　　　（b）JDEMON处理结果

图 6-50　实测数据 DEMON 和 JDEMON 的处理结果

实测数据 DEMON 和 JDEMON 的处理结果如表 6-5 所示。由表可见，实测数据处理中，JDEMON 处理方法提高了轴频估计的精度并提升了轴频检测统计量的峰值。

**表 6-5　实测数据 DEMON 和 JDEMON 的处理结果**

| DEMON [$s(f)_{max}$=33.09] | | JDEMON [$s(f)_{max}$=46.98] | |
| --- | --- | --- | --- |
| 频率/Hz | 幅度 | 频率/Hz | 幅度 |
| 3.40 | 11.23 | 3.29 | 20.32 |
| 6.60 | 22.54 | 6.37 | 20.28 |
| 10.00 | 1.20 | 9.66 | 4.79 |
| 13.40 | 1.12 | 13.56 | 1.59 |

# 6.5　多目标信号特征互扰及互扰特征消除

实际海洋环境复杂多变，且存在诸如渔船、商船和军舰等各种类型的声源。水听器接收声信号不仅包括目标辐射噪声信号，还包括海洋环境噪声和本舰以及其他非目标舰的辐射噪声。在实际海洋条件下，通过声呐阵列跟踪波束数据获取的期望目标辐射噪声特征容易受到其他干扰目标的影响。利用传统的基于目标跟踪波束进行目标噪声特征提取时，干扰目标会导致期望目标线谱特征提取性能下降，包括线谱特征检测概率下降或提取到干扰目标的线谱特征[132]。

## 6.5.1　多目标信号特征互扰产生机理

1. 多目标信号特征互扰模型分析

1）同频相干目标干扰

考虑两个目标，方位角分别为 $\theta_1$ 和 $\theta_2$，频率均为 $f$，幅度分别为 $a_1$ 和 $a_2$，两信号初相位分别为 $\varphi_1$ 和 $\varphi_2$，则当波束对准目标 1，波束输出为

$$s(\theta_1,t) = Na_1\cos(2\pi ft + \varphi_1)$$

$$+ \frac{a_2\sin\left[\dfrac{N\pi df}{c}(\sin\theta_2 - \sin\theta_1)\right]}{\sin\left[\dfrac{\pi df}{c}(\sin\theta_2 - \sin\theta_1)\right]}\cos\left[2\pi ft + \frac{\pi df(N-1)}{c}\sin(\theta_2 - \theta_1) + \varphi_2\right]$$

$$(6\text{-}152)$$

记目标 1 的输出幅度为 $A_1 = Na_1$，相位为 $\Phi_1 = \varphi_1$。

干扰项目标 2 的输出幅度为

$$A_2 = \frac{a_2 \sin\left[\dfrac{N\pi df}{c}(\sin\theta_2 - \sin\theta_1)\right]}{\sin\left[\dfrac{\pi df}{c}(\sin\theta_2 - \sin\theta_1)\right]} = a_2 R(\theta_2,\theta_1,f) \qquad (6\text{-}153)$$

相位为

$$\varPhi_2 = \frac{\pi df(N-1)}{c}\sin(\theta_2 - \theta_1) + \varphi_2 \qquad (6\text{-}154)$$

这时有

$$\begin{aligned}
s(\theta_1,t) &= A_1 \cos(2\pi ft + \varPhi_1) + A_2 \cos(2\pi ft + \varPhi_2)\\
&= \sqrt{A_1^2 + A_2^2 + A_1 A_2 \cos(\varPhi_1 - \varPhi_2)}\cos(2\pi ft + \varPhi)
\end{aligned} \qquad (6\text{-}155)$$

式中，

$$\varPhi = \arctan\left(\frac{A_1 \sin\varPhi_1 + A_2 \sin\varPhi_2}{A_1 \cos\varPhi_1 + A_2 \cos\varPhi_2}\right) \qquad (6\text{-}156)$$

接收信号的频域表示为

$$S(\theta_1,f) = \sqrt{A_1^2 + A_2^2 + A_1 A_2 \cos(\varPhi_1 - \varPhi_2)}\exp(\mathrm{j}\varPhi) \qquad (6\text{-}157)$$

2）非相干目标干扰

考虑两个目标，方位角分别为 $\theta_1$ 和 $\theta_2$，频率分别为 $f_1$ 和 $f_2$，幅度分别为 $a_1$ 和 $a_2$，两信号初相位分别为 $\varphi_1$ 和 $\varphi_2$，则当波束对准目标 1，波束输出为

$$\begin{aligned}
s(\theta_1,t) &= Na_1 \cos(2\pi f_1 t + \varphi_1)\\
&+ \frac{a_2 \sin\left[\dfrac{N\pi df_2}{c}(\sin\theta_2 - \sin\theta_1)\right]}{\sin\left[\dfrac{\pi df_2}{c}(\sin\theta_2 - \sin\theta_1)\right]}\cos\left[2\pi f_2 t + \frac{\pi df_2(N-1)}{c}\sin(\theta_2 - \theta_1) + \varphi_2\right]
\end{aligned}$$

$$(6\text{-}158)$$

记目标 1 的输出幅度为 $A_1 = Na_1$，相位为 $\varPhi_1 = \varphi_1$。

干扰项目标 2 的输出幅度为

$$A_2 = \frac{a_2 \sin\left[\dfrac{N\pi df_2}{c}(\sin\theta_2 - \sin\theta_1)\right]}{\sin\left[\dfrac{\pi df_2}{c}(\sin\theta_2 - \sin\theta_1)\right]} = a_2 R(\theta_2,\theta_1,f_2) \qquad (6\text{-}159)$$

相位为

$$\Phi_2 = \frac{\pi d f (N-1)}{c} \sin(\theta_2 - \theta_1) + \varphi_2 \qquad （6\text{-}160）$$

这时有

$$s(\theta_1, t) = A_1 \cos(2\pi f_1 t + \Phi_1) + A_2 \cos(2\pi f_2 t + \Phi_2) \qquad （6\text{-}161）$$

对比相干和非相干干扰的结果可以发现：对于同频干扰，干扰项仍然是同频的；而非同频的干扰，干扰项频率还是源信号的频率。对于宽带信号，干扰都为相干干扰形式；但是如果忽略宽带信号，只关注窄带线谱，干扰形式就可以被视为非相干干扰，后文在处理线谱干扰时，就是从非相干干扰的思路出发解决问题的。

2. 多目标信号特征互扰仿真实验及结论

1）仿真实验一：两强度相当目标线谱相互干扰分析

阵元间距 $d$=0.5m，阵元数 $N$=64，目标 1 起始方位为 50°，终止方位为 55°。目标 2 起始方位为 35°，终止方位为 45°，空间谱图如图 6-51 所示。箭头所指就是干扰线谱产生位置，仿真结果如图 6-52 和图 6-53 所示。

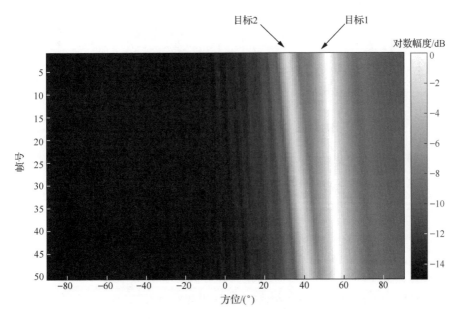

图 6-51　空间谱图（仿真实验一）

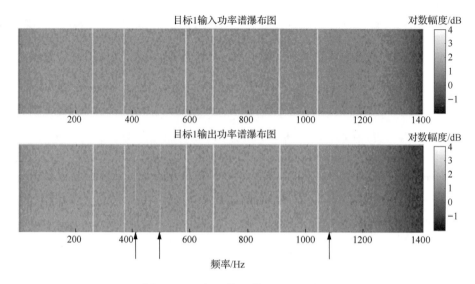

图 6-52　目标 1 输入输出对比瀑布图

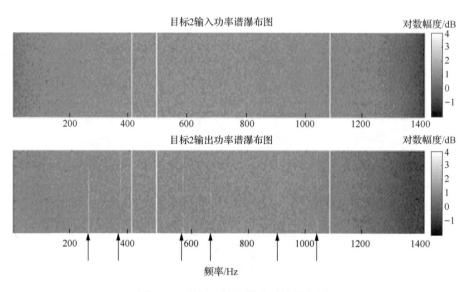

图 6-53　目标 2 输入输出对比瀑布图

2）仿真实验二：两强度相差比较大时目标线谱相互干扰

阵元间距 $d$=0.5m，阵元数 $N$=64，目标 1 起始方位为-10°，终止方位为15°。目标 2 起始方位为 50°，终止方位为 45°，空间谱图如图 6-54 所示。图 6-55 和图 6-56 是目标 1 方位为-10°和目标 2 方位为 50°波束形成前后功率谱对比。

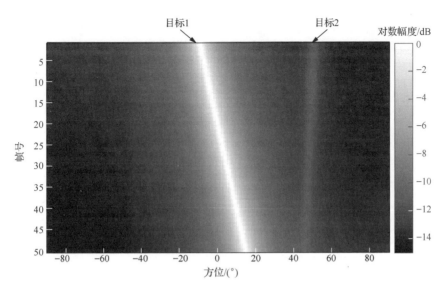

图 6-54　空间谱图（仿真实验二）

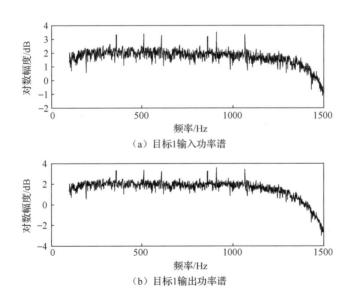

（a）目标1输入功率谱

（b）目标1输出功率谱

图 6-55　起始时刻目标 1 波束形成前后功率谱对比

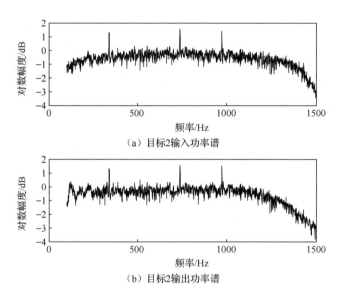

（a）目标2输入功率谱

（b）目标2输出功率谱

图 6-56　起始时刻目标 2 波束形成前后功率谱对比

　　图 6-57 和图 6-58 是目标 1 方位为 15°和目标 2 方位为 45°波束形成前后功率谱对比。

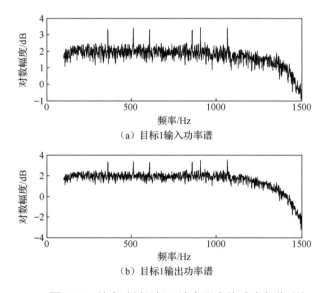

（a）目标1输入功率谱

（b）目标1输出功率谱

图 6-57　结束时刻目标 1 波束形成前后功率谱对比

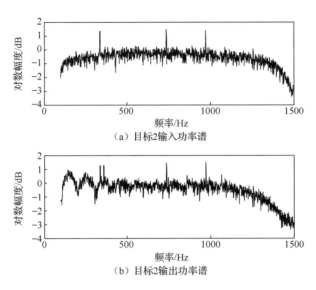

（a）目标2输入功率谱

（b）目标2输出功率谱

图 6-58　结束时刻目标 2 波束形成前后功率谱对比

由仿真实验一和仿真实验二的结果可见，当目标能量相当时，只要目标之间保持一定方位间隔，宽带谱相互干扰的程度很小，主要表现为线谱之间干扰，尤其在低频部分最为明显；当目标之间能量差别比较大时，宽带谱相互干扰程度增加，弱目标谱形发生明显变化；目标间距越小，低频部分干扰越明显。

以上是针对仿真结果分析后的结论，就本质而言，目标之间的相互干扰由基阵位置、形状和物理孔径决定。阵指向性函数研究是讨论误差对波束形成影响、多目标干扰对输出信号影响的基础。

## 6.5.2　多目标互扰特征辨识及消除方法

### 1. 自适应波束形成技术

单个水听器具有全方向的方向图，但通过对其输出进行加权求和，增益被集中在阵列的接收方向，可认为在此方向上形成了一个"波束"，水听器阵列由此具有了指向性。

自适应波束形成指的是根据某种几何位置规则将一组水听器阵元布置在空间中，对各阵元接收到空间信号进行自适应信号处理得到具有指向性的阵列信号。具体方法是依据信号的先验知识，利用合适的自适应信号处理算法和标准，在空间中形成具有非常窄的主波束的图案，自适应地瞄准待观察的目标，增强了有用信号，同时在干扰信号的方向上形成的零陷实现了对干扰的抑制，最终获取目标信号特征[133]。

　　自适应波束形成的基本原理如图 6-59 所示，模/数（A/D）转换器对水听器阵列接收的模拟信号进行采样得到接收信号矢量 $\boldsymbol{X}(t)$，对 $\boldsymbol{X}(t)$ 在各个分量上进行加权求和得到声呐阵列的输出，利用自适应算法求出自适应权矢量为 $\boldsymbol{w}=[w_1,w_2,\cdots,w_M]^{\mathrm{T}}$，则阵列输出可写作：

$$y(t) = \boldsymbol{w}^{\mathrm{H}}\boldsymbol{X}(t) = \sum_{m=1}^{M} w_m^* x_m(t) \qquad (6\text{-}162)$$

式中，上标*代表共轭；上标 H 代表共轭转置。

　　阵列的方向图 $p(\theta)$ 是指当权矢量 $\boldsymbol{w}$ 取值不同，上述方程对来波方向不同的信号产生不同的响应，从而在不同方向上形成空间波束。可利用矢量空间对波束形成的原理进行理论说明，权矢量 $\boldsymbol{w}$ 以及导向矢量 $\boldsymbol{a}(\theta)$ 可以看成 $N$ 维空间中的矢量，两个矢量的乘积确定了波束形成器的响应。换句话说，响应 $p(\theta)$ 取决于两矢量之间的夹角。当 $\boldsymbol{w}$ 与 $\boldsymbol{a}(\theta)$ 两矢量正交，夹角为 90°时，响应为 0；当两矢量之间的夹角为 0°时，则幅度响应最大。

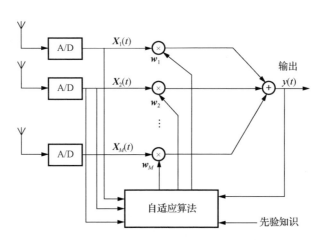

图 6-59　自适应波束形成的基本原理框图

　　基于不同的优化准则可以导出各种类型的自适应波束形成算法。下面给出了几种常见的优化准则[134]。

　　1）最大输出信噪比准则

　　阵列接收数据的表达式为

$$\boldsymbol{x}(t) = \boldsymbol{x}_s(t) + \boldsymbol{x}_n(t) \qquad (6\text{-}163)$$

式中，$x_s(t)$表示目标信号部分；$x_n(t)$表示接收信号的干扰和噪声部分。对阵列接收信号进行波束形成后的输出为

$$y(t) = w^H x(t) = w^H x_s(t) + w^H x_n(t) \tag{6-164}$$

式中，$w$ 表示自适应的权矢量。最大输出信噪比（maximum output signal-to-noise ratio, MSNR）准则以阵列接收系统的输出信噪比最大为目标，即

$$\max SNR = \max_{w} \frac{w^H R_s w}{w^H R_n w} \tag{6-165}$$

式中，$R_s = E\left\{x_s(t)x_s^H(t)\right\}$ 为目标信号的协方差矩阵；$R_n = E\left\{x_n(t)x_n^H(t)\right\}$ 为干扰噪声的协方差矩阵。式（6-165）的最优权矢量 $w_{opt}$ 具体解为矩阵对（$R_s, R_n$）的最大广义特征值相应的特征矢量。

若目标信号源在远场，则有 $R_s = \sigma_s^2 a(\theta_0)a^H(\theta_0)$，此时 MSNR 准则下解出的最优权矢量可表示为

$$w_{opt} = \alpha R_n^{-1} a(\theta_0) \tag{6-166}$$

式中，$\alpha$ 为与 $\theta_0$ 无关的常数。

2）最小均方误差准则

最小均方误差准则基于参考信号的知识对自适应权矢量进行求解，设水听器阵列的期望输出为 $d(t)$，实际输出为 $y(t)=w^H x(t)$。

误差信号可表示为

$$\varepsilon(t) = d(t) - w^H x(t) \tag{6-167}$$

其均方值为

$$E\left[|\varepsilon(t)|^2\right] = E\left\{[d(t) - w^H x(t)][d^*(t) - x^H(t)w]\right\} \tag{6-168}$$

使式（6-168）取最小值的权矢量即为最优权矢量，如下式：

$$w_{opt} = R_x^{-1} r_{xd} \tag{6-169}$$

式中，$R_x = E\left\{x(t)x^H(t)\right\}$ 表示声呐阵列接收信号的协方差矩阵；$r_{xd} = E\{x(t)d^*(t)\}$ 表示阵列接收信号矢量和期望信号矢量的互相关矩阵。式（6-169）为矩阵形式的维纳-霍普夫方程，同时也是最优化维纳解，最小均方误差准则被广泛应用于自适应旁瓣相消处理。

3）线性约束最小方差准则

线性约束最小方差（linear constraint minimal variance, LCMV）准则具体表示为[142]

$$w_{opt} = \arg\min w^H R_x w, \quad \text{s.t.} \quad C^H w = f \tag{6-170}$$

式中，$C$ 表示约束矩阵；$f$ 表示相应的约束响应矢量。利用拉格朗日乘子法求出此式最优解：

$$w_{\text{opt}} = R_x^{-1} C (C^{\text{H}} R_x^{-1} C)^{-1} f \tag{6-171}$$

利用以上三种准则求出的最优权，从理论上讲是等价的，其方向图相同。

2. 广义旁瓣抵消器

广义旁瓣抵消器（generalized sidelobe canceller, GSC）基于以下思想：GSC 使用已知的目标信号方位信息将波束形成分成自适应和非自适应两个分支[136]。上部支路信号由静态权重矢量处理获得参考信号 $d_0(k)$，该参考信号包含目标信号、干扰及噪声；下部支路信号经过 $(N{-}1){\times}N$ 维阻塞矩阵 $B_0$ 处理后获得 $X_0(k)$，$X_0(k)$ 仅包含干扰及噪声，且和上部支路中包含的干扰、噪声相关。上下支路的信号通过维纳滤波器后实现干扰对消以及上支路目标信号的无失真输出[137]。GSC 的结构示意图如图 6-60 所示。

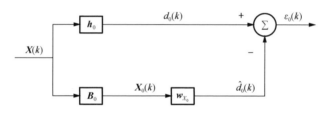

图 6-60　GSC 的结构示意图

因此，GSC 结构中最终的输出信号为误差信号，即

$$y(k) = \varepsilon_0(k) \tag{6-172}$$

图 6-60 中：

$$\begin{cases} d_0(k) = h_0^{\text{H}} X(k) \\ X_0(k) = B_0 X(k) \end{cases} \tag{6-173}$$

式中，$h_0$ 表示归一化的期望信号导向矢量：

$$h_0 = \frac{a(\theta_0)}{\|a(\theta_0)\|} \tag{6-174}$$

$B_0$ 表示阻塞矩阵，满足

$$B_0 h_0 = 0 \tag{6-175}$$

可利用数学表达式来解释 GSC 的干扰抵消思想。由式（6-173）可得

$$
\begin{aligned}
d_0(k) &= \boldsymbol{h}_0^H \boldsymbol{X}(k) \\
&= \boldsymbol{h}_0^H [\boldsymbol{a}(\theta_0) s_0(k) + \sum_{j=1}^{q-1} \boldsymbol{a}(\theta_j) s_j(k) + \boldsymbol{N}(k)] \\
&= \sqrt{N} s_0(k) + \sum_{j=1}^{q-1} \varphi_j s_j(k) + \boldsymbol{h}_0^H \boldsymbol{N}(k)
\end{aligned}
\tag{6-176}
$$

式中，$\varphi_j = \boldsymbol{h}_0^H \boldsymbol{a}(\theta_j)$，为期望信号与各干扰间的空间相关系数。

$$
\begin{aligned}
\boldsymbol{X}_0(k) &= \boldsymbol{B}_0 \boldsymbol{X}(k) = \boldsymbol{B}_0 [\boldsymbol{a}(\theta_0) s_0(k) + \sum_{j=1}^{q-1} \boldsymbol{a}(\theta_j) s_j(k) + \boldsymbol{N}(k)] \\
&= \sqrt{N} \boldsymbol{B}_0 \boldsymbol{h}(\theta_0) s_0(k) + \sum_{j=1}^{q-1} \boldsymbol{B}_0 \boldsymbol{a}(\theta_j) s_j(k) + \boldsymbol{B}_0 \boldsymbol{N}(k) \\
&= \sum_{j=1}^{q-1} \boldsymbol{B}_0 \boldsymbol{a}(\theta_j) s_j(k) + \boldsymbol{B}_0 \boldsymbol{N}(k)
\end{aligned}
\tag{6-177}
$$

由式（6-176）和式（6-177）可知，经变换后，GSC 上支路的输出含有期望信号、干扰及噪声，且期望信号具有无失真的约束响应。下支路的阻塞矩阵 $\boldsymbol{B}_0$ 对期望信号进行阻塞，输出仅含有干扰及噪声，且和上部支路包含的干扰及噪声相关，对上下支路的输出进行维纳滤波可实现干扰抵消。

GSC 的输出可表示为

$$
y(k) = \varepsilon_0(k) = d_0(k) - \boldsymbol{w}_{X_0}^H \boldsymbol{X}_0(k) = (\boldsymbol{h}_0^H - \boldsymbol{w}_{X_0}^H \boldsymbol{B}_0) \boldsymbol{X}(k) = \boldsymbol{w}_{\mathrm{GSC}}^H \boldsymbol{X}(k)
\tag{6-178}
$$

式中，

$$
\boldsymbol{w}_{\mathrm{GSC}}^H = \boldsymbol{h}_0 - \boldsymbol{B}_0^H \boldsymbol{w}_{X_0}
\tag{6-179}
$$

普通 GSC 中的静态权矢量对目标信号产生无失真约束 $\boldsymbol{w}_q = \boldsymbol{h}_0$，若其约束条件符合线性关系 $\boldsymbol{w}_q^H \boldsymbol{C} = \boldsymbol{f}^H$，就能得到基于线性约束最小方差的 GSC，具体结构如图 6-61 所示。

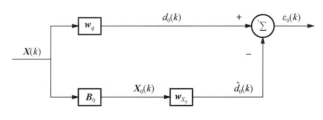

图 6-61　基于 LCMV 的 GSC 结构图

图 6-61 中的权矢量 $\boldsymbol{w}$ 由 $\boldsymbol{w}_{X_0}$ 和 $\boldsymbol{w}_q$ 组成，$\boldsymbol{w}_q$ 是非自适应权矢量，处在约束子空间，$\boldsymbol{w}_{X_0}$ 是自适应权矢量，与约束子空间正交。阻塞矩阵 $\boldsymbol{B}_0$ 对所有约束方向的信号进行阻塞，满足 $\boldsymbol{B}_0\boldsymbol{C}=0$。满足线性约束 $\boldsymbol{w}_q^{\mathrm{H}}\boldsymbol{C} = \boldsymbol{f}^{\mathrm{H}}$ 的静态权矢量 $\boldsymbol{w}_q$ 为

$$\boldsymbol{w}_q = \boldsymbol{C}(\boldsymbol{C}^{\mathrm{H}}\boldsymbol{C})^{-1}\boldsymbol{f} \tag{6-180}$$

由图 6-61 可写出基于 LCMV 的 GSC 的权矢量为

$$\boldsymbol{w}_{\text{LC-GSC}} = \boldsymbol{w}_q - \boldsymbol{B}_0^{\mathrm{H}}\boldsymbol{w}_{X_0} \tag{6-181}$$

式中，

$$\boldsymbol{w}_{X_0} = \boldsymbol{R}_{X_0}^{-1}\boldsymbol{r}_{X_0 d_0} = (\boldsymbol{B}_0\boldsymbol{R}_X\boldsymbol{B}_0^{\mathrm{H}})^{-1}(\boldsymbol{B}_0\boldsymbol{R}_X\boldsymbol{w}_q) \tag{6-182}$$

自适应干扰抵消的思想同样可用来说明基于线性约束最小方差的 GSC 原理，上支路的静态权矢量确保对目标信号和特定干扰方向的约束响应，非约束方向的干扰及噪声也受到静态权矢量加权的影响；下支路则由于阻塞矩阵的作用，$\boldsymbol{X}_0(k)$ 中只含非约束方向的干扰及噪声，且与上支路中的非约束干扰及噪声相关，进入维纳滤波器后上下支路干扰相互抵消，期望信号（与非约束干扰不相关）被保留输出，其他约束方向的信号得到相应的约束响应。

### 3. 结合阵形校正的 GSC 的设计

传统的自适应波束形成器对波达方向估计误差和阵列模型失配的鲁棒性较差，而上述的广义旁瓣器可以抑制非目标方向的干扰信号，因此，当自适应波束形成器在目标方位估计有较大误差时，GSC 可能会将真实目标信号当作干扰信号处理，导致期望信号随着自适应迭代过程越变越弱[138]。针对这种情况，可结合畸变拖曳阵校正的自适应波束形成，对 GSC 进行改进，其结构如图 6-62 所示。

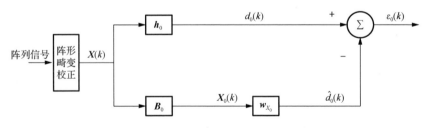

图 6-62　结合阵形校正的 GSC 设计框图

在图 6-62 所示的结构中，自适应波束形成之前级联了一个阵形校正模块，该模块可以校正时延估计，替代了传统的方位估计模块。基于强线谱方位矢量估计的阵形校正模块能从基阵数据中估计出通道间的信号时延，从而避免了模型失配或阵形畸变造成的方位估计误差，所以结合畸变拖曳阵校正的自适应波束形成是一种稳健算法。

为了验证基于结合阵形校正的 GSC 算法的正确性和有效性，分别进行以下仿真实验和实测数据处理。

1）仿真实验

目标信号来波方向为 30°，信号频率为 100Hz 和 900Hz，信噪比设为 5dB。假设目标舰船辐射噪声在两个方向存在强干扰：第一处强干扰的入射方向为-20°，信号频率为 300Hz，干扰噪声比设为 10dB；第二处强干扰的来波方向为 100°，信号频率为 650Hz，干扰噪声比设为 10dB，滤波器组的阶数为 4。单个通道接收信号的频谱图如图 6-63 所示。使用传统广义旁瓣抵消结构对两秒数据迭代处理后得到图 6-64，由图可以看出，传统广义旁瓣抵消方法对 300Hz 和 650Hz 的两处干扰都能取得较好的抑制，但是，由于存在方位估计误差，目标信号的强度也存在明显下降。图 6-65 给出了结合阵形校正的 GSC 的处理结果，可看出该波束形成器实现了对-20°和 100°入射的单频干扰的明显抑制，同时削弱了方位估计误差对期望信号造成的影响。

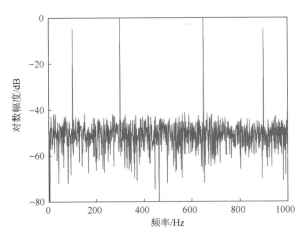

图 6-63　通道 1 接收信号的频谱

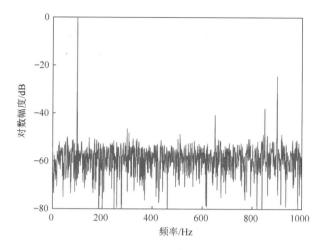

图 6-64　传统 GSC 的输出频谱

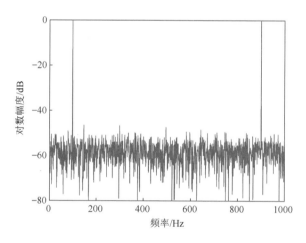

图 6-65　结合阵形校正的 GSC 输出频谱

为了分析目标信号来波方向对强干扰下的线谱特征提取性能的影响，在-180°至 180°内均匀选取 37 个方向作为目标信号来波方向，假定拖曳阵只在沿水听器阵列的方向发生畸变，在垂直于水听器阵列方向不发生畸变，其他的仿真参数与上述相同，对比传统 GSC 与结合阵形畸变的 GSC 对线谱的提取性能。随着角度变化，两种方法的线谱提取幅度误差随目标方位角度变化的对比如图 6-66 所示。由图可见，在强干扰的环境中，结合阵形校正的 GSC 对线谱提取性能始终较好，原始信号的线谱强度基本得到保留，而传统 GSC 仅在侧射方向能保留很好的线谱提取性能，这是因为在侧射方向相邻阵元间无时延，阵形的畸变对波束形成不构成影响。

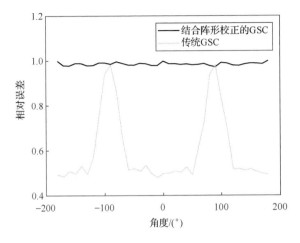

图 6-66　目标角度对校正结果影响的对比

为了分析干扰噪声比对目标线谱特征提取性能的影响，将两组干扰的干扰噪声比由 10dB 逐渐递增至 50dB，其他的仿真参数与上述相同，通过比较提取出来的目标线谱处的信噪比来观察两种方法对目标线谱的提取性能。随着干扰强度的变化，两种方法提取出来的线谱的信噪比对比如图 6-67 所示，可见两种方法均可以实现对干扰的抑制，从而提取出目标线谱，而且在强干扰的条件下，结合阵形校正的 GSC 对线谱提取性能始终较好，提取出的目标线谱信噪比始终要高于传统 GSC 的提取结果。

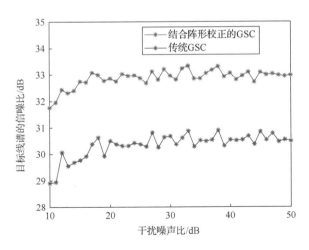

图 6-67　干扰噪声比对目标校正结果的影响

2）实测数据处理

接下来对同一段海试数据分别使用 GSC 算法和结合阵形校正的 GSC 算法进行线谱特征提取，对比两种方法的性能。

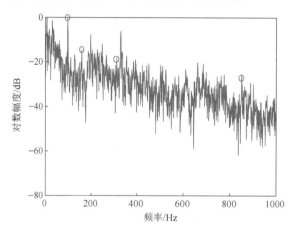

图 6-68　常规波束形成的输出频谱

实验中，目标船在距离本船 12n mile 范围内运动，为测试观测船的被动声呐系统，目标船主动发射了 97Hz、157Hz、310Hz 和 847Hz 的线谱。常规波束形成的输出频谱如图 6-68 所示，由图可见，因为干扰噪声的影响，目标线谱信噪比较低，被掩盖在噪声中无法识别。图 6-69 显示了使用传统 GSC 方法的输出频谱，可见 GSC 很好地抑制了干扰，增强了目标信号的强度，但阵形畸变使得时延估计不够精确，影响波束形成的处理结果，因此目标信号的频谱仍与干扰噪声难以分离。图 6-70 显示了结合阵形校正的 GSC 方法的输出频谱，可看出该波束形成器实现了对干扰的明显抑制，削弱了方位估计误差对目标信号造成的影响，获取了较为纯净的目标线谱特征。图 6-71 对比了常规波束形成、传统 GSC 以及结合阵形校正的 GSC 三种方法提取的 4 根目标线谱的信噪比，可见本书提出的方法可以有效抑制干扰，显著增强畸变阵的线谱提取性能。

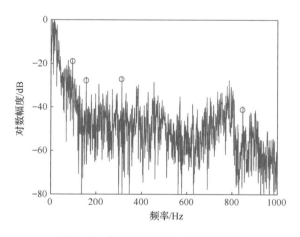

图 6-69　传统 GSC 方法的输出频谱

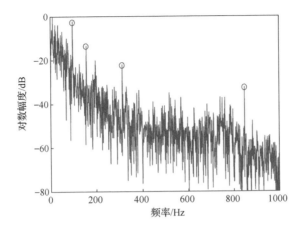

图 6-70　结合阵形校正的 GSC 方法的输出频谱

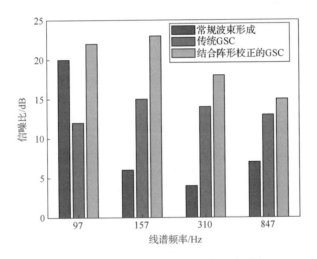

图 6-71　目标线谱提取结果的信噪比对比

# 第7章 水声侦察综合处理与数据管理

不同的应用场景与使用对象对水声侦察所获取的数据的需求与要求也不同。对于告警侦察，需要实时处理，对于指挥者，需要根据目标情况及时进行决策，因此最需要的是目标类型、方位等与目标相关的侦察信息，以判断目标意图，及时做出对应决策；而水声对抗系统，要实施最有效的诱骗、干扰等，则需要具体的主动探测声呐信号或水声通信信号的各项参数。对于情报侦察，需要尽可能完整地记录原始数据与现场信息（包括现场的目标态势信息，侦察平台的工作参数，雷达、光电、船舶自动识别系统等其他传感器的信息等），并充分利用现场的各项信息，进行综合处理，获得高质量的目标信号及特征数据。

水声侦察数据获取时还需要考虑后期处理和使用的要求。后期处理的目的是获取更准确、丰富的特征信息。对于特征提取，需要原始数据或样本数据，以及数据记录时的相关信息；对于情报生成，需要进行信号特征信息的综合，与其他传感器信息进行关联融合，并与数据库进行匹配处理。

为了能够使水声侦察获取的数据发挥更大的效用，还需要从信息获取与处理、信息交互与操作、数据管理与安全等方面制定相应的标准，例如，侦察信息流程、水声侦察数据采集与记录标准、信息交互接口协议与传输标准、侦察信息安全标准等。

## 7.1 基于局部先验信息的水声侦察后期处理

后期处理是指在非现场环境下，对已有的数据进一步进行分析处理，提取特征信息，然后进行分析归纳，最终生成侦察数据结果。与现场处理相比，水声侦察后期处理具有以下特点：①现场待处理数据前后的信息均可利用，且汇集各种渠道收集的与本次侦察相关的信息，可利用的信息资源更丰富；信息可由人工进行辨别，信息质量更高。②方法灵活，可尝试多种方法，特别是对运算资源需求较高的方法；参数可根据局部先验信息调整，或根据处理结果调整到最佳。③可充分发挥人在综合判别方面的优势。

根据3.2.3节中的思想，可以利用搜集到的信息对原有的判断进行一定程度的修正。因此，利用已有的先验信息，对现场收集的水声侦察信息进行后期处理，可以得到更为准确的参数估计值，或者更为可信的目标属性信息。这里使用的先验信息是通过水声侦察现场处理得到的，或者是通过其他渠道得到的，这些先验信息也是在本次侦察过程中以一定的代价准则获得的估计值，或者是与本次侦察密切相关的其他手段得到的信息，并且也不全面，只能称之为局部先验信息。

局部先验信息应选择能够降低处理不确定度的信息。首先，选择的先验信息要和本次侦察任务具有关联性。这种关联性可以是空间和时间的重合，例如在同一时间段或者同一海域获得的侦察信息；也可以是同一侦察对象在不同时间、地点的历史侦察信息。其次，需要设计合理、开放的人机交互规则，充分利用在综合判别方面的优势，通过人工干预选择哪些局部先验信息参与后期处理。

针对不同的侦察信息类型和先验信息，设计不同的局部先验信息使用方法。例如，对于数据类型的侦察信息，先验信息可用于调节特征提取算法的参数；对于参数类型的侦察信息，先验信息可用于特征参数的修正。

图 7-1 为无先验信息和基于局部先验信息的辐射噪声处理结果对比，其中图 7-1（a）、(c) 为无先验信息时，DEMON 谱图和轴频统计量计算结果，图 7-1（b）、(d) 为有调制频带先验信息、并进行了处理参数优选时，DEMON 谱图和轴频统计量计算结果。可见利用了先验信息后，DEMON 谱图和轴频统计量处理结果都有了明显改善。

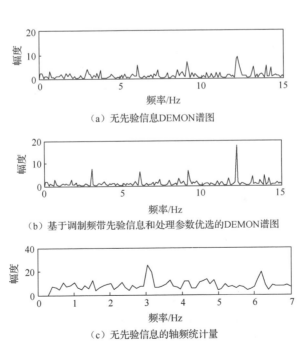

（a）无先验信息DEMON谱图

（b）基于调制频带先验信息和处理参数优选的DEMON谱图

（c）无先验信息的轴频统计量

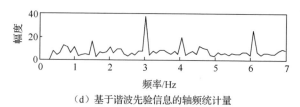

（d）基于谐波先验信息的轴频统计量

图 7-1    无先验信息和基于局部先验信息的辐射噪声处理结果对比

图 7-2 为无先验信息和基于局部先验信息的单频脉冲信号处理结果，可见无先验信息时，信号几乎淹没在噪声中，频率估计精度较低；有脉冲宽度与信号形式的先验信息时，采用大窗长对单频脉冲信号进行处理，输出信噪比与频率估计精度大大提高。

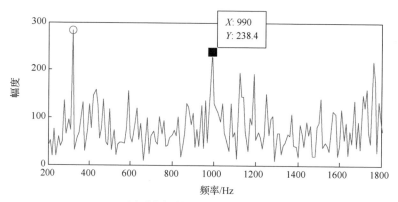

（a）无先验信息时短窗长单频脉冲信号幅度谱

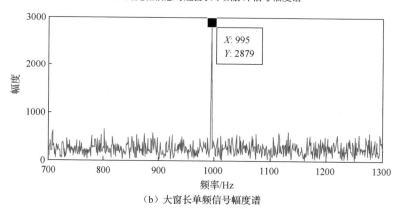

（b）大窗长单频信号幅度谱

图 7-2    无先验信息和基于局部先验信息的单频脉冲信号处理结果

但是，对于调频信号，大窗长处理并不能带来增益，如图 7-3（a）所示；基于局部先验信息，结合调频信号的调制参数，对窗长进行优选后，处理性能得到明显提高，如图 7-3（b）所示。

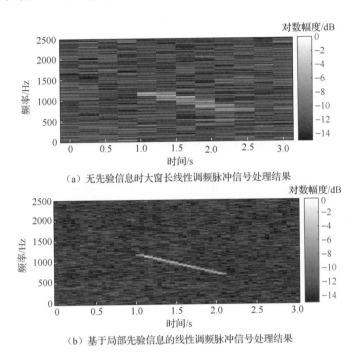

（a）无先验信息时大窗长线性调频脉冲信号处理结果

（b）基于局部先验信息的线性调频脉冲信号处理结果

图 7-3　无先验信息和基于局部先验信息的线性调频脉冲信号处理结果

## 7.2　水声侦察目标确认与特征纯化

常规处理方法在信号特征与目标关联上存在以下不足：首先，辐射噪声侦察处理中，从跟踪波束中提取的特征中可能包含其他强目标特征，或者所跟踪的目标并非感兴趣的目标；其次，主动声呐信号侦察处理中，可能将干扰信号当作目标，或者目标信号类别划分错误；最后，缺少目标的进一步信息。这些问题易给目标识别、现场决策、情报收集等带来误导，降低信息价值。因此，水声侦察处理中目标确认的重要性日益提高。

仅依赖单一来源的特征信息本身难以实现目标确认。例如，阵处理旁瓣特性可能带来虚假目标，只依赖对跟踪波束信号的处理，很难判断所侦察的目标是否为真实目标。此外，由于侦察处理的特殊性，对虚警的判断和抑制也是侦察处理的难题，尤其是对于主动声呐脉冲信号，分辨虚假脉冲信号更为困难。此时，尽可能利用多传感器提供的信息，将不同来源的信息进行关联、融合、匹配，增加侦察处理的信息量，有可能成为确认目标的一种有效手段。

海洋环境噪声中的低频干扰、搭载接收阵列的平台噪声低频干扰及因低频段阵列波束指向性过宽引起的多目标低频泄漏干扰等因素，是影响目标特征及其对应目标归属判别的重要原因。这一问题在辐射噪声侦察处理中表现得尤为突出。接收阵列的阵元位置误差、波束形成时采用的平面波假设以及目标方位角估计误差等因素，都可能造成波束形成处理得到的目标跟踪波束出现时延失配，从而造成信号在功率谱和解调谱等特征方面的畸变[139]。

目标特征纯化的目的就是通过精细化的阵列处理，提升空间处理增益，提高对干扰目标特征的抑制能力，消除目标特征畸变；通过多波束信号时空联合处理，提升对多目标特征的辨识能力。具体来说，一方面，基于实时处理获取的目标特征，获取精确的阵列时延矢量估计，在此基础上通过逆空间滤波清除阵列接收数据中除期望目标信号分量之外的所有目标信号的阵元域波形，得到干扰分量被有效抑制的阵列接收数据，实现了阵列模型失配条件下阵元域信号的高保真重构[140]。另一方面，在跟踪波束信号特征分析的基础上，融合时域、频域和空域的特征信息，分析线谱的属性，剔除干扰，准确提取目标线谱[141]；对线谱等特征进行二次分析，根据不同类型声源信号的特性，区分目标特征和干扰特征。

# 7.3　水声侦察数据质量评价

由于不同渠道收集的水声侦察数据质量可能差别较大，参考价值也不尽相同。因此，建立水声侦察数据质量的评价机制、构建合理的信息质量的评价指标体系有利于提高水声侦察效能。

水声侦察数据质量评价的对象主要包括时域信号数据和特征信息。时域信号数据主要包括阵元数据、波束数据和样本数据。阵元数据是指水听器接收信号经过放大滤波以及数字采集后的数据，是水声侦察处理最原始的数据。波束数据是指通过阵列处理后获得的具有空间指向性的数据。样本数据是指包含有目标或信号特征信息的部分阵元或波束信号。相较于阵元数据或波束数据，样本数据进行了时间或空间维度的降维处理，降低了冗余度，并且便于分析处理以及听音训练等。目标或信号的特征信息中包含水声侦察的主要目标或信号类型以及对应的特征参数、现场信息。

时域信号数据质量评价主要从内容质量和效用质量两个方面进行[142]。

对于时域信号的内容质量，主要考虑信号的完整性、可靠性和独立性。完整性用来描述原始数据所包含信息的完整程度，不同类型数据包含信息内容不同，需要根据信号类型判断其完整性。可靠性用来衡量数据中包含信息的可信程度，水声侦察数据中的有用信号通常都叠加到背景噪声中，如果信噪比较高，那么提取信息的可靠性较高，反之，信噪比低或干扰强时，可靠性降低。独立性用来衡量数据的独立程度。

对于时域波形数据的效用质量，主要考虑信号的价值性、时效性、稀缺性。价值性用来衡量数据拥有的价值，即重要性。时效性用来衡量数据收集的及时性，信息有其自身的生存周期，时效性随时间的增加而降低。稀缺性是指该数据的重复性，同样价值等级的情报，第一次获得时最有用，而重复获得时，只能作为信息的补充与更新。随着次数增加，稀缺程度降低。这里需要与价值性进行区分，如果该信息的重要性较低，即使第一次获取，只是表示稀缺性高，并不说明价值高。

相较于时域信号数据质量评价，特征信息质量评价主要从内容质量、表达质量和效用质量三个方面进行。

对于特征信息内容质量，主要考虑信息的完整性、正确性和相关性。完整性用来描述提取的特征信息的完整程度。正确性用来衡量特征信息提取的正确程度，对于一组特征信息的正确性应该是各特征正确性的综合评价。相关性衡量这一组特征信息之间相关程度。

对于特征信息表达质量，主要考虑特征信息的一致性、准确性和明确性。一致性衡量特征信息的表达是否与规范标准一致。准确性衡量特征信息的表达是否准确。明确性衡量特征信息的表达是否明确。

对于特征信息效用质量，主要考虑特征信息的价值性、时效性和稀缺性。价值性与信号的价值性类似，用来衡量特征信息拥有的价值等级。时效性衡量特征信息现场获取的及时性或侦察信息情报收集的及时性。稀缺性衡量特征信息的重复性。

# 参 考 文 献

[1] 朱埜. 主动声呐检测信息原理[M]. 北京: 科学出版社, 2014.

[2] 王海斌, 汪俊, 台玉朋, 等. 水声通信技术研究进展与技术水平现状[J]. 信号处理, 2019, 35(9): 1441-1449.

[3] 朱敏, 武岩波. 水声通信技术进展[J]. 中国科学院院刊, 2019, 34(3): 289-296.

[4] 戚肖克. 水声通信原理与技术[M]. 北京: 清华大学出版社, 2021.

[5] Fischer J H, Bennett K R, Reible S A, et al. A high data rate, underwater acoustic data-communications transceiver[C]. Oceans 1992, Newport, RI, USA, 1992: 571-576.

[6] Tsimenidis C C, Hinton O R, Adams A E, et al. Underwater acoustic receiver employing direct-sequence spread spectrum and spatial diversity combining for shallow-water multiaccess networking[J]. IEEE Journal of Oceanic Engineering, 2001, 26(4): 594-603.

[7] Egnor D, Cazzanti L, Hsieh J, et al. Underwater acoustic single- and multi-user differential frequency hopping communications[C]. Oceans 2008, Quebec City, Canada, 2008: 1-6.

[8] Huang J G, Sum J, He C B, et al. High-speed underwater acoustic communication based on OFDM[C]. IEEE International Symposium on Microwave, Antenna, Propagation and EMC Technologies for Wireless Communications, Beijing, China, 2005: 1135-1138.

[9] Frassati F, Lafon C, Laurent P A, et al. Experimental assessment of OFDM and DSSS modulations for use in littoral waters underwater acoustic communications[C]. Oceans 2005, Brest, France, 2005: 826-831.

[10] 游波, 张卫, 郭瑞. 声呐主动探测中的最佳波形选择问题[J]. 火力与指挥控制, 2013, 38(3): 151-153, 157.

[11] 田坦. 声呐技术[M]. 2 版. 哈尔滨: 哈尔滨工程大学出版社, 2010.

[12] 樊昌信, 曹丽娜. 通信原理[M]. 7 版. 北京: 国防工业出版社, 2013.

[13] 林可祥, 汪一飞. 伪随机码的原理与应用[M]. 北京: 人民邮电出版社, 1978.

[14] 罗斯. 水下噪声原理[M]. 北京: 海洋出版社, 1983.

[15] 刘伯胜, 黄益旺, 陈文剑, 等. 水声学原理[M]. 3 版. 哈尔滨: 哈尔滨工程大学出版社, 2019.

[16] Urick R J. Principles of underwater sound[M]. 3rd ed. New York: McGraw-Hill Book Company, 1983.

[17] 钱晓南. 舰船螺旋桨噪声[M]. 上海: 上海交通大学出版社, 2011.

[18] Liu Q Y, Fang S L, Cheng Q, et al. Intrinsic mode characteristic analysis and extraction in underwater cylindrical shell acoustic radiation[J]. Science China Physics, Mechanics and Astronomy, 2013, 56(7): 1339-1345.

[19] Kay S M. 统计信号处理基础: 估计与检测理论[M]. 罗鹏飞, 张文明, 刘忠, 等译. 北京: 电子工业出版社, 2014.

[20] Urkowitz H. Energy detection of unknown deterministic signal[J]. Proceedings of the IEEE, 1967, 55(4): 523-531.

[21] Park K Y. Performance evaluation of energy detectors[J]. IEEE Transactions on Aerospace and Electronic Systems, 1978, 14(2): 237-241.

[22] Salt J E, Nguyen H H. Performance prediction for energy detection of unknown signals[J]. IEEE Transactions on Vehicular Technology, 2008, 57(6): 3900-3904.

[23]  Wang Q, Yue D W. A general parameterization quantifying performance in energy detection[J]. IEEE Signal Processing Letters, 2009, 16(8): 699-702.

[24]  刘清宇, 方世良, 徐江. 联合检测估计及其性能分析[J]. 声学技术, 2009, 28(5): 655-659.

[25]  姚鹏. 联合检测与估计及其在水声信号线谱检测中的应用[D]. 南京: 东南大学, 2003: 24-25.

[26]  惠俊英, 生雪莉. 水下声信道[M]. 北京: 国防工业出版社, 2007.

[27]  Ainslie M A. 声呐性能建模原理[M]. 张静远, 颜冰, 译. 北京: 国防工业出版社, 2015.

[28]  Brekhovskikh L M, Lysanov Y P. Fundamentals of ocean acoustics[M]. 3rd ed. New York: Springer, 1991.

[29]  D'Spain G L, Kuperman W A. Application of waveguide invariants to analysis of spectrograms from shallow water environments that vary in range and azimuth[J]. Journal of the Acoustical Society of America, 1999, 106(5): 2454-2468.

[30]  An L, Qiu Y F, Wang X Y, et al. Low resolution Fourier synthesis modelling for underwater acoustic channel impulse response[J]. Applied Acoustics, 2022, 188: 108596.

[31]  梁增, 马启明, 杜栓平. 低频脉冲信号的频域恒虚警检测[J]. 声学技术, 2016, 35(1): 68-72.

[32]  Almeida L B. The fractional Fourier transform and time-frequency representations[J]. IEEE Transactions on Signal Processing, 1994, 42(11): 3084-3091.

[33]  Cohen L. Generalized phase-space distribution functions[J]. Journal of Mathematical Physics, 1966, 7(5): 781-786.

[34]  Martin W, Flandrin P. Wigner-Ville spectral analysis of nonstationary processes[J]. IEEE Transactions on Acoustics, Speech, and Signal Processing, 1985, 33(6): 1461-1470.

[35]  Jones G, Boashash B. Instantaneous frequency, instantaneous bandwidth and the analysis of multicomponent signals[C]. International Conference on Acoustics, Speech, and Signal Processing, Albuquerque, NM, USA, 1990: 2467-2470.

[36]  邹虹. 多分量线性调频信号的时频分析[D]. 西安: 西安电子科技大学, 2000.

[37]  Boashash B, Khan N A, Ben-Jabeur T. Time-frequency features for pattern recognition using high-resolution TFDs: A tutorial review[J]. Digital Signal Processing, 2015, 40: 1-30.

[38]  Boashash B, Ben-Jabeur T. Design of a high-resolution separable-kernel quadratic TFD for improving newborn health outcomes using fetal movement detection[C]. 11th International Conference on Information Science, Signal Processing and their Applications (ISSPA), Montreal, QC, Canada, 2012: 354-359.

[39]  Abed M, Belouchrani A, Cheriet M, et al. Time-frequency distributions based on compact support kernels: Properties and performance evaluation[J]. IEEE Transactions on Signal Processing, 2012, 60(6): 2814-2827.

[40]  Boashash B. Time-frequency signal analysis and processing: A comprehensive reference[M]. Boston, USA: Elsevier, 2003.

[41]  Ristic B, Boashash B. Kernel design for time-frequency signal analysis using the Radon transform[J]. IEEE Transactions on Signal Processing, 1993, 41(5): 1996-2008.

[42]  Boashash B, Ouelha S. An improved design of high-resolution quadratic time-frequency distributions for the analysis of nonstationary multicomponent signals using directional compact kernels[J]. IEEE Transactions on Signal Processing, 2017, 65(10): 2701-2713.

[43]  Barrett H H. The Radon transform and its applications[J]. Progress in Optics, 1984, 21: 217-286.

[44]  Tarvainen M P, Ranta-Aho P O, Karjalainen P A. An advanced detrending method with application to HRV analysis[J]. IEEE Transactions on Bio-medical Engineering, 2002, 49(2): 172-175.

[45]　Leys C, Ley C, Klein O, et al. Detecting outliers: Do not use standard deviation around the mean, use absolute deviation around the median[J]. Journal of Experimental Social Psychology, 2013, 49(4): 764-766.

[46]　Sejdić E, Djurović I, Jiang J. Time-frequency feature representation using energy concentration: An overview of recent advances[J]. Digital Signal Processing, 2009, 19(1): 153-183.

[47]　Aviyente S, Williams W J. Minimum entropy time-frequency distributions[J]. IEEE Signal Processing Letters, 2005, 12(1): 37-40.

[48]　Boashash B, Sucic V. Resolution measure criteria for the objective assessment of the performance of quadratic time-frequency distributions[J]. IEEE Transactions on Signal Processing, 2003, 51(5): 1253-1263.

[49]　郑兆宁, 向大威. 水声信号被动检测与参数估计理论[M]. 北京: 科学出版社, 1983.

[50]　龙颖贤, 张宁, 周峰, 等. 一种基于噪声估计的能量检测自适应门限新算法[J]. 电信科学, 2012, 28(5): 49-53.

[51]　陈韶华, 陈川, 赵冬艳. 噪声中的线谱检测及自动提取研究[J]. 应用声学, 2009, 28(3): 220-225.

[52]　So H C, Chan Y T, Ma Q, et al. Comparison of various periodograms for sinusoid detection and frequency estimation[J]. IEEE Transactions on Aerospace and Electronic Systems, 1999, 35(3): 945-952.

[53]　李启虎. 数字式声纳设计原理[M]. 合肥: 安徽教育出版社, 2002.

[54]　王桥. 数字图像处理[M]. 北京: 科学出版社, 2009.

[55]　索俊祺. 一种新的基于中值滤波的优化滤波算法[D]. 北京: 北京邮电大学, 2010.

[56]　Steinier J, Termonia Y, Deltour J. Smoothing and differentiation of data by simplified least square procedure[J]. Analytical Chemistry, 1972, 44(11): 1906-1909.

[57]　Elad M, Aharon M. Image denoising via sparse and redundant representations over learned dictionaries[J]. IEEE Transactions on Image Processing, 2006, 15(12): 3736-3745.

[58]　刘艳, 李宏东. DCT 域图象处理和特征提取技术[J]. 中国图象图形学报, 2003, 8(2): 3-10.

[59]　Aharon M, Elad M, Bruckstein A. K-SVD: An algorithm for designing overcomplete dictionaries for sparse representation[J]. IEEE Transactions on Signal Processing, 2006, 54(11): 4311-4322.

[60]　Khan N A, Boashash B. Multi-component instantaneous frequency estimation using locally adaptive directional time frequency distributions[J]. International Journal of Adaptive Control and Signal Processing, 2016, 30(3): 429-442.

[61]　Barbarossa S. Analysis of multicomponent LFM signals by a combined Wigner-Hough transform[J]. IEEE Transactions on Signal Processing, 1995, 43(6): 1511-1515.

[62]　Barbarossa S, Lemoine O. Analysis of nonlinear FM signals by pattern recognition of their time-frequency representation[J]. IEEE Signal Processing Letters, 1996, 3(4): 112-115.

[63]　Aissa-El-Bey A, Abed-Meraim K, Grenier Y. Blind separation of underdetermined convolutive mixtures using their time-frequency representation[J]. IEEE Transactions on Audio, Speech, and Language Processing, 2007, 15(5): 1540-1550.

[64]　Tarjan R. Depth-first search and linear graph algorithms[C]. 12th Annual Symposium on Switching and Automata Theory: East Lansing, MI, USA, 1971: 114-121.

[65]　齐林, 陶然, 周思永, 等. 基于分数阶 Fourier 变换的多分量 LFM 信号的检测和参数估计[J]. 中国科学, 2003, 33(8): 749-759.

[66]　齐林, 张芳, 陈恩庆. 基于移动最小二乘曲线拟合的 LFM 信号参数估计[J]. 郑州大学学报(工学版), 2011, 32(3): 95-98.

[67] Bultheel A, Sulbaran H E M. Computation of the fractional Fourier transform[J]. Applied and Computational Harmonic Analysis, 2004, 16(3): 182-202.

[68] Besson O, Giannakis G B, Gini F. Improved estimation of hyperbolic frequency modulated chirp signals[J]. IEEE Transactions on Signal Processing, 1999, 47(5): 1384-1388.

[69] Aboutanios E, Mulgrew B. Iterative frequency estimation by interpolation on Fourier coefficients[J]. IEEE Transactions on Signal Processing, 2005, 53(4): 1237-1242.

[70] 邓振淼, 刘渝, 王志忠. 正弦波频率估计的修正 Rife 算法[J]. 数据采集与处理, 2006, 21(4): 473-477.

[71] 王宏伟, 赵国庆. 正弦波频率估计的改进 Rife 算法[J]. 信号处理, 2010, 26(10): 1573-1576.

[72] 周龙健, 罗景青, 房明星. 基于 IIN 算法和 Rife 算法的正弦波频率估计算法[J]. 数据采集与处理, 2013, 28(6): 839-842.

[73] Peleg S, Porat B. The Cramer-Rao lower bound for signals with constant amplitude and polynomial phase[J]. IEEE Transactions on Signal Processing, 1991, 39(3): 749-752.

[74] 刘琴涛. 水下声扩频通信系统研究[D]. 武汉: 华中科技大学, 2008.

[75] 郑文秀. MSK 信号的参数估计[J]. 电路与系统学报, 2011, 16(2): 23-27.

[76] 王永德, 王军. 随机信号分析基础[M]. 北京: 电子工业出版社, 2006.

[77] 潘怡瑾. 时变信道下 MIMO-OFDM 系统信号检测技术研究[D]. 重庆: 重庆大学, 2014.

[78] 张歆, 张小蓟. 水声通信理论与应用[M]. 西安: 西北工业大学出版社, 2012.

[79] 索春辉. OFDM 系统中基于正交匹配追踪的稀疏信道估计算法研究[D]. 沈阳: 东北大学, 2019.

[80] 魏阳杰. 非合作水声通信信号的截获与辨识[D]. 南京: 东南大学, 2021.

[81] 丁康, 郑春松, 杨志坚. 离散频谱能量重心法频率校正精度分析及改进[J]. 机械工程学报, 2010, 46(5): 43-48.

[82] 黄知涛. 循环平稳信号处理及其应用研究[M]. 长沙: 国防科技大学出版社, 2007.

[83] 郑文秀, 赵国庆, 罗明. 基于高阶循环累积量的 OFDM 子载波盲估计[J]. 电子与信息学报, 2008, 30(2): 346-349.

[84] 罗明, 杨绍全, 魏青. 基于循环平稳分析的 MPSK 信号调制分类[J]. 信号处理, 2006, 22(3): 408-411.

[85] 黄奇珊, 彭启琮, 路友荣, 等. OFDM 信号循环谱结构分析[J]. 电子与信息学报, 2008, 30(1): 134-138.

[86] 方世良, 陆佶人, 夏鸿宝, 等. 基于频域分解的水声信号宽带盲波束形成[J]. 声学技术, 2009, 28(3): 217-221.

[87] Wu Q S, Zhang H, Lai Z C, et al. An enhanced data-driven array shape estimation method using passive underwater acoustic data[J]. Remote Sensing, 2021, 13(9): 1773.

[88] Hodgkiss W. The effects of array shape perturbation on beamforming and passive ranging[J]. IEEE Journal of Oceanic Engineering, 1983, 8(3): 120-130.

[89] Felisberto P, Jesus S M. Towed-array beamforming during ship's manoeuvring[J]. IEE Proceedings-Radar, Sonar and Navigation, 1996, 143(3): 210-215.

[90] Bouvet M. Beamforming of a distorted line array in the presence of uncertainties on the sensor positions[J]. The Journal of the Acoustical Society of America, 1987, 81(6): 1833-1840.

[91] 魏东亮. 多传感器水声阵列信号仿真研究[D]. 南京: 东南大学, 2007: 41-46.

[92] 马远良, 赵俊渭, 张全. 用 FIR 数字滤波器实现高精度时延的一种新方法[J]. 声学学报, 1995(2): 121-126.

[93] Lemon S G. Towed-array history, 1917-2003[J]. IEEE Journal of Oceanic Engineering, 2004, 29(2): 365-373.

[94]  Odom J L, Krolik J L. Passive towed array shape estimation using heading and acoustic data[J]. IEEE Journal of Oceanic Engineering, 2015, 40(2): 465-474.

[95]  Ross D. Mechanics of underwater noise[M]. Oxford: Pergamon Press, 1976.

[96]  Wu Q S, Xu P, Li T F, et al. Feature enhancement technique with distorted towed array in the underwater radiated noise[C]. International Noise and Noise control Congress and Conference Proceedings, Hong Kong, China, 2017: 3824-3830.

[97]  常锦才, 赵龙, 杨倩丽. 基于正交多项式的数据拟合方法[J]. 河北理工大学学报(自然科学版), 2011, 33(4): 79-84.

[98]  陶笃纯. 按辐射噪声平均功率谱形状识别船舶目标[J]. 声学学报(中文版), 1981(4): 13-22.

[99]  杨绿溪. 现代数字信号处理[M]. 北京: 科学出版社, 2007.

[100]  Aggarwal C C. Outlier analysis[M]. New York: Springer, 2013.

[101]  李航. 统计学习方法[M]. 北京: 清华大学出版社, 2012.

[102]  Rabiner L R. A tutorial on hidden Markov models and selected applications in speech recognition[J]. Proceedings of the IEEE, 1989, 77(2): 257-286.

[103]  Luo X W, Shen Z H. A space-frequency joint detection and tracking method for line-spectrum components of underwater acoustic signals[J]. Applied Acoustics, 2021, 172: 107609.

[104]  Asadi N, Mirzaei A, Haghshenas E. Multiple observations HMM learning by aggregating ensemble models[J]. IEEE Transactions on Sgnal Processing, 2013, 61(22): 5767-5776.

[105]  Scherhäufl M, Hammer F, Pichler-Scheder M, et al. Radar distance measurement with Viterbi algorithm to resolve phase ambiguity[J]. IEEE Transactions on Microwave Theory and Techniques, 2020, 68(9): 3784-3793.

[106]  An L, Fang S L, Chen L J. Models for amplitude fluctuation of underwater acoustic narrow band signal based on modified modal scintillation index[J]. Journal of Southeast University (English Edition), 2013, 29(3): 235-241.

[107]  Wagstaff R A. The AWSUM filter: A 20-dB gain fluctuation-based processor[J]. IEEE Journal of Oceanic Engineering, 1997, 22(1): 110-118.

[108]  程玉胜, 李智忠, 邱家兴. 水声目标识别[M]. 北京: 科学出版社, 2018.

[109]  罗昕炜, 方世良. 螺旋桨噪声中轴频的闭环检测方法[J]. 东南大学学报, 2013, 43(6): 1168-1173.

[110]  Kay S M, Gabriel J R. Optimal invariant detection of a sinusoid with unknown parameters[J]. IEEE Transactions on Signal Processing, 2002, 50(1): 27-40.

[111]  Baggenstoss P M, Kay S M. An adaptive detector for deterministic signals in noise of unknown spectra using the Rao test[J]. IEEE Transactions on Signal Processing, 1992, 40(6): 1460-1468.

[112]  Bose S, Steinhardt A O. Adaptive array detection of uncertain rank one waveforms[J]. IEEE Transactions on Signal Processing, 1996, 44(11): 2801-2809.

[113]  Kay S M, Sengupta D. Detection in incompletely characterized colored non-Gaussian noise via parametric modeling[J]. IEEE Transactions on Signal Processing, 1993, 41(10): 3066-3070.

[114]  Kay S M. Asymptotically optimal detection in incompletely characterized non-Gaussian noise[J]. IEEE Transactions on Acoustics, Speech and Signal Processing, 1989, 37(5): 627-633.

[115]  Wan C R, Goh J T, Chee H T. Optimal tonal detectors based on the power spectrum[J]. IEEE Journal of Oceanic Engineering, 2000, 25(4): 540-552.

[116] Rife D C, Boorstyn R R. Single tone parameter estimation from discrete-time observations[J]. IEEE Transactions on Information Theory, 1974, 20(5): 591-598.

[117] Holm S. Optimum FFT-based frequency acquisition with application to COSPAS-SARSAT[J]. IEEE Transactions on Aerospace and Electronic Systems, 1993, 29(2): 464-475.

[118] Quinn B G. Estimating frequency by interpolation using Fourier coefficients[J]. IEEE Transactions on Signal Processing, 1994, 42(5): 1264-1268.

[119] Zakharov Y V, Baronkin V M, Tozer T C. DFT-based frequency estimators with narrow acquisition range[J]. IEE Proceedings Communications, 2001, 148(1): 1-7.

[120] Tretter S. Estimating the frequency of a noisy sinusoid by linear regression[J]. IEEE Transactions on Information Theory, 1985, 31(6): 832-835.

[121] Kay S. A fast and accurate single frequency estimator[J]. IEEE Transactions on Acoustics, Speech and Signal Processing, 1989, 37(12): 1987-1990.

[122] Lang S W, Musicus B R. Frequency estimation from phase differences[C]. IEEE International Conference on Acoustics, Speech, and Signal Processing Proceedings, Glasgow, UK, 1989: 2140-2143.

[123] Kim D, Narasimha M J, Cox D C. An improved single frequency estimator[J]. IEEE Signal Processing Letters, 1996, 3(7): 212-214.

[124] Umesh S, Nelson D. Computationally efficient estimation of sinusoidal frequency at low SNR[C]. IEEE International Conference on Acoustics, Speech, and Signal Processing Conference Proceedings, Atlanta, GA, USA, 1996: 2797-2800.

[125] Fowler M L, Johnson J A. Extending the threshold and frequency range for phase-based frequency estimation[J]. IEEE Transactions on Signal Processing, 1999, 47(10): 2857-2863.

[126] Jackson L, Tufts D, Soong F, et al. Frequency estimation by linear prediction[C]. IEEE International Conference on Acoustics, Speech, and Signal Processing Proceedings, Tulsa, Oklahoma, USA, 1978: 352-356.

[127] Brown T, Wang M M. An iterative algorithm for single-frequency estimation[J]. IEEE Transactions on Signal Processing, 2002, 50(11): 2671-2682.

[128] Swami A, Mendel J M. Cumulant-based approach to harmonic retrieval and related problems[J]. IEEE Transactions on Signal Processing, 1991, 39(5): 1099-1109.

[129] Anderson J M M, Giannakis G B, Snami A. Harmonic retrieval using higher order statistics: A deterministic formulation[J]. IEEE Transactions on Signal Processing, 1995, 43(8): 1880-1889.

[130] Gharieb R R, Horita Y, Murai T. Retrieving sinusoids in colored Rayleigh noise by a cumulant-based FBLP approach[C]. IEEE International Conference on Acoustics, Speech, and Signal Processing, Istanbul, Turkey, 2000: 741-744.

[131] Gharieb R R. New results on employing cumulants for retrieving sinusoids in colored non-Gaussian noise[J]. IEEE Transactions on Signal Processing, 2000, 48(7): 2164-2168.

[132] 罗昕炜, 方世良. 基于波束模态分解的线谱提取方法[C]. 2016 年全国声学学术会议论文集, 武汉, 2016: 256-258.

[133] 叶中付. 统计信号处理[M]. 合肥: 中国科学技术大学出版社, 2013.

[134] Van Trees H L. Detection, estimation, and modulation theory, part IV: Optimum array processing[M]. New York: John Wiley and Sons, 2002.

[135] Griffiths L J, Jim C W. An alternative approach to linearly constrained adaptive beamforming[J]. IEEE Transactions on Antennas and Propagation, 1982, 30(1): 27-34.

[136] Applebaum S, Chapman D. Adaptive arrays with main beam constraints[J]. IEEE Transactions on Antennas and Propagation, 1976, 24(5): 650-662.

[137] Buckley K M, Griffiths L J. An adaptive generalized sidelobe canceller with derivative constraints[J]. IEEE Transactions on Antennas and Propagation, 1986, 34(3): 311-319.

[138] Jablon N K. Adaptive beamforming with the generalized sidelobe canceller in the presence of array imperfections[J]. IEEE Transactions on Antennas and Propagation, 1986, 34(8): 996-1012.

[139] 张宁. 水声目标的多阵声纳信息综合识别技术研究[D]. 南京: 东南大学, 2008: 22-24.

[140] Zhu C Q, Fang S L, Wu Q S, et al. Robust wideband DOA estimation based on element-space data reconstruction in a multi-source environment[J]. IEEE Access, 2021, 9: 43522-43539.

[141] 李腾飞. 水声目标信号高保真阵列处理技术研究[D]. 南京: 东南大学, 2018: 48-53.

[142] Eppler M J, Wittig D. Conceptualizing information quality: A review of information quality frameworks from the last ten years[C]. Proceedings of the Conference on Information Quality, Cambridge, MA, USA, 2000: 83-96.

# 索　引

# 彩　　图

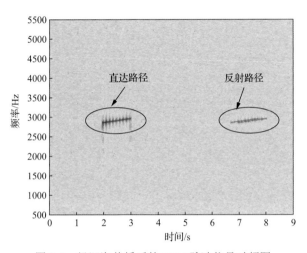

图 3-5　经深海传播后的 LFM 脉冲信号时频图

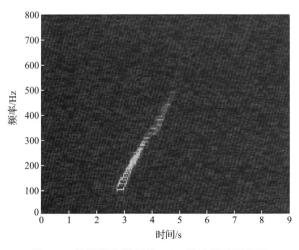

图 3-6　经浅海传播后的 LFM 脉冲信号时频图

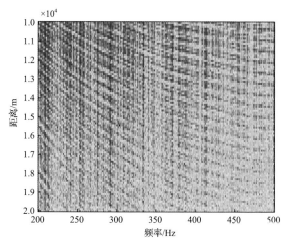

图 3-7　宽带辐射噪声信号频率-距离干涉图

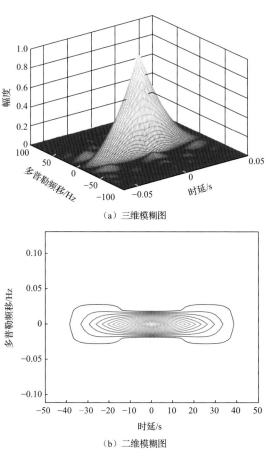

（a）三维模糊图

（b）二维模糊图

图 4-6　CW 脉冲信号模糊函数特性

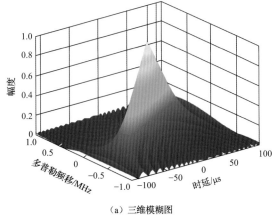

（a）三维模糊图

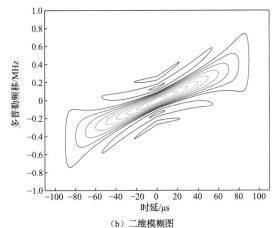

（b）二维模糊图

图 4-7　LFM 脉冲信号模糊函数特性

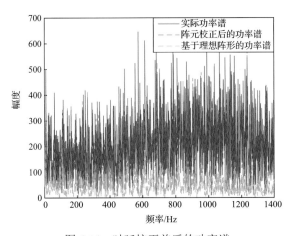

图 6-14　时延校正前后的功率谱

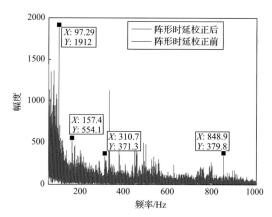

图 6-18　经过阵形时延校正的波束形成结果对比

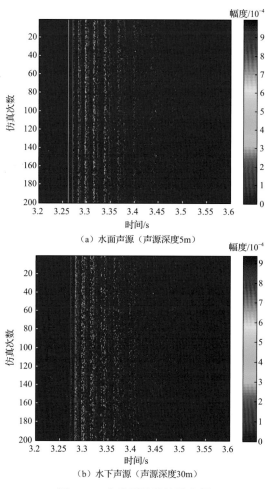

（a）水面声源（声源深度5m）

（b）水下声源（声源深度30m）

图 6-29　声线到达结构瀑布图